DIANWANG JIDIAN BAOHU
YINHUAN PAICHA ANLI FENXI

电网继电保护隐患排查案例分析

国网浙江省电力有限公司　组编

中国电力出版社
CHINA ELECTRIC POWER PRESS

内 容 提 要

电力系统继电保护隐患排查对电力系统安全运行具有重大意义，本书以案例的形式，对电压电流回路、装置、控制回路、直流电源、网络和通信、变电运维检修六个方面的典型隐患进行讲解，每个案例都给出了排查项目、排雷依据、爆雷后果、排查及整改方法，帮助继电保护专业人员掌握隐患排查的要求、方法、要点和整改措施。

本书可供电力系统继电保护专业人员，特别是运维人员学习参考。

图书在版编目（CIP）数据

电网继电保护隐患排查案例分析/国网浙江省电力有限公司组编. —北京：中国电力出版社，2022.8（2025.1重印）

ISBN 978-7-5198-6816-1

Ⅰ. ①电…　Ⅱ. ①国…　Ⅲ. ①电力系统－继电保护－安全隐患－安全检查－案例　Ⅳ. ①TM77

中国版本图书馆 CIP 数据核字（2022）第 097506 号

出版发行：中国电力出版社
地　　址：北京市东城区北京站西街 19 号（邮政编码 100005）
网　　址：http://www.cepp.sgcc.com.cn
责任编辑：穆智勇（zhiyong-mu@sgcc.com.cn）
责任校对：黄　蓓　于　维
装帧设计：赵姗姗
责任印制：石　雷

印　　刷：北京九州迅驰传媒文化有限公司印刷
版　　次：2022 年 8 月第一版
印　　次：2025 年 1 月北京第三次印刷
开　　本：787 毫米×1092 毫米　16 开本
印　　张：13.5
字　　数：283 千字
印　　数：1501—2000 册
定　　价：68.00 元

编　委　会

编　写　组

主　　编　方愉冬

副 主 编　方　磊　潘武略

编审人员　张　静　吴佳毅　王源涛　章晓锴　章　涛
　　　　　周　晨　陈继拓　陈利华　曹建伟　李明跃
　　　　　周利庆　吴华华　杜浩良　严　昊　吴新华
　　　　　曹文斌　江伟建　郑建梓　刘东冉　沈　浩
　　　　　张　喆　张　静　童煜栋　陈　波　杨剑友
　　　　　熊明玮　张　磊　陈伟华　郑　燃　洪建军
　　　　　涂筱莹　周　健　戚宣威　阮军培　陈天恒
　　　　　虞　伟　王佳兴　黄志华　徐　峰　赖秀炎
　　　　　黄　镇　蒋嗣凡　王　松　吴　俊　徐国丰
　　　　　张　辉　胡　晨　许文涛　金　盛　俞小虎
　　　　　徐春土　吴俊飞　霍　丹　张　伟　方天宇
　　　　　徐灵江　张志峥　周　芳　刘　伟　李　剑
　　　　　许秀芳　周　行　邹蔚筱　彭昊杰　戚碧云

序

随着我国经济从高速增长阶段转向高质量发展阶段，能源加速向清洁低碳转型，电网和电源结构发生深刻变革，电力系统呈现高比例可再生能源、高比例电力电子化的“双高”特征。系统随机性、波动性、复杂性、脆弱性与日俱增，传统稳定问题和新型稳定问题交织，给电网的运行与维护带来巨大挑战，安全风险进一步增加。继电保护作为保障电力系统安全稳定运行的第一道防线，在新型电力系统中面临新的考验和更高要求。国内外多次大面积停电事故证明，继电保护一旦发生不正确动作，往往会扩大事故范围，导致连锁故障发生，造成严重后果。经过近十年的发展，我国继电保护装备、技术与管理水平都取得了很大的进步，运行指标提升显著。但由于涉及环节多，继电保护因装置的软硬件缺陷、二次回路接线错误、人为操作不当等异常隐患导致误动和拒动的风险仍然存在。

正常运行时继电保护隐患往往难以发现，只有在系统发生故障或不正常运行状态时才会被触发，因此可以比喻成“雷”。国网浙江省电力有限公司（以下简称浙江公司）坚持将继电保护排雷作为安全生产的重要抓手，建立“扫雷、除雷、避雷”的常态化精准排雷体系，结合检修和运行消除大量继电保护隐性故障，有效夯实了电网安全运行基础。为总结排雷成果，更好地指导和帮助运维检修人员识别并消除继电保护隐性故障，浙江公司组织编写了《电网继电保护隐患排查案例分析》一书。

本书凝聚浙江公司继电保护专业技术人员的集体智慧，对国内继电保护多年来隐患排查发现的问题和缺陷进行了系统分析与总结，以实际案例阐明反事故措施条款背后事故的深刻教训，并针对性地提出了排查及整改方法。全书共收录 89 个典型继电保护隐患案例，内容涉及装置原理、二次回路、运行检修等方面，重点描述如何辨识雷，如何排除雷，如何防止触雷，对继电保护从业人员有很强的指导性。

希望本书的出版有助于提高电力系统继电保护专业人员排查隐患的能力，更希望通过不断总结经验，进一步提高继电保护运行水平，为保障新型电力系统安全稳定运行做出更大贡献。

2022 年 8 月

前言

继电保护是电力系统安全稳定运行的第一道防线，是保障电力设备安全、防止大面积停电最基本、最重要、最有效的技术手段。随着电网的快速发展和电子信息技术的进步，继电保护技术从20世纪90年代进入微机保护时代后，不断向数字化、标准化发展，装置原理与设计制造质量日臻完善，装备水平不断提高。以浙江电网为例，220kV及以上继电保护装置微机化率、双重化率均达到了100%，线路保护光纤化率已超99%，装置缺陷率已接近0.5次/（百台·年）。尤其是智能变电站大量建设投运后，全站信息数字化、通信平台网络化、信息共享标准化，设备可观可测、友好互动，继电保护装置运行状态在线监测等智能运维手段逐渐增强。专业管理同步提升，继电保护配置、整定、运维、检修等工作基本实现标准化，各项标准制度和反事故措施有效落实，全过程管理得以加强。装备、技术和管理的进步使得继电保护长期保持较高运行水平，为电网快速发展提供了安全保障。

但是，由于继电保护技术含量高、涉及环节多、管理要求细，运行中仍可能存在一些潜在的安全隐患，正常运行时难以发现，一旦外在因素触发就会造成保护的误动或拒动，这种潜在隐患可以称之为“雷”。为进一步提升继电保护运行水平，为能源电力转型和新型电力系统构建提供更加坚强的安全基础保障，2019年浙江公司根据国家电网有限公司的部署，组织开展了继电保护“排雷”专项行动，按照“排防并重、注重实效”的原则，划定超周期检验治理、家族性缺陷整治、一二次专业交界面隐患等重点“雷区”，采用图档查阅、现场踏勘、信号比对、检测试验等方式，对浙江电网继电保护和安全自动装置及其二次回路隐患进行了全面的排查和整治。

2020年，浙江公司进一步开展了二次系统深化“排雷”行动，推进排雷方式从全面排雷向精准排雷，从专项排雷向常态化排雷，从显性排雷向深层次排雷转变，分析制定了涵盖继电保护电流电压回路、跳合闸回路、直流电源回路、纵联保护通道、变压器非电量保护、装置运行操作八个方面共计89条重点项目，按照“定义明晰、重点突出、排查有方、处置及时、责任到位”的原则，细化排查任务和职责，充分调动公司专家资源逐级逐站进行了排查。同时制定检修、运行日常排查项目表，将部分重点项目纳入日常巡视、投产验收和停电检修工作内容中，构筑起常态化排雷机制。

自开展继电保护“排雷”行动以来，浙江公司排查整治了2000余条继电保护潜在隐患，发现了大量隐患易发区、高发区，积累了丰富的排查整治工作经验和方法。为总结提炼这些宝贵的实践经验，浙江公司组织有关专家和继电保护专业技术骨干编写了本书，其内容不但对继电保护专业人员开展隐患排查和现场运维检修工作有很强的实用价值，对继电保护专业前期管理、技术监督工作也有很强的指导意义。

本书以案例的形式对继电保护"排雷"行动中发现的典型隐患进行了总结汇编。根据隐患发生的位置和环节，分为电压电流回路隐患、装置隐患、控制回路隐患、直流电源隐患、网络和通信隐患、变电运维检修隐患六章，介绍隐患排查项目、排查依据、"爆雷"后果，结合实际案例详细、生动地描述了隐患发现、发生的过程，分析隐患形成的原因和技术原理，归纳提出了排查及整改方法，从而帮助继电保护专业人员掌握隐患排查的要求、方法、要点和整改措施。本书还介绍了检测类工具的使用方法和分析思路，以帮助继电保护专业人员掌握通过报文分析、SOE 分析、故障录波分析等发现隐患、排查故障的方法。

本书在编写过程中得到了国网浙江省电力有限公司相关领导的关心支持，国网浙江电力调度控制中心、国网浙江电力培训中心、国网浙江电科院、国网浙江经研院、国网浙江超高压公司和各地市供电公司多位具有丰富实践经验和深厚理论基础的专业技术人员参与了编写与审定工作，在此致以衷心的感谢！

由于编者水平所限，错误和不妥之处在所难免，恳请读者批评指正。

编　者

2022 年 6 月

目 录

第一章

电压电流回路隐患

继电保护主要利用电力设备电流、电压等电气量的变化特征，来正确识别一次系统异常或故障状态，并发出信号或跳闸命令，自动将故障设备从系统中切除，使故障设备免于继续遭到破坏，并保证其他无故障设备迅速恢复正常运行。由于一次系统的高电压、大电流无法直接接入二次设备，只能通过互感器将一次系统的高电压、大电流转换成二次系统的低电压、小电流，通过二次回路供继电保护、测控装置等使用。因此，电压、电流回路是继电保护正常运行的基础，直接影响继电保护动作的正确性。分析、处理和预防电压、电流回路隐患是继电保护隐患排查工作的重中之重。根据实际运行经验，电压、电流回路可能存在的隐患有电流互感器二次绕组配置不当导致保护存在死区、电压电流互感器二次回路两点接地、电压回路 N600 接线松动、互感器本体接线盒封堵不严导致回路绝缘不良、备用电源自动投入（简称备自投）工作电源和备用电源母线电压接反、合并单元参数设置错误等。本章选取 15 个典型案例，介绍常见的电压、电流回路隐患和相应的排查及整改方法。

案例一　电压回路 N600 接线松动

一、排查项目

电压互感器至保护屏内的电压二次回路 N600 接线松动或断裂，导致系统接地故障时保护电压采样错误后不正确动作。

二、案例分析

（一）排雷依据

《电气装置安装工程盘、柜及二次回路接线施工及验收规范》（GB 50171—2012）第 3.0.9 条：“二次回路接线施工完毕后，应检查二次回路接线是否正确、牢靠”；第 6.0.1 条“二次回路接线应符合下列规定：2．导线与电气元件间应采用螺栓连接、插接、焊接或压接等，且均应牢固可靠”。

《电力系统继电保护及安全自动装置反事故措施管理规定》（调网〔1994〕143 号）

第 8.3 条："经控制室零相小母线（N600）联通几组电压互感器二次回路，只应在控制室将 N600 一点接地，各电压互感器二次中性点在开关场的接地点应断开；为保证接地可靠，各电压互感器的中性线不得接有可能断开的开关或接触器等。"

（二）爆雷后果

保护电压采样失去参考中性点，且在正常运行情况下可能无告警信息，无法通过监控信号发现。在一次系统发生故障时可能导致二次电压的幅值和相位发生偏移，从而造成与电压相关的保护拒动或误动。

（三）实例

某 220kV 线路两侧的第一套线路保护（简称保护 1）动作，动作报告显示纵联零序方向保护动作。故障选相为 B 相，第二套保护启动但未动作，随后线路重合成功。在保护 1 动作的同时，B 变电站的 110kV 线路保护也动作，且故障相也是 B 相（见图 1-1），而且 A 变电站录波器测距结果超过线路全长，初步判断是 B 侧保护 1 零序方向元件误动。

通过分析 B 侧保护 1 的采样值，发现交流电压采样值存在明显异常，表现为：①开口三角采样值为零；②C 相电压比额定电压高；③自产零序电压中三次谐波含量非常大（见图 1-2）。以上三条都不符合 B 相接地故障特征。

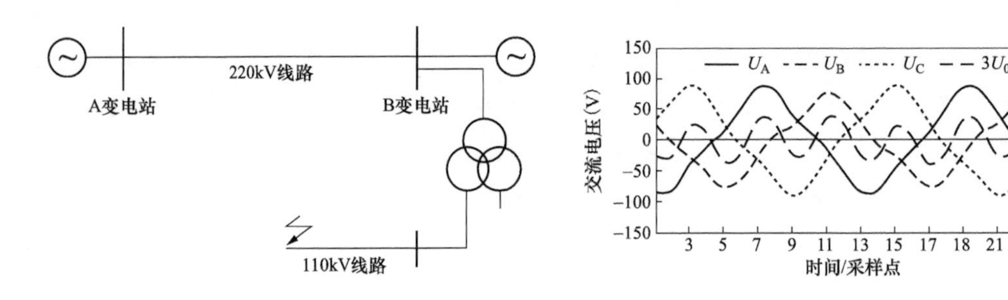

图 1-1　某 220kV 线路故障示意图　　图 1-2　保护 1 的交流电压波形图

由此可以判断出交流电压回路存在异常。由于 B 变电站第二套保护和录波器的交流电压采样值相同，且符合 B 相接地故障特征，可以排除交流电压公共回路存在异常。因此，检查的重点放在保护 1 装置内部的交流电压回路。

对装置进行电压采样试验，首先单相按相施加交流电压，发现保护装置不能感受到任何母线电压及零序电压。然后再施加 AB 相间电压，此时 A、B、C 相都有电压量，施加 AC、BC 相间电压，情况基本类似，保护装置的电压采样值也存在明显异常，基本可以断定内部 N600 回路及外接零序电压回路存在虚接。对装置内部进行检查，发现 1n78（U_N）、1n80（U_L）接线松脱（螺钉虽紧，但接线头未压紧，见图 1-3）。经重新压接，母线电压及外接零序电压采样试验正确，随后模拟区内、区外各种类型故障，保护装置均动作正确，表明装置恢复正常。

三、排查及整改方法

N600 回路松动或者断线的隐患通常无法通过监控信号直接获得，主要在工程验收、日常巡视、检修阶段进行排查，主要方法因工程或设备处于不同阶段而有所不同。

1. 工程验收和停电检修时采取的主要排查方法

（1）应加强重点二次回路的排查工作，确保二次回路接线正确紧固。针对二次电压回路的接线采取逐个紧固方式，发现有松动现象后应紧固并进行采样试验检查。

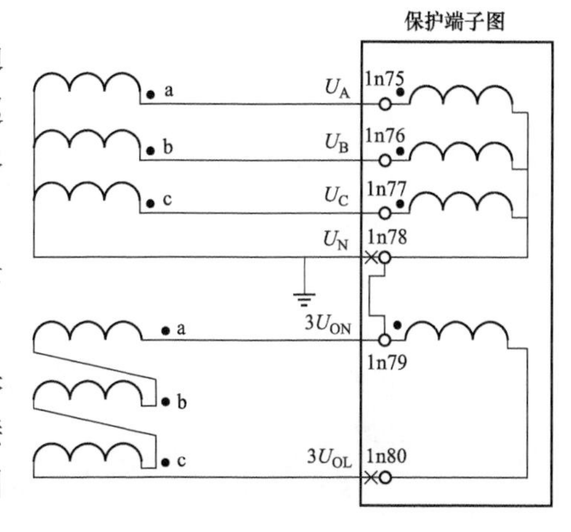

图 1-3 保护 1 的电压回路图

（2）工程验收时开展二次通压试验，应断开电压互感器二次总断路器，从 TV 端子箱对电压二次回路分别通入三相不平衡电压和额定电压，检查各保护装置上电压采样是否稳定正确。

（3）停电检修时，应先完成电压回路螺钉紧固，再对保护装置进行采样试验，防止出现螺钉紧固但电压回路虚接的情况。

2. 设备已投入正常运行时采取的主要排查方法

（1）检查装置有无异常告警，检查保护装置显示电压采样是否稳定正常，是否存在明显的零序电压 $3U_0$ 升高且三次谐波含量高的现象，新投产保护装置应具备三次谐波过高触发装置异常信号的功能。

（2）检查故障录波器上稳态录波中是否存在明显的零序电压 $3U_0$，其中的三次谐波含量高。

（3）测量 N600 一点接地线电流大小。正常运行时 N600 一点接地，接地线正常电流为 0～50mA，采用毫安级高精度钳形电流表测量。如发现电流小于 10mA 的情况，应检查全站电压回路 N600 接地点是否存在松动或者断裂的现象。

案例二　电压互感器二次回路端子两点接地

一、排查项目

因误接线造成电压互感器二次回路端子两点接地，导致线路故障时保护因测量电压异常而拒动。

二、案例分析

（一）排雷依据

《国家电网公司十八项电网重大反事故措施（修订版）》（国家电网设备〔2018〕979 号）第 15.6.4.1 条：“电流互感器或电压互感器的二次回路，均必须且只能有一个接地点。”

《电力系统继电保护及安全自动装置反事故措施管理规定》（调网〔1994〕143 号）第 8.3 条："经控制室零相小母线（N600）联通几组电压互感器二次回路，只应在控制室将 N600 一点接地，各电压互感器二次中性点在开关场的接地点应断开；为保证接地可靠，各电压互感器的中性线不得接有可能断开的开关或接触器等。"

（二）爆雷后果

运行电压互感器二次回路端子两点接地，若因环流或接地网流过较大故障电流将形成较大电压降，造成保护装置中性点的电压相位偏移，进而影响相电压和零序电压的幅值和相位，最终导致距离保护、零序保护等误动或拒动。

（三）实例

某地一条 220kV 牵引线末端发生 A 相接地故障，在本线路跳闸的同时造成了该线路近区 13 条 220kV 线路越级跳闸，导致多座变电站停电。

由于该线路未配置纵联保护，仅在电网侧配置两套常规的距离零序保护。在线路末端发生 A 相接地故障时，应由电网侧变电站内的距离Ⅱ段保护在 0.5s 内切除故障。但是实际距离保护拒动，由故障线路及其周围近区 13 条线路的零序Ⅲ段保护同时动作（无级差配合），最终无选择性地隔离故障。录波数据显示，故障发生时，变电站内 A 相母线二次电压存在异常，高达 34V，而线路 TV 测量得到的 A 相电压仅为 11V。

二次电压回路如图 1-4 所示，由于 2UD-4 和 2UD-5 误短接，导致开口三角 TV 的二

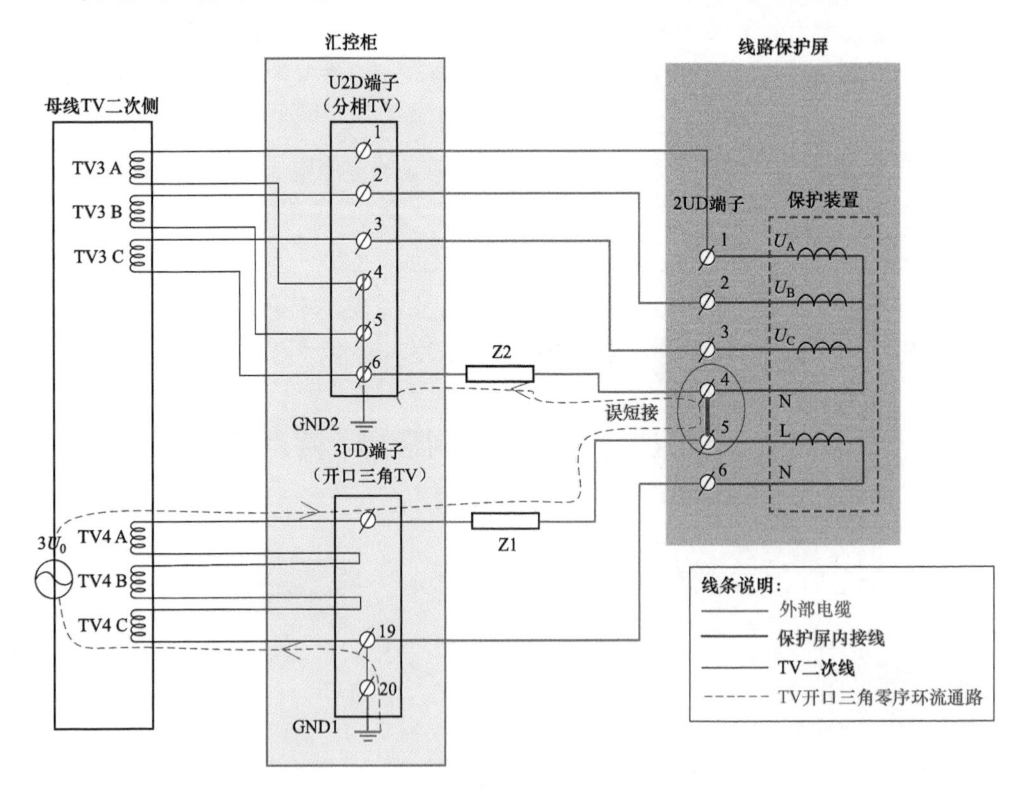

图 1-4　二次电压回路

次绕组两端都接地，单相接地故障期间，开口三角将产生零序电压，此时二次电压回路由于被短接而产生零序环流，其二次电流通路如图中的虚线所示。感应产生二次零序环流将使保护测量电压的中性点发生偏移，导致A相测量电压幅值增大。

在图1-4中，开口三角TV等值为电压源，其二次电压等于系统的不平衡电压，根据故障录波数据，可假设系统空载，且故障前后系统电压未发生变化，可以得到：

$$3\dot{U}_0 = \dot{U}_{Af} - \dot{U}_{A[0]} \tag{1-1}$$

式中：$\dot{U}_{Af}$为故障后的A相电压；$\dot{U}_{A[0]}$为故障前的A相电压。

因此，可以推导得到2UD端子处的中性点电压为：

$$\dot{U}_{N0} = \frac{3\dot{U}_0 \cdot Z_2}{Z_1 + Z_2} = \frac{Z_2(\dot{U}_{Af} - \dot{U}_{A[0]})}{Z_1 + Z_2} = k(\dot{U}_{Af} - \dot{U}_{A[0]}) \tag{1-2}$$

式中：Z_1和Z_2分别对应两段电缆的等值阻抗；k为二次电缆的分压系数。

由于中性点电压发生了偏移，保护装置感受到的电压分别为（假设故障前后B相和C相电压未发生变化）：

$$\begin{cases} \dot{U}_{Am} = \dot{U}_{Af} - \dot{U}_{N0} = \dot{U}_{Af} - k(\dot{U}_{Af} - \dot{U}_{A[0]}) \\ \dot{U}_{Bm} = \dot{U}_{B[0]} - \dot{U}_{N0} = \dot{U}_{B[0]} - k(\dot{U}_{Af} - \dot{U}_{A[0]}) \\ \dot{U}_{Cm} = \dot{U}_{C[0]} - \dot{U}_{N0} = \dot{U}_{C[0]} - k(\dot{U}_{Af} - \dot{U}_{A[0]}) \end{cases} \tag{1-3}$$

式中：$\dot{U}_{Am}$、$\dot{U}_{Bm}$和$\dot{U}_{Cm}$分别代表保护测量得到的三相电压。

保护的三相测量电压如图1-5所示，通过分析可见，由于TV开口三角绕组零序环流导致保护测量电压的中性点发生偏移，会使A相测量电压幅值增大。A相测量电压幅值由11V增大至34V，导致距离保护测量阻抗变大而落入动作区外，如图1-6所示。

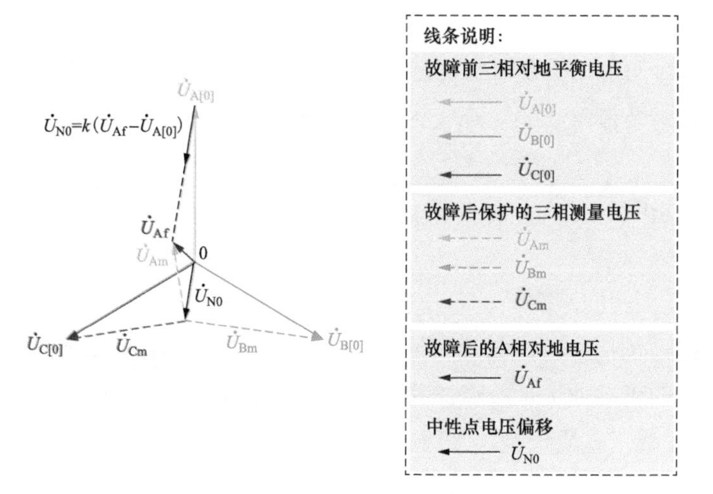

图1-5　保护的三相测量电压

三、排查及整改方法

（1）在二次施工图纸设计环节加强审核，避免在源头出现设计缺陷和隐患。在施工阶段抓好基建施工质量管控，严格按图施工，防止施工人员随意改变现场接线，给后续运行留下隐患。

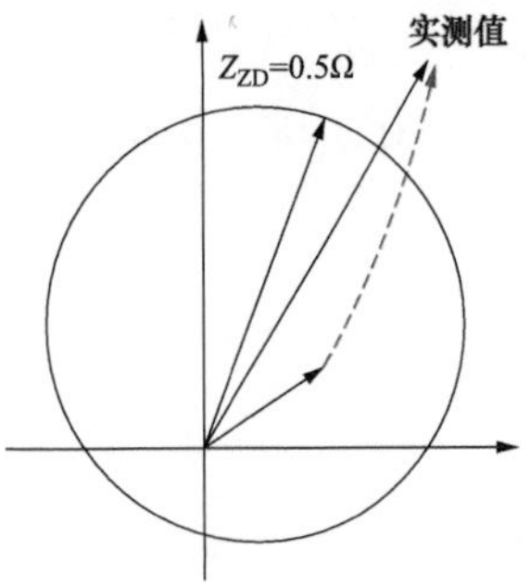

Z_{ZD}=0.5Ω
实测值

图 1-6 距离保护测量阻抗变化

（2）基建验收过程中需重点关注变电站电压回路 N600 一点接地的唯一性检查。在 N600 接地时测量一次电压回路 N 点的绝缘电阻，若为 0 则表示 N600 有效接地；在 N600 接地点解除时测量一次电压回路 N 点的绝缘电阻，若为无穷大则表示电压回路无其他接地点。对于电压互感器扩建工程，需关注新电压互感器柜内 N600 是否直接接地，若接地需及时解除。

（3）加强变电站内电压回路 N600 的监视和保护。可在变电站监控系统后台或在 D5000/OPEN3000 系统中增加 $3U_0$ 电压过低监视告警回路，当母线电压正常但 $3U_0$ 较长时间接近于零时报警。同时，可加装电压回路 N600 接地线电流在线监测装置，若接地线电流过大，应检查电压回路是否存在两点接地；若电流过小，应检查确认电压回路 N600 接地点是否松动断开。

（4）加强变电站内 N600 回路的巡视。结合变电站专业化巡视，对全站 N600 接地点用钳形电流表测量电流，检查数据是否正常。若发现异常，先全面检查电压回路中的击穿熔断器，如有损坏及时更换，若击穿熔断器未损坏，则核查全站电压回路是否存在其他接地点。

案例三 备自投两段母线二次电压错接

一、排查项目

变电站备自投装置所采集各段母线二次电压接入位置错误，在两段母线分列运行时，使得备自投装置对各段母线的实际状态无法正确判断，将导致母线失电时备自投装置拒动。

二、案例分析

（一）排雷依据

《继电保护及二次回路安装及验收规范》（GB/T 50976—2014）第 5.1.3 条：“应对二次回路所有接线，包括屏柜内部各部件与端子排之间的连接线的正确性和电缆、电缆芯及屏内导线标号的正确性进行检查，并检查电缆清册记录的正确性。”

《电气装置安装工程质量检验及评定规程 第 8 部分：盘、柜及二次回路接线施工质量检验》（DL/T 5161.8—2018）表 5.0.2：“配线连接：牢固、可靠；导线端头标志：清晰正确，且不易脱色。”

（二）爆雷后果

两段母线分列运行时，备自投装置未正确接入各段母线二次电压，在一段母线失电时，备自投装置未能正确采集到该段母线的电压值，不能按设定逻辑正确启动，导致母线供电不能恢复。

（三）实例

某110kV变电站1号变压器因高压绕组绝缘击穿而发生匝间短路故障，随即1号变压器差动保护正确动作，成功跳开1号变压器110kV进线断路器和10kV断路器。1号变压器10kV断路器无流、10kV Ⅰ段母线无压，满足10kV母分备自投装置启动条件，但变电站现场10kV母分备自投装置并未动作，导致10kV Ⅰ段母线失电。

运行、检修人员至现场对继电保护及自动化设备开展检查。变压器差动保护动作信息与设备故障相对应，属正确动作。10kV母分备自投装置无启动信息，核对输入断路器变位记录，与实际设备变化一致。对记录事件进行核对，发现10kV Ⅰ段母线失电同时，备自投装置出现Ⅱ段母线失压事件，与实际不符。随即对10kV母分备自投装置采集的10kV Ⅰ、Ⅱ段母线二次电压值与测控装置进行比对，并经源端加压试验，最终发现两组电压存在对换错接问题。

10kV母分备自投装置电压采集回路的10kV Ⅰ、Ⅱ段母线二次电压对换错接，使得备自投装置感受的电压与实际不一致，最终造成10kV Ⅰ段母线失电后，10kV母分备自投装置判断为Ⅱ段母线失压，与实际状况不一致，不满足动作条件，未能启动，导致10kV Ⅰ段母线失电。后将电压接线改正，经测量、试验正确后，10kV备自投恢复正常运行状态。错误及改正后接线如图1-7和图1-8所示。

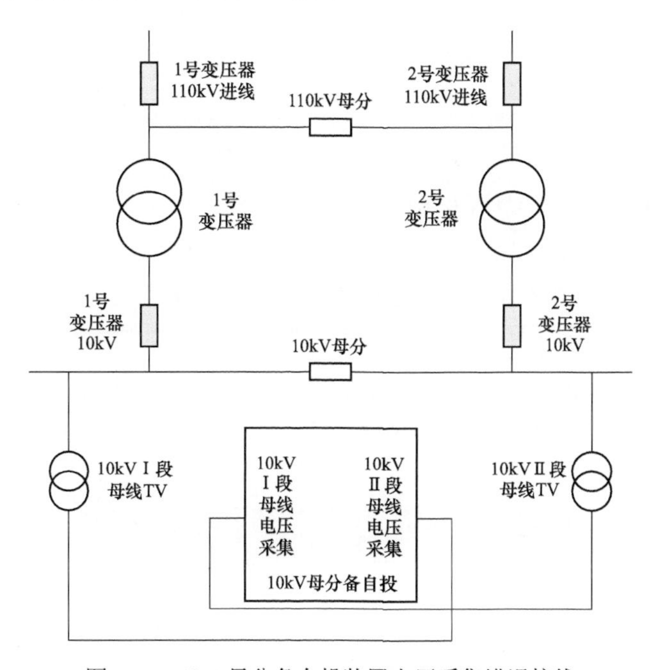

图1-7　10kV母分备自投装置电压采集错误接线

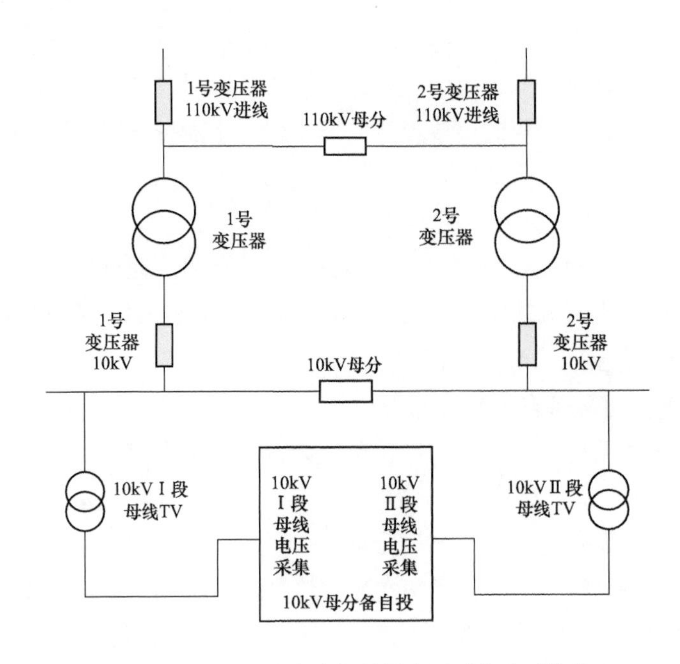

图 1-8　10kV 母分备自投装置电压采集改正接线

三、排查及整改方法

（1）加强备自投装置接线正确性的源头管控。对于备自投装置类与多端元件相关联的保护装置，基建与改造施工前的图纸审查与交底应全面，施工时的作业管控应细致，确保实际施工与图纸设计一致；模拟传动试验，执行自源头施加信号量的要求，尤其是二次电压回路，应从母线 TV 一次侧进行加压，通过装置的显示情况对接入电压正确性进行验证，确保二次状态与一次设备运行状况一致。

（2）详细做好备自投装置的竣工验收工作。竣工验收时，检修单位在完成设计图纸核对后，应重点关注备自投装置类装置的二次接线是否与一次设备运行状况一致；验收时，应严格执行从自源头施加信号量的要求，对于二次电压回路，需从母线 TV 一次侧进行加压，通过装置的显示情况对接入电压正确性进行验证。

（3）认真开展备自投装置的运行电压核对工作。设备投运后，运维检修单位应严格执行运行巡视要求，仔细核对继电保护及自动装置上显示的模拟量值与测控装置的一致性；对于 10kV 母分备自投装置，应通过比对 10kV 母分备自投装置与 10kV Ⅰ、Ⅱ段母设测控装置上电压的一致性，判断接入电压的正确性。

案例四　四压变安装或接线不正确

一、排查项目

现场四压变安装或接线错误，可能导致接地故障时电压互感器烧毁。

二、案例分析

（一）排雷依据

《防止电力生产事故的二十五项重点要求》（国能安全〔2014〕61号）第18.9.5条：“新建和扩、改建工程的相关设备投入运行后，施工（或调试）单位应按照约定及时提供完整的一、二次设备安装资料及调试报告，并应保证图纸与实际投入运行设备相符。”

（二）爆雷后果

（1）导致零序电压互感器连接线上产生高压后击穿接地，变为普通三压变接线，易产生过电压危害系统设备，影响供电。

（2）造成线路单相接地时无法正确测量零序电压，导致运行误判。

（3）造成闭环开口三角内环流剧增，导致电压互感器发热烧毁。

（三）实例

110kV某变电站报“Ⅰ母线接地告警”“母线电压互感器断线告警”，运维人员到达现场后检查为10kV Ⅰ段母线电压互感器炸裂，汇报调度拉停10kV Ⅰ段母线，隔离故障。

事故调查人员现场检查发现，10kV Ⅰ段母线电压互感器为四压变接线方式，电压互感器C相炸裂并有黑色胶状物喷出，B相底部有黑色胶状物外溢，如图1-9所示。四个电压互感器二次线均有不同程度发热烧熔，柜内部分二次线因与电压互感器二次线捆扎，存在不同程度过热变形、外绝缘破损等情况，如图1-10所示。10kV Ⅰ段母线电压互感器手车高压侧三相熔丝全部熔断，手车触指无烧伤痕迹。

图1-9　10kV Ⅰ段母线电压互感器故障后现场照片

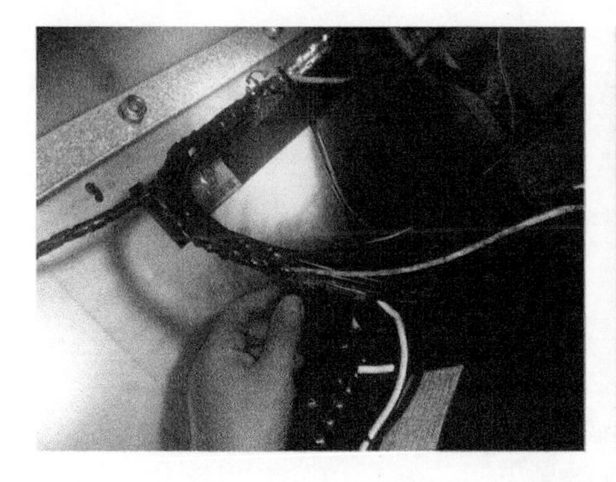

图1-10　10kV Ⅰ段母线电压互感器二次接线及二次仓

四压变结构主要应用于中性点不接地或经消弧线圈接地的35kV及以下配电网系统中，以防止因铁芯饱和后感抗变小与线路对地电容容抗相等，引起铁磁谐振过电压。四压变接线在传统三压变接线的基础上，在互感器中性点增加了一个单相电压互感器（也称为零序电压互感器），使互感器一次绕组中性点不直接接地。此时各相绕组跨接在电源的相间电压上，不再与接地电容相并联，因而电压互感器不会发生中性点位移，不会产生谐振。该变电站 10kV Ⅰ段母线四压变正确的接线方式如图 1-11 所示。

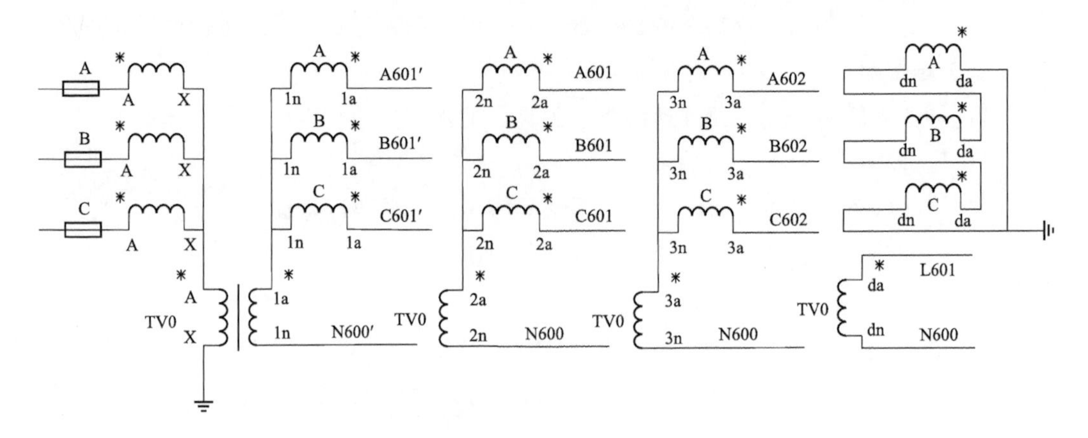

图 1-11 电压互感器正确的接线图

但是，调查人员核对实际接线后，发现现场在电压互感器剩余绕组中加装了智能消谐装置，如图 1-12 所示，图中“XX”为智能消谐装置接入点。

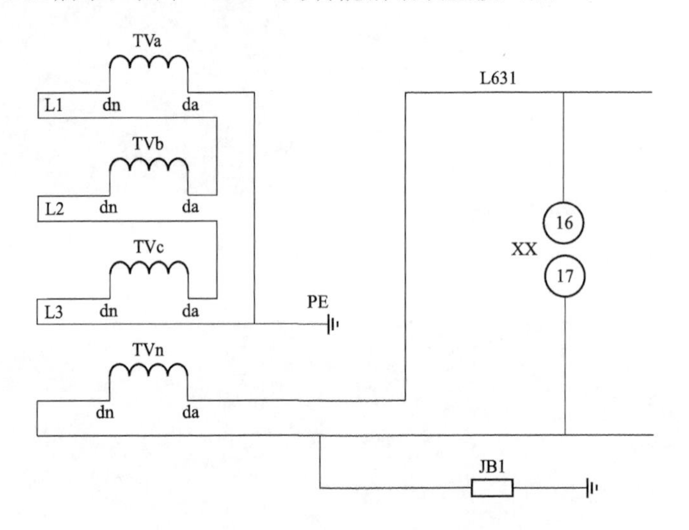

图 1-12 电压互感器剩余绕组实际接线

智能消谐装置一般用于三压变结构剩余绕组开口三角接线方式，如图 1-13 所示。这是一种根据三压变开口三角零序电压来调节自身电阻，从而改变开口三角回路电阻以达到消谐目的的装置。

因四压变接线已具备消谐功能，因此不需要额外增加消谐装置。而现场实际接线虽将三相剩余绕组短接接地，却误将消谐装置接入了零序电压互感器的剩余绕组中。查阅智能消谐装置说明书可知：电压互感器零序电压＞15V 但未达到二级启动判据时将启动一级消谐；17Hz 谐波电压≥17V，25Hz 谐波电压≥25V，150Hz 谐波电压≥33V，基波电压≥100V（幅值）时将启动二级消谐。当一级消谐启动时，“XX”点由开路变为串接 390Ω 电阻；当二级消谐启动时，“XX”点由开路变为短接。

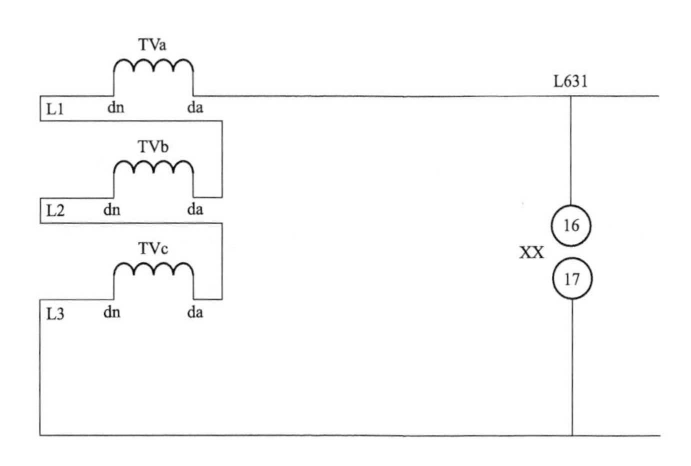

图 1-13　智能消谐装置在三压变结构开口三角绕组接线

当系统金属性单相接地时，基波电压为 100V 左右，满足消谐装置二级启动条件；当系统非金属性单相接地时，如产生弧光接地过电压，幅值为 3～3.5 倍相电压，同样满足消谐装置二级启动条件。因此当系统发生单相接地时，该消谐装置二级启动，零序电压互感器 dadn 短路（根据电压监测情况，持续在导通与开断中交替），则零序电压互感器一次阻抗大幅度降低；系统单相接地时，主电压互感器中性点产生较大的不平衡电压，在不平衡电压的作用下，闭合的开口三角剩余电压绕组中产生了很大的环流，持续发热导致环氧树脂浇注的电压互感器发热击穿。

三、排查及整改方法

（1）加强四压变原理图的核查。通过对四压变图纸的排查，将电压互感器柜二次原理接线图中的剩余绕组接线部分列为重点排查对象，关注剩余绕组的回路在故障情况下是否会引起环流剧增，最终导致电压互感器发热烧毁。

（2）加强四压变现场接线的核查。结合综合检修，现场排查四压变电压回路的实际接线，注意电压互感器柜内三压变尾部与零序电压互感器的连接处接线方式是否合理。部分电压互感器采用黄绿接地线将三压变尾部与零序电压互感器相连，且接地线紧贴壁柜，此种方式存在较大安全隐患：在发生单相接地故障时，此处接地线上将产生高压，若接地线因绝缘不良导致击穿接地，则等同于零序电压互感器被短接，即电压互感器运行方式由四压变转为了三压变，此时电压互感器易产生过电压危害系统设备，影响供电。

（3）完善新投产四压变的验收流程。建议在验收过程中增设加压试验来验证零序电压互感器二次侧极性是否接反。若四压变的接线形式为三相电压互感器开口三角短接，零序电压引自零序电压互感器绕组，如图 1-11 所示，则可依据图 1-14 的接线方式通过在电压互感器一次侧加入 380V 电源模拟不接地系统 A 相直接接地状态。将测量到的二次电压与理论数据进行对比，以此判断极性的正确性，理论数据（10kV 系统）如表 1-1 所示。

表 1-1　在电压互感器一次侧加入 380V 电源模拟不接地系统 A 相直接接地状态数据对比（V）

相别	A	B	C
一次加压	220	220	220
二次电压（正确接线）	0	3.8	3.8
二次电压（极性接反）	4.4	2.2	2.2

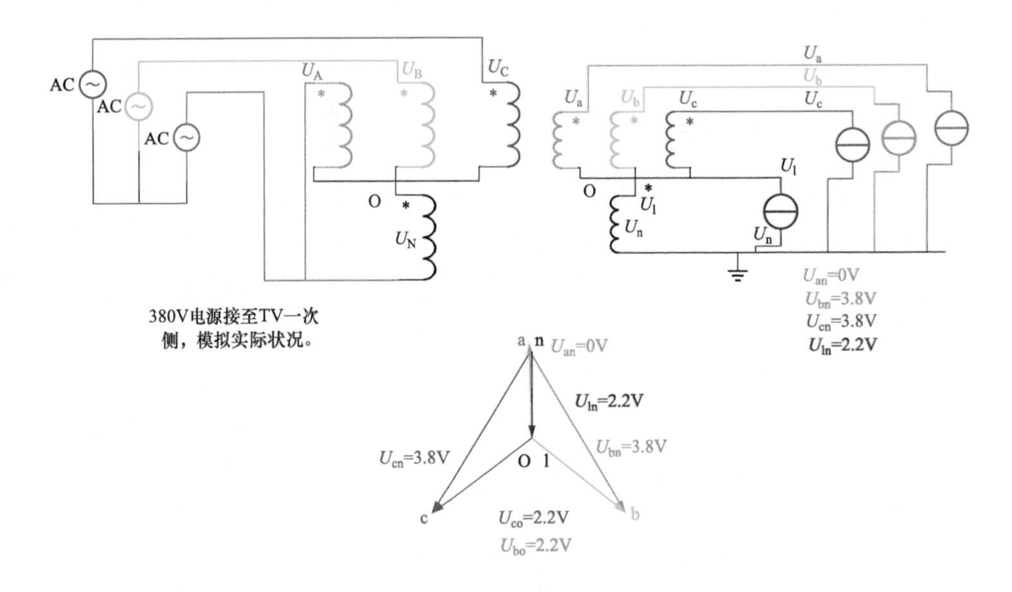

图 1-14　模拟 A 相直接接地情况下的电压

同理可依据图 1-15 的接线方式模拟 A 相接地且 A 相电压互感器熔丝断裂情况，通过核对二次侧电压数据判断极性是否接反。将测量到的二次电压与理论数据进行对比，以此判断极性的正确性。理论数据（10kV 系统）如表 1-2 所示。

表 1-2　模拟 A 相接地且 A 相电压互感器熔丝断裂情况数据对比（V）

相别	A	B	C
一次加压	220	220	220
二次电压（正确接线）	2.2	3.8	3.8
二次电压（极性接反）	2.2	2.2	2.2

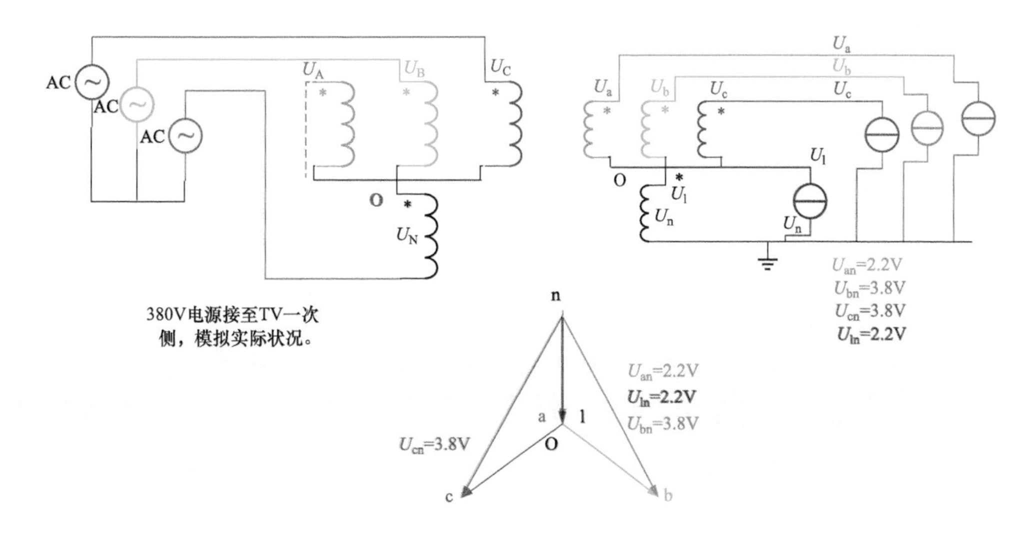

图 1-15　模拟 A 相接地且电压互感器 A 相熔丝熔断情况下的电压

案例五　电流互感器配置存在死区

一、排查项目

变电站内变压器保护、母线差动保护、线路保护等使用的电流互感器二次绕组分配不正确，会导致保护范围存在死区。

二、案例分析

（一）排雷依据

《国家电网公司十八项电网重大反事故措施（修订版）》（国家电网设备〔2018〕979 号）第 15.1.13 条：“应充分考虑合理的电流互感器配置和二次绕组分配，消除主保护死区。”

（二）爆雷后果

近区故障情况下短路电流较大，电流互感器的错误配置方式缩小了快速主保护的保护范围，造成部分区域故障时无法快速切除，变压器等设备需承受较长时间的穿越性电流。

（三）实例

某日，某 220kV 变电站 1 号变压器 35kV 侧后备保护动作，两套变压器保护动作行为一致。同时，35kV 间隔保护和 35kV 母差保护均无动作行为。现场初步判断故障位于 35kV 母线与变压器之间，通过故障巡视发现变压器低压侧穿墙套管处有明显的放电现象，故障示意图如图 1-16 所示。

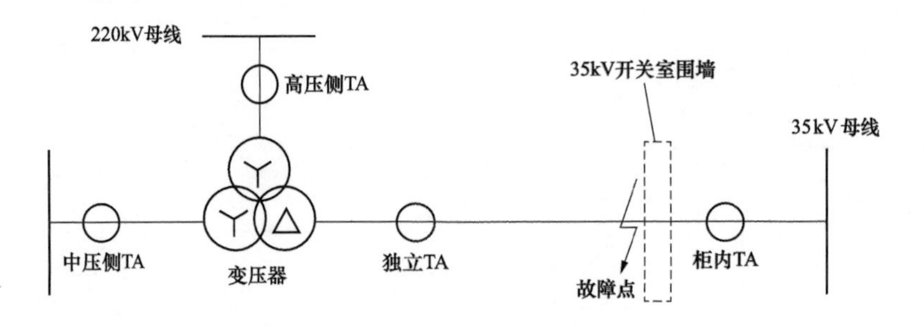

图 1-16　变压器低压侧穿墙套管处发生故障

正常情况下，此处发生故障应由变压器的电气量主保护即差动保护快速动作切除故障，而实际动作情况是两套变压器保护均为后备保护动作切除故障，因此判断现场保护的范围存在问题。现场通过查阅图纸和接线检查发现变压器低压侧电流互感器配置存在错误，如图 1-17 所示。

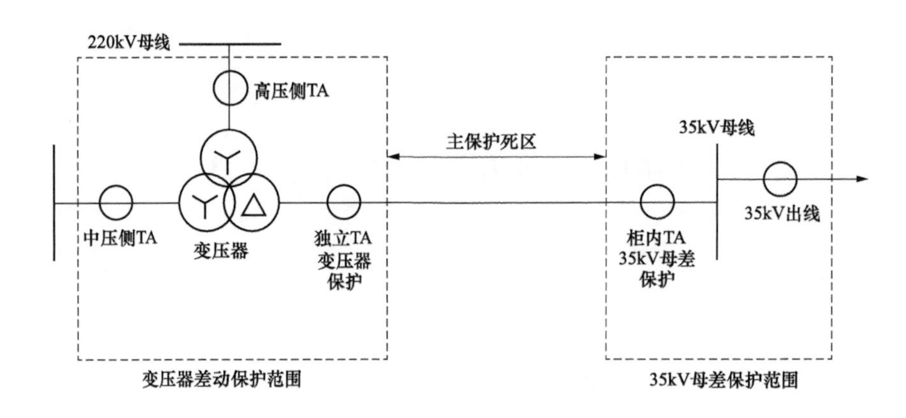

图 1-17　错误的绕组配置

在该配置方式下，变压器的 A、B 套保护的低压侧电流取自独立电流互感器绕组，母差保护电流取自开关柜内电流互感器。该配置的结果导致独立电流互感器和柜内电流互感器之间无快速动作的主保护，只能依靠变压器的后备保护动作切除故障。依据图纸对现场电流互感器的实际接线采用逐个绕组通流的方式进行检查，实际接线与图纸保持一致。现场检修人员对电流互感器接线进行了更改，正确的配置如图 1-18 所示。

三、排查及整改方法

（1）在设计审查阶段，根据图纸核查电流互感器配置情况，避免因图纸设计造成的隐患。以线路保护的电流互感器配置为例，错误的配置方法和正确的配置方法分别如图 1-19（a）和图 1-19（b）所示。

（2）在基建调试验收阶段，根据正确的配置方式和电流互感器内绕组布置情况，采取电流互感器一次通流的方式逐一核对二次绕组的分配情况，具体流程如图 1-20 所示。

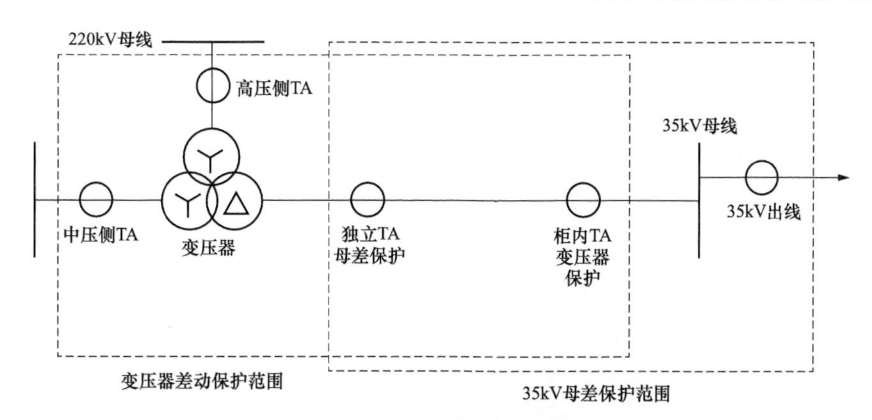

图 1-18 正确的绕组配置

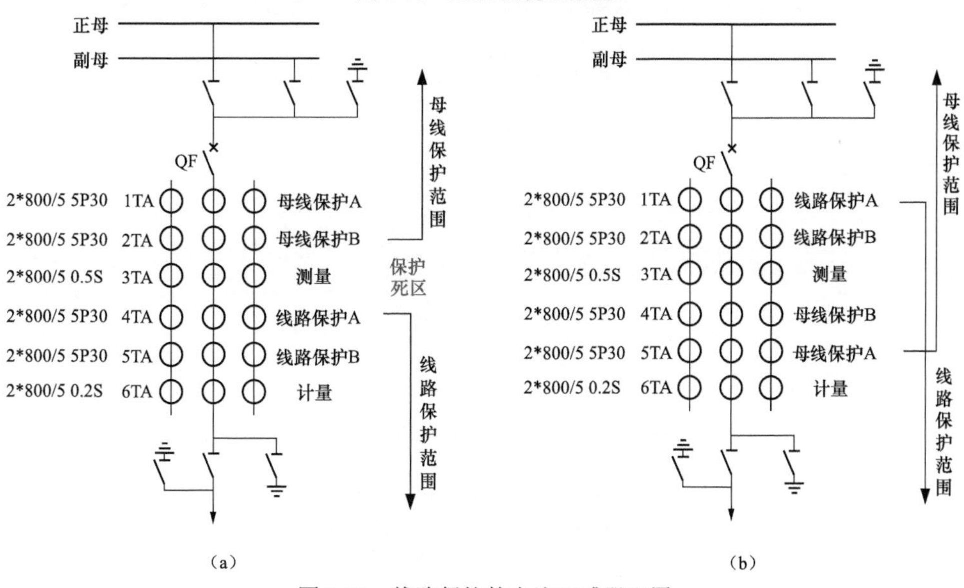

图 1-19 线路保护的电流互感器配置

（a）错误的分配方法；（b）正确的分配方法

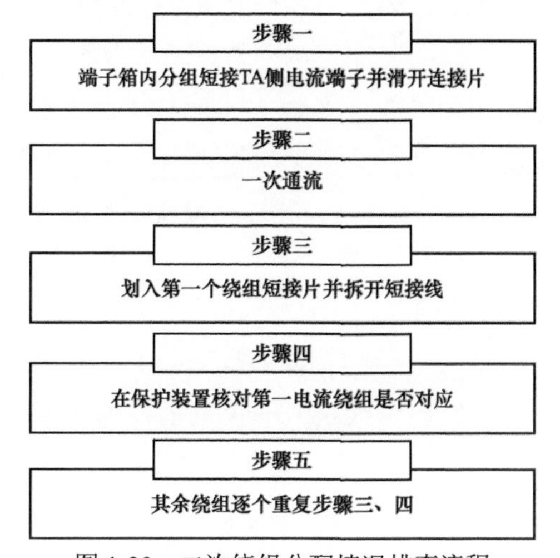

图 1-20 二次绕组分配情况排查流程

（3）在运行维护阶段，在保护装置投运满一年后的首次停电检修，采用一次通流或者二次通流的方式（见图 1-20）对绕组的配置情况进行核查。对配置错误的情况，应进行电缆重新敷设或者电缆接线变更，变更后应再次进行带负荷试验，确保电流回路正确无误。同时检查变更后的绕组变比是否存在变化，如有变化，变压器保护需变更整定单。

（4）部分老旧变电站存在 35kV 开关柜内 TA 只有两组保护绕组的情况，其中一组绕组为计量组，此时可以采取更换开关柜内 TA 的方法，或者采用变压器第一套保护接开关柜电流，变压器第二套保护与母差保护采用独立 TA，两组保护范围也要有交叉。

案例六　电流互感器暂态特性不满足要求

一、排查项目

变压器保护电流互感器暂态特性不满足要求，如准确限值系数（ALF）、暂态系数、额定拐点电压过低，可能使一侧电流互感器发生饱和或传变误差与其他侧相差过大，造成差动保护误动。

二、案例分析

（一）排雷依据

《变压器、高压并联电抗器和母线保护及辅助装置标准化设计规范》（Q/GDW 1175—2013）第 12.5.2 条："220kV 电压等级变压器保护优先采用 TPY 型 TA；若采用 P 级 TA，为减轻可能发生的暂态饱和影响，其暂态系数不应小于 2。"

（二）爆雷后果

故障短路时，若电流互感器的准确限值系数（ALF）、暂态系数、额定拐点电压过低，会导致保护电流采样误差过大，造成差动保护告警或不正确动作。

（三）实例

某变电站主接线图如图 1-21 所示，某日 14 时 11 分，该变电站 2 号站用变压器速断保护动作跳开本变压器断路器，同时 2 号变压器第一套差动保护动作跳开本变压器三侧断路器，第二套差动保护启动，未动作；35kV 母分备自投装置动作，合上 35kV 母分断路器，未损失负荷。

2 号变压器动作 SOE 图如图 1-22 所示。

2 号变压器第一套差动保护录波如图 1-23 所示，14 时 11 分 08 秒 605 毫秒时刻 2 号变压器第一套差动保护启动，T_2 时刻线（91ms）之前发生低压侧 AB 相间故障，之后转换为三相故障，至 145ms 时刻故障切除。从 T_1 时刻线（55ms）开始，变压器差动保护出现间断的较大差流，同时低压侧 A、B 相电流波形出现明显畸变，此时 TA 传变发生饱和。

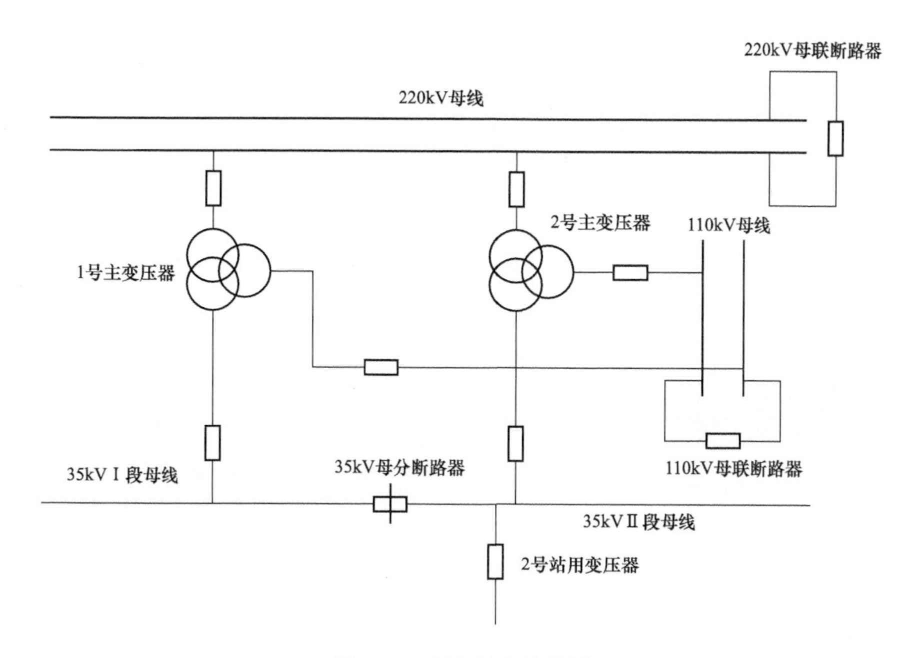

图 1-21 变电站主接线图

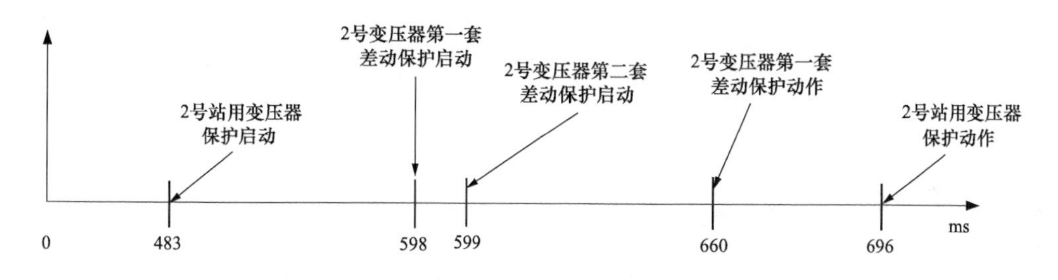

图 1-22 2 号变压器动作 SOE 时序图

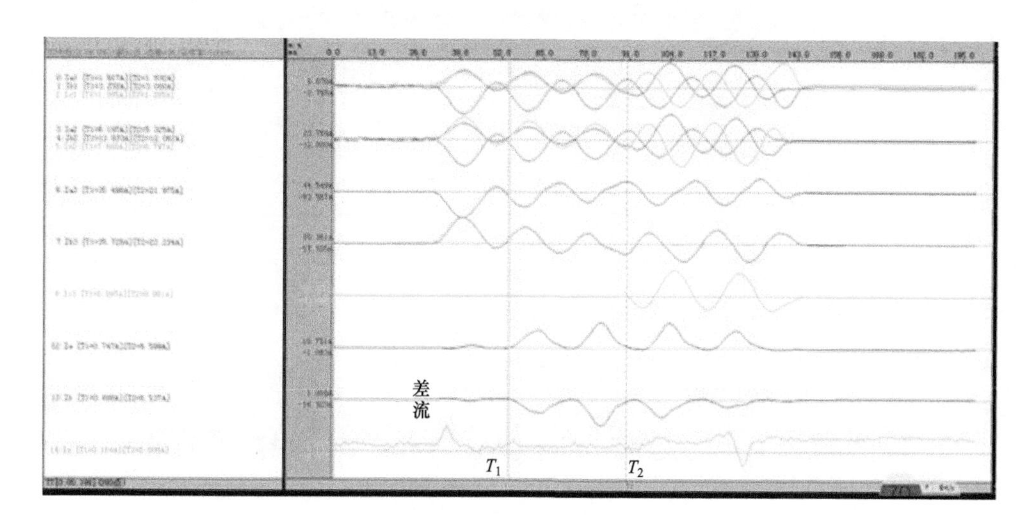

图 1-23 第一套保护差动保护录波图（55～91ms）

由图 1-24 可知，T_1 时刻（74ms）为低压侧 A、B 相电流的一个过零点，TA 能够正确传变，变压器保护差流基本为零；按正弦波 20ms 一个周期，10ms 后的 T_2 时刻（84ms）也应是过零点，也应能正确传变二次电流，变压器保护应没有差流。但实际录波发现 T_2 时刻并没有过零，且差流较大，A 相达到 4.75A，B 相达到 3.58A，更进一步说明变压器 35kV 侧独立 TA 传变发生问题。

2 号变压器第二套差动保护录波如图 1-25 所示，14 时 11 分 08 秒 605 毫秒时刻 2 号变压器第二套差动保护启动，差流波形与第一套差动保护基本一致。T_1 时刻线（58ms）到 T_2 时刻线（81ms）之间的差流至少连续 13ms 以上，说明一个周波（20ms）内只有 7ms 以下的时间段内能正确传变二次电流。

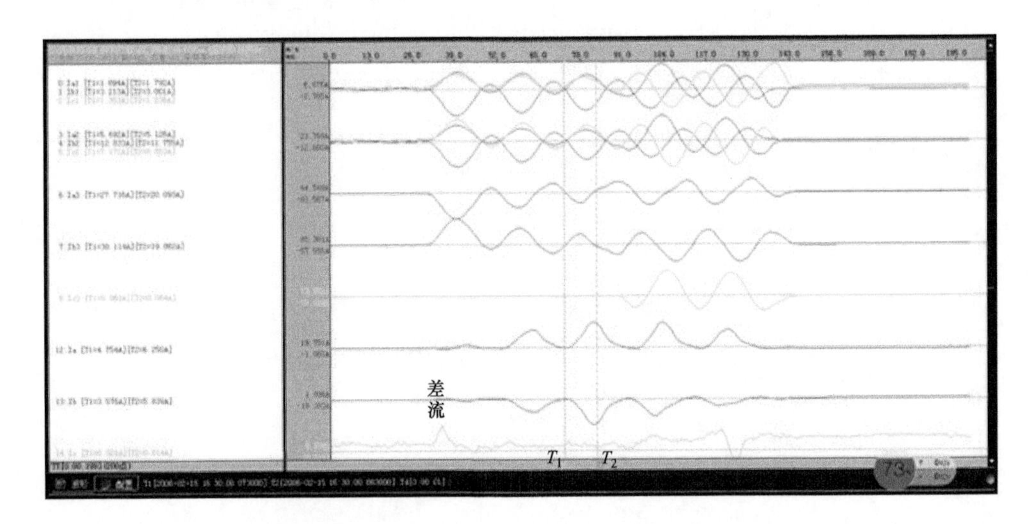

图 1-24　第一套保护的差动保护录波（34～44ms）

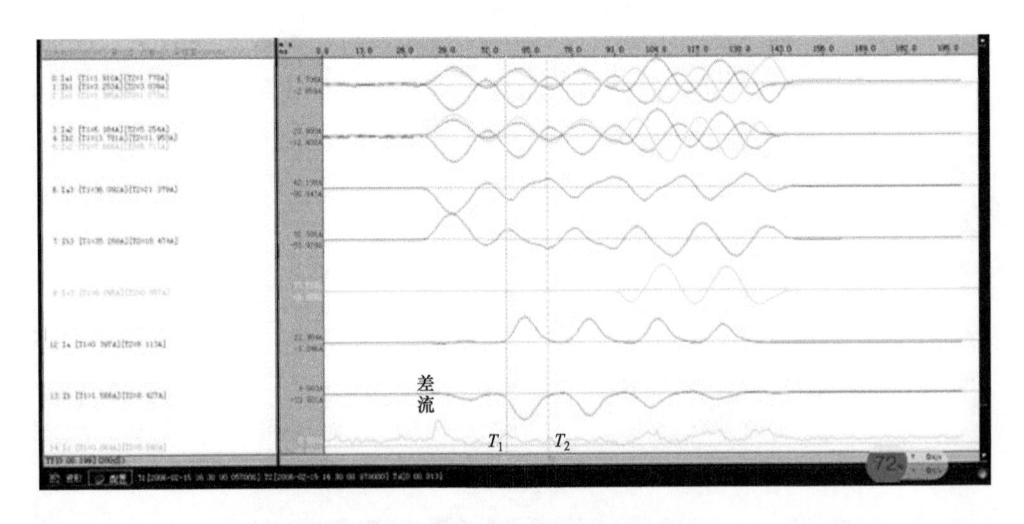

图 1-25　第二套保护差动保护录波

（注：图 1-23～图 1-25 中，$I_{a1}/I_{b1}/I_{c1}$ 为高压侧三相电流，$I_{a2}/I_{b2}/I_{c2}$ 为中压侧三相电流，$I_{a3}/I_{b3}/I_{c3}$ 为低压侧三相电流，$I_a/I_b/I_c$ 为计算差流。）

因此，变压器低压侧 A、B 相 TA 发生饱和，不能正确传变故障电流，是产生差流的原因。

后续对该站 2 号变压器 35kV 侧电流互感器测试，发现该电流互感器暂态系数为 1.933，根据《电流互感器及电压互感器选择及计算规程》（DL/T 866—2015）第 7.6.2 条第 3 点："220kV 及以下降压变压器保护用电流互感器宜按在变压器低压侧区外故障时，误差不超过规定值，给定暂态系数不宜低于 2"，该站 2 号变压器 35kV 侧电流互感器小于规程规定暂态系数不低于 2 的要求。当发生区外故障时，该侧电流互感器饱和，导致变压器保护出现差流，继而动作。

三、排查及整改方法

（1）做好设计源头管控。在设计选型时，线路各侧或主设备差动保护各侧的电流互感器的相关特性选型宜一致，同时应校核电流互感器暂态系数不低于规范要求，避免在遇到较大短路电流时因各侧电流互感器的暂态特性不一致导致保护不正确动作。

（2）抓好基建施工质量。在基建过程中，施工单位应按施工作业要求对电流互感器特性（如伏安特性等）进行高压试验，并将高压试验报告留底。对于特性不满足规程规定要求的电流互感器，应及时上报基建管理部门及专业管理部门。

（3）强化竣工阶段技术监督。在竣工验收时，检修单位应详细核查施工单位电流互感器试验报告，重点核查电流互感器特性是否满足运行要求。

（4）落实常态化管理机制。专业管理部门应定期针对此类问题进行专题分析，认真组织问题排查，如集中查阅电流互感器技术参数、电流互感器试验报告（伏安特性曲线）、二次负载等。对于不满足相关规程规定要求的电流互感器，如暂态系数不满足要求、电流互感器的准确限值系数（ALF）和额定拐点电压过低、容量不足等，应将其列入技改工程更换。

案例七　差动保护电流互感器变比选用不正确

一、排查项目

变压器差动保护所用电流互感器变比选用过小，抗饱和特性不满足要求，可能导致区内故障拒动、区外故障误动。

二、案例分析

（一）排雷依据

《电流互感器及电压互感器选择及计算导则》（DL/T 866—2004）第 6.1.2.1 条："保护装置对电流互感器的性能要求如下：a）保证保护的可信赖性。要求保护区内故障时电流互感器的误差不致影响保护可靠动作。b）保证保护的安全性。要求保护区外最严重故障时电流互感器误差不会导致保护误动或无选择性动作。”

（二）爆雷结果

保护区内近电源侧故障时，若短路电流流经的电源侧电流互感器迅速饱和，使得差动保护感受电流变小，导致差动速断不能可靠动作，严重时比率差动也不能可靠动作，由后备保护延时切除故障，导致主设备损坏。

保护区外负荷侧故障时，若短路电流流经的各侧电流互感器均快速饱和，使得各侧二次电流均出现波形畸变，差动保护上将产生较大的差电流。当差电流越过动作门槛值后，将引发差动保护越级误动，瞬时切除变压器，扩大事故影响范围。

（三）实例

某 110kV 变电站进行变压器更换工作，前期勘察时，设计人员既没有至现场对原 1 号变压器的实际电流互感器变比、整定单进行核对，也未对新变压器上的电流互感器按母线短路容量校核进行，就以厂家图纸为依据出版施工图。施工交底阶段，项目主办、施工、监理、运行各方均未对电流互感器变比进行校核，导致设备停电施工前埋下“雷”。

原 1 号变压器停役开展更换施工，一、二次设备安装完成，施工方对 TA 进行变比试验，发现 1 号变压器套管 TA 最大变比为 300/5（10P20），仅为整定单要求值（600/5）的一半。此 TA 的额定准确限值为 300×20=6000（A），而最大运行方式下，变压器 110kV 套管处的等值阻抗标幺值为 0.05076，对应方式下的最大三相短路电流为 $I_z=\dfrac{I_j}{X_{*\Sigma}}=\dfrac{502}{0.05076}=9890(\text{A})$，是套管 TA 额定准确限值的 165%，不满足差动保护运行要求。若投运，将使得保护区内故障时，因 TA 饱和后的误差影响使差动保护不能可靠动作；区外故障时，同样因 TA 的饱和误差原因而存在差动保护误动作风险。该型号 600/5（10P20）的 TA 为定制产品，无现货供应，最终历经两个月才完成采购，更换 TA 后投运。

三、排查及整改方法

（1）加强对保护用电流互感器的源头管控。勘察设计阶段，设计单位应按接入电网的短路容量对电流互感器进行校核，用于差动保护时，应同时校核稳态误差和暂态误差。在不满足误差要求时，应通过增大变比、降低二次回路阻抗等方法予以解决。

（2）明确改造项目的前期资料收集管理。主设备改造前，设计单位需将与之相关接入电网短路容量、整定单、接入二次设备数量与型号等资料收集完整，经设计联络会交底后，方能进行设计工作。

（3）细致做好电流互感器设备的竣工验收工作。调试单位与检修单位在进行一次通流试验时，严格执行从一次侧加量的试验要求，尤其是与变压器保护相关电流互感器的验证，应通过一次通流方式对变比、接线方式等内容进行验证，并将试验与验收报告留底，确保与设计图纸、保护整定单要求一致。变压器一次通流试验可采用在变压器高压侧加入三相 0.4kV 站用电电源、变压器低压断路器侧三相短路的方式进行，通过对比变压器差动保护、后备保护、各侧测量与计量电流来确定绕组接线的正确性。

案例八　变压器差动保护三相电流回路接线错位

一、排查项目

变压器差动保护三相电流回路接线错位，导致现场差流越限告警。

二、案例分析

（一）排雷依据

《继电保护和电网安全自动装置检验规程》（DL/T 995—2016）第 5.3.2.7 条：“新安装或经更改的电流、电压回路，应直接利用工作电压检查电压二次回路，利用负荷电流检查电流二次回路接线的正确性。”

（二）爆雷后果

变压器差动保护三相电流回路接线错位，差动保护正常运行时产生差流，频繁报差流越限告警。若未及时发现，区外故障时可能造成差动保护误动。

（三）实例

某变电站变压器保护进行更换工作，在工作结束后的启动过程中发现保护装置有装置异常告警，显示分侧差流异常，纵差差流正常。随即对该套保护开展带负荷试验工作，现场带负荷数据如表 1-3 所示。

表 1-3　　现场分侧差动带负荷数据

相别		一次电流（A）	二次电流（A）	相位（°）
高压侧	A	183	0.571	358
	B	184	0.567	237
	C	182	0.566	117
	N		0.01	
中压侧	A	370	1.540	188
	B	364	1.501	69
	C	372	1.542	309
	N		0.04	
公共绕组	A	198	1.649	116
	B	201	1.610	3
	C	192	1.570	239
	N		0.122	

现场变压器为自耦变压器，正常情况下高压侧、中压侧和公共绕组的电流相量和应为零，高压侧与公共绕组的电流方向应相同。从现场带负荷数据可见，高中压侧电流、公共绕组电流相角明显存在错误，引起分侧差流告警。现场检查电流二次回路，发现公共绕组三相电流回路错位，也就是 A 相接到 B 相，B 相接到 C 相，C 相接到 A 相，如

图 1-26 所示。

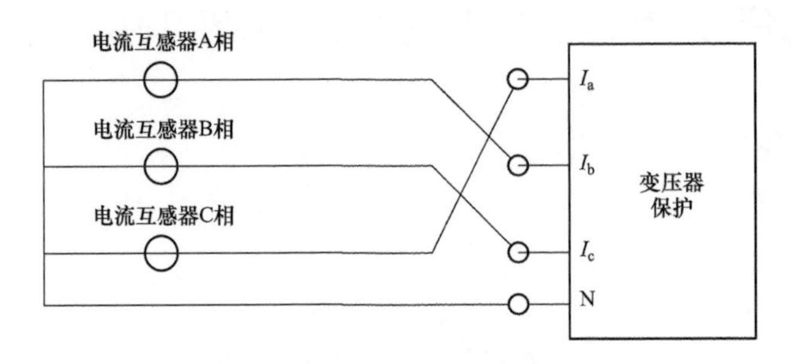

图 1-26　电流互感器接线错位

该隐患如不及时处理，在保护投入运行的情况下，区外故障时保护分侧差流增大，将造成该变压器差动保护误动。

三、排查及整改方法

（1）竣工验收过程中应进行分相电流回路通流试验，确保端子箱至保护装置的电流回路接线准确无误。保护投运前应进行完整的带负荷试验，确保电流相序、相位和极性正确。

（2）运维人员在日常巡视中需要对变压器保护、母差保护、线路差动保护等保护装置的差流情况进行检查，若差流明显偏高（超过 150mA），应及时通知检修部门处理。

案例九　套管电流互感器绕组接线错位

一、排查项目

检查变压器套管电流互感器的二次绕组接线正确性，防止出现各绕组间回路错接，导致输出电流异常。

二、案例分析

（一）排雷依据

《电气装置安装工程质量检验及评定规程　第 8 部分：盘、柜及二次回路接线施工质量检验》（DL/T 5161.8—2018）表 5.0.2：“配线连接：牢固、可靠；导线端头标志：清晰正确，且不易脱色。”

《继电保护及二次回路安装及验收规范》（GB/T 50976—2014）第 5.1.3 条：“应对二次回路所有接线，包括屏柜内部各部件与端子排之间的连接线的正确性和电缆、电缆芯及屏内导线标号的正确性进行检查，并检查电缆清册记录的正确性。”

（二）爆雷结果

套管电流互感器二次绕组接线错位，使变压器后备保护、计量、测量、闭锁有载断路器等电流回路紊乱，触发电量统计错误、设备负载失控等事件。

（三）实例

某 110kV 变电站 1 号变压器执行更换任务，运行后，发现该变压器 110kV 侧两相式计量表计显示电量是三相式测控装置累积电量的 1.33 倍，严重超差，遂安排人员对变压器 110kV 侧套管 TA 二次引出电流回路进行带负荷检查。

更换工作中仅高压侧套管 TA 进行更换，因而对此相关的 1 号变压器后备保护、计量、测量、闭锁有载断路器电流等回路在 1 号变压器本体端子箱电流回路进行检查，发现三相电流值极不平衡，结果如图 1-27 所示。

二次电流测量情况			
绕组作用及变比	相别	实际错误数值（A）	应正确数值（A）
主变压器后备 600/5	A	0.8	0.8
	B	0.96	0.8
	C	0.8	0.8
备用 600/5	A	0.8	0.8
	B	0.8	0.8
	C	0.8	0.8
测量 400/5	A	1.2	1.2
	B	0.8	1.2
	C	1.2	1.2
闭锁有载 500/5	B	1.2	0.96

图 1-27　110kV 某变电站 1 号变压器本体端子箱各绕组二次电流值

保护、备用 TA 变比 600/5，测量和计量变比 400/5，闭锁有载断路器变比 500/5，从测量值分析，B 相套管电流互感器二次电流不同绕组接线错位，闭锁有载断路器电流（TA4）B 相接至后备保护，后备保护（TA1）B 相接至备用，备用（TA2）B 相接至测量和计量，测量和计量（TA3）B 相接至闭锁有载断路器电流，导致计量数据与变压器更换前数据不一致。

图 1-28　B 相套管 TA 实际接线图

再次核对变压器本体端子箱接线，与设计要求一致，无错接线；调取施工保存的套管电流互感器二次接线照片，发现有错位接线，如图 1-28 所示，其对应关系如表 1-4 所示。经分析，错位导致的电流异常与测量情况一致。

表 1-4　　B 相 TA 套管侧接线情况

设计要求接线			实际错误接线		
二次接线柱号	二次线标号	绕组作用及变比	二次接线柱号	二次线套管	绕组作用及变比
3	B1S1	变压器后备 600/5	3	B2S1	备用 600/5
4	B1S2		4	B2S2	
8	B2S1	备用 600/5	8	B3S1	测量 400/5
9	B2S2		9	B3S2	

续表

设计要求接线			实际错误接线		
二次接线柱号	二次线标号	绕组作用及变比	二次接线柱号	二次线套管	绕组作用及变比
14	B3S1	测量 400/5	14	B4S1	闭锁有载 500/5
15	B3S2		15	B4S2	
1	B4S1	闭锁有载 500/5	1	B1S1	变压器后备 600/5
2	B4S2		2	B1S2	

发现问题后，检修人员将 1 号变压器停役，在电流互感器二次接线盒处对回路进行相应调整，完成后再次测量、核对各二次电流，经检查全部正确。

三、排查及整改方法

（1）加强变压器套管 TA 回路接线的源头管控。施工开始前，施工图纸审查与施工交底应全面，明确变压器套管 TA 各二次绕组的接线要求和试验要求。通流试验时，施工单位应采用一次通流试验方法，对套管 TA 所涉设备的二次回路接线正确性进行验证，并记录存档。变压器一次通流试验可采用在变压器高压侧加入三相 0.4kV 站用电电源、低压侧断路器三相短路的方式进行，通过对比变压器差动保护、后备保护、各侧测量与计量电流来确定绕组接线的正确性。

（2）细致开展变压器套管 TA 接线的验收工作。竣工验收时，检修单位除对设计图纸、整定单进行核对外，还应检查施工方提供的试验报告，核查其试验方法及结果是否符合规程要求，并在施工单位进行一次通流试验时，对全过程进行见证，守好设备投运关。

（3）认真做好投运时带负荷试验工作。变压器带负荷后，也应对套管 TA 各绕组的二次电流量值进行测量，通过与变压器实际负荷、上级供电负荷情况进行对比，判断二次电流的正确性。

案例十　电流互感器二次接线盒封堵不严

一、排查项目

电流互感器二次接线盒、端子箱封堵不严，造成进水或小动物侵入、端子排受潮锈蚀等，引起二次回路绝缘性能下降甚至短路。

二、案例分析

（一）排雷依据

《防止电力安全生产的二十五项重点要求》（国家能源局 161—2014）第 22.2.3.22.1 条：“雨季前，加强现场端子箱、机构箱封堵措施的巡视，及时消除封堵不严和封堵设施脱落缺陷。”

《变电站设备验收规范 第21部分：端子箱及检修电源箱》（Q/GDW 11651.27—2017）“端子箱采用点胶的防水密封技术，针对室内端子箱确保防水密封寿命大于15年的IP44的防水防尘可靠性，针对室外端子箱确保防水密封寿命大于15年的IP55的防水防尘可靠性。”

《电气装置安装工程质量检验及评定规程 第3部分：电力变压器、油浸电抗器、互感器施工质量检验》（DL/T 5161.3—2018）表2.0.3“油浸式互感器本体检查时，二次接线板应绝缘良好。”

（二）爆雷后果

电流互感器户外接线盒、端子箱封堵不严，造成接线盒内进水或者小动物筑巢，导致交流电流回路绝缘下降后多点接地或者短路，造成保护误动或拒动。

（三）实例

某公司二次检修人员在某220kV智能变电站进行首检时，在对110kV某出线的户外GIS智能组件柜紧固柜内电流回路接线时，发现端子排处有轻微水迹，经过处理消除一起GIS电流互感器二次接线盒异常进水隐患。

二次检修人员紧固螺钉时，发现TA端子排第6、7个凤凰端子之间有水迹渗出，如图1-29和图1-30所示。在用毛巾擦干水迹，并且用电吹风吹干后，10min后再次发现有水迹渗出。二次检修人员针对电缆、槽钢、二次接线盒、智能组件柜温湿度控制器等可能造成渗水的部位展开排查，排除了智能组件柜内部渗漏水的可能。

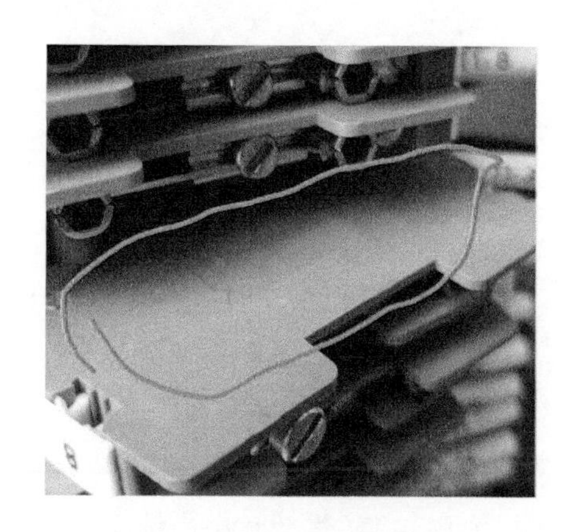

图1-29 端子排存在水迹

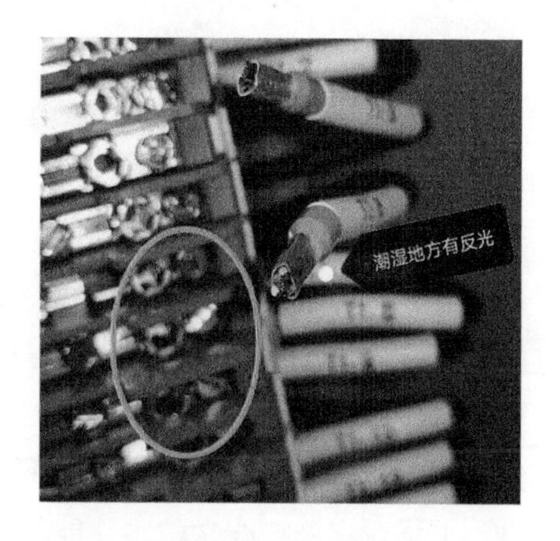

图1-30 拆出的二次线上存在渗水痕迹

二次检修人员怀疑TA接线盒内受潮，湿气经过电缆线芯传到汇控柜的端子排接线处。在打开TA接线盒后，发现接线盒内积水严重，如图1-31所示。

进一步检查发现，TA接线盒虽安装有防雨罩，但水从一个螺钉渗入接线盒，将渗水的螺钉拆除并检查此处密封圈以及背部的玻璃胶，发现玻璃胶有部分裂纹，水透过缝隙经螺杆渗进端子箱内，如图1-32和图1-33所示。

图 1-31　TA 接线盒内有积水

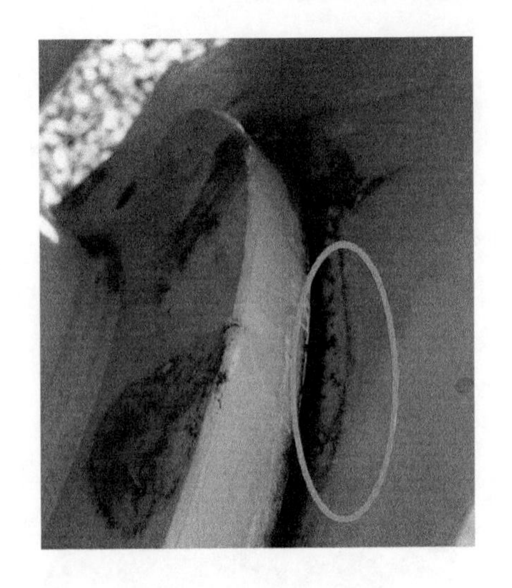

图 1-32　渗漏点外侧玻璃胶

图 1-33　渗漏点内侧螺钉

如果 TA 接线盒进水情况加剧，交流电流回路绝缘继续降低，可能导致交流电流回路相间短路或多点接地，保护装置运行过程中可能报“TA 断线”等异常信号，电网故障发生时，保护可能误动或拒动。

三、排查及整改方法

（1）加强对户外接线盒防水性能的源头管控。将 TA、TV 接线盒防雨性能列入设计联络会审查要点，强调 TA、TV 接线盒应满足防雨要求，并在验收过程中重点对接线盒防雨性能进行检查。

（2）加强对二次回路的绝缘试验。基建验收和综合检修过程中要加强对交流电流、电压回路绝缘性能的检查，要进行绝缘试验，并将数据记录在试验报告中。若绝缘不合格，要查找回路中的绝缘薄弱点，并采取相应措施提高二次回路绝缘性能。

（3）加强对二次接线盒的开箱检查。综合检修过程中，检修人员要对 TA、TV 接线盒等易进水部位进行开箱检查。若有进水迹象，需要用吹风机对接线盒内进行干燥处理，并且视实际情况通过更换接线盒或者加装更可靠的防雨罩来提高防水性能。

（4）加强对二次接线盒的日常巡视。日常运维巡视过程中，运维人员也要关注接线盒锈蚀和水迹情况，对锈蚀严重的情况列入“一站一库”，纳入整改计划。对于条件允许的端子箱、接线盒采取加装温湿度控制仪、防凝露装置、加热器等措施，提升二次设备运行环境。

案例十一　电流回路二次电缆绝缘受损

一、排查项目

交流电流回路二次电缆受外力破坏，绝缘受损后导致电流二次回路两点接地。

二、 案例分析

（一）排雷依据

《国家电网十八项电网重大反事故措施（修订版）》（国家电网设备〔2018〕979 号）第 15.6.4.1 条：“电流互感器或电压互感器的二次回路，均必须且只能有一个接地点。”

（二）爆雷后果

电流二次回路多点接地，在区外故障时，因二次电流存在分流导致差动保护产生差流发生误动作，误跳运行设备。

（三）案例

某日 14 时 38 分 2 秒，某 110kV 变电站 110kV 1 号进线在连续两次遭受雷击后，1 号变压器第一套差动保护动作跳变压器各侧断路器，10kV 备自投正确动作合上 10kV 母分断路器未造成失电。

现场 1 号变压器第一套保护跳闸灯亮，装置面板显示增量差动保护动作。A 相、C 相差动电流约为 0.6A。站内其余保护装置无异常和启动记录，一次设备外观检查无异常。对比保护录波波形文件和雷击定位系统记录，雷击时间与雷击定位基本吻合。

通过对 1 号变压器第一套变压器保护录波（见图 1-34）进行分析发现，14 时 38 分 2 秒 327 毫秒第一次雷击时高压侧 A 相电流出线短时突变，持续时间 2ms 后采样恢复正常。14 时 38 分 2 秒 475 毫秒第二次雷击时，高压侧 A 相电流由 1.363A 快速衰减为 0.375A，与变压器 10kV 间的差流超过了动作值，且持续时间超过 60ms，最终变压器保护动作跳开 110kV 1 号进线断路器、1 号变压器 10kV 断路器。

检修人员开始进一步检查，当检查 110kV 1 号进线端子箱到 A 相 TA 的二次电缆绝缘时，发现 A 相电流回路绝缘分别为 197kΩ，远低于 1MΩ 的要求。打开 A 相 TA 二次接线盒，发现用于变压器保护的 A 相二次线绝缘层已击穿，电缆有明显灼伤痕迹，且该处绝缘表皮折痕明显，如图 1-35 所示。

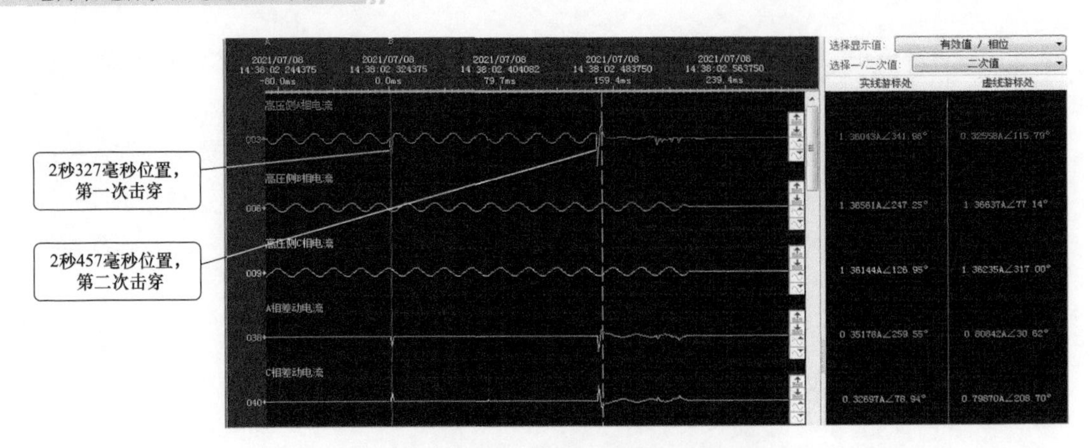

图 1-34　故障波形图

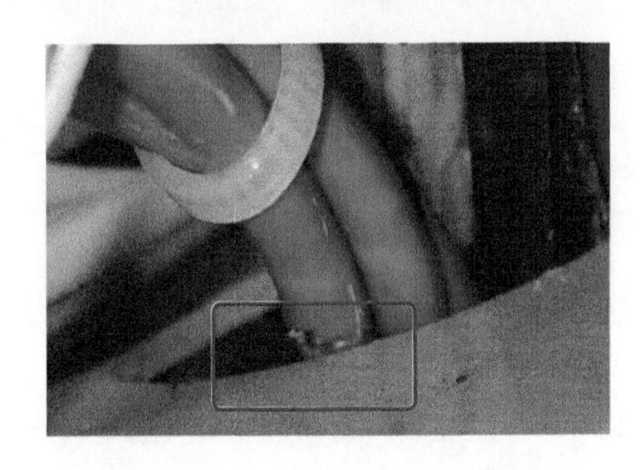

图 1-35　二次线与接线盒放电点

经分析，确认触发此次误动事故的直接原因是 A 相 TA 接线盒内变压器保护用的 A 相导线因长期受力，在导线与电流互感器接线盒边缘挤压受伤形成绝缘薄弱点，在当日连续两次遭受雷击后，受伤导线绝缘薄弱处被击穿接地，形成两点接地而分流，使得流入 1 号变压器保护的高压侧电流变小，与低压侧电流间形成较大差流（见图 1-36），在越过启动值后导致变压器差动保护误动作，跳变压器各侧断路器。

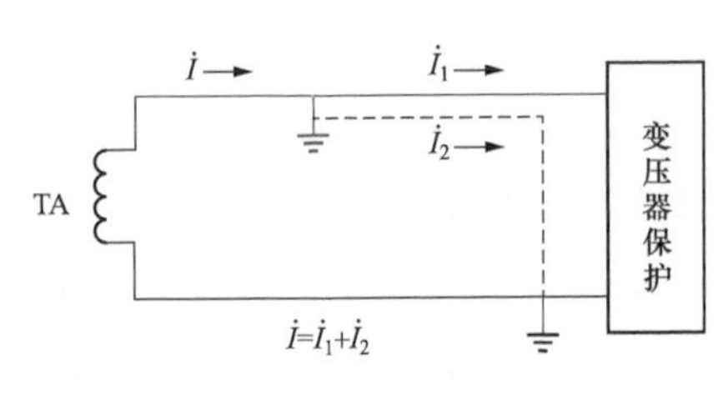

图 1-36　电流回路两点接地分流引起采样异常原理图

三、排查及整改方法

（1）细致做好隐蔽二次回路验收工作。对于基建、改造项目中的二次电流回路，通过绝缘电阻测试方法核查二次缆线的绝缘是否良好；通过断开唯一接地点，测试回路接地情况来判断二次接地点布置与设计要求是否一致。

（2）严格落实二次回路绝缘逢检必查的要求。定期检修时，运维人员应严格执行电流、电压、控制等关键回路的绝缘试验要求，尤其是变压器保护、母差保护等重要保护的二次回路，应认真开展绝缘测试，防止在设定接地点外出现绝缘薄弱点引发两点接地。绝缘电阻检测方法如下：在断开接地点后，使用 1000V 绝缘电阻表测量各回路对地和各回路间绝缘电阻值，其值应不小于 1MΩ。

（3）明确执行对 TA、TV 二次接线盒逢检必开的要求。定期检修过程中，检修人员要将 TA、TV 的二次接线盒逐一打开检查，盒内应无积水情况，二次接线外观应无破损。对于二次接线受力压迫部位，重新进行泄压、包扎处理，确保在下次检修前能够安全运行。

案例十二　大电流试验端子上下接线柱接线接反

一、排查项目

大电流试验端子上下接线柱接线接反，导致操作大电流试验端子时电流回路两点接地，可能引起保护误动作。

二、案例分析

（一）排雷依据

《国家电网有限公司十八项电网重大反事故措施（修订版）》第 15.6.4.1 条："电流互感器或电压互感器的二次回路，均必须且只能有一个接地点。"

《继电保护和安全自动装置运行管理规程》（DL/T 587—2016）第 5.9 条："保护装置出现异常时，运行值班人员（监控人员）应根据装置的现场运行规程进行处理，并立即向主管调度回路，及时通知继电保护人员。"

（二）爆雷后果

断路器停役，操作大电流试验端子时，电流二次回路两点接地，可能使电流回路中因地电位差产生环流，流入保护装置后引起保护误动作。

断路器运行时，操作电流互感器大电流端子时，电流二次回路开路，可能造成一、二次设备损坏，危及人身安全。

（三）实例

某 500kV 变电站开展 2 号变压器 220kV 断路器停役操作，220kV 断路器改检修状态后，当运维人员执行将第一套变压器保护大电流试验端子操作到短接状态时，2 号变压器第一套差动保护动作，跳开三侧断路器。

检查发现，保护动作时，2 号变压器第一套保护 220kV 侧电流幅值从 0A 突变，其中 I_a=0.926A，I_b=1.172A，I_c=1.139A，三相电流同时产生，相位相同，幅值基本一致，如图 1-37 所示。因 220kV 断路器在分位，怀疑由于该电流回路两点接地而出现环流，流入变压器保护后引起变压器差动保护动作。

2 号变压器第一套保护 220kV 断路器电流回路接地点设置在保护屏内，脱开屏内接地线后，电流回路对地电阻为 1.6Ω，说明电流回路仍存在其他接地点。2 号变压器 220kV 断路器 TA 端子箱就地布置，并设置了大电流试验端子，TA 端子箱距 2 号变压器保护屏约 200m。在脱开大电流端子短接侧 N 与地线间短接螺钉后，电流回路对地电阻为无穷大，判断 SD 端子短接侧接地线即为第二个接地点。

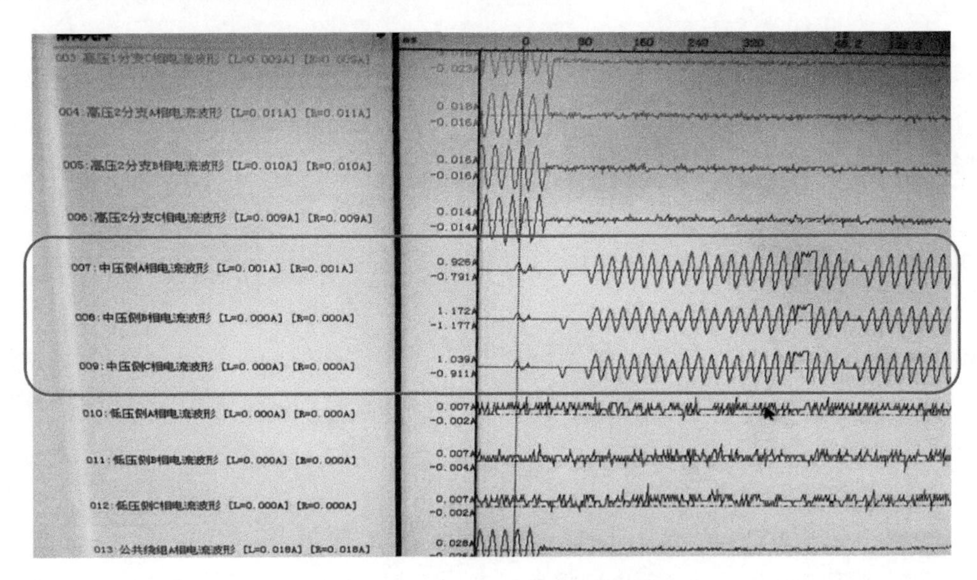

图 1-37　变压器保护故障录波波形

进一步检查发现，1SD 端子短接侧与 2 号变压器第一套保护相连，1SD 端子断开侧与电流互感器相连，如图 1-38 所示。而正确接线应为：1SD 端子短接侧应与电流互感器相连，断开侧应与 2 号变压器第一套保护相连。

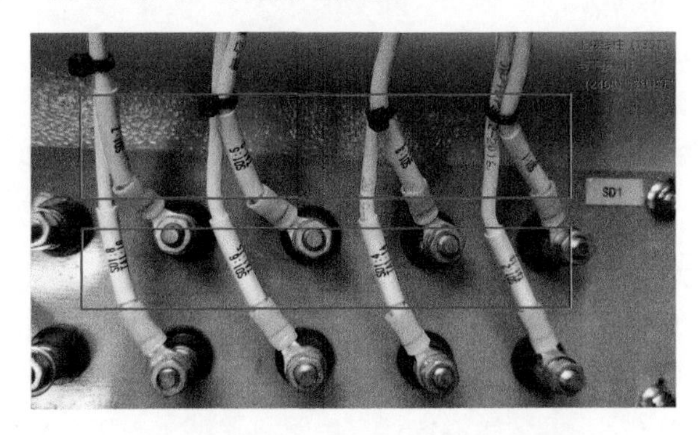

图 1-38　现场大电流端子错误接线图

如图 1-39 所示，1SD 端子上下接线柱接线接反时，操作大电流端子短接接地时，造成 2 号变压器第一套保护电流回路在大电流端子处与保护屏内两点接地。两接地点之间相距较远，存在电位差，2 号变压器第一套保护电流回路流过电流，引起变压器差动保护动作。

现场分析认为，每次执行该变压器 220kV 断路器改检修操作时，都会造成电流回路两点接地，从而引起保护误动作，类似情况不应是第一次发生。

对后台数据库进行查询，发现之前该变压器首检停役时，变压器 220kV 断路器从冷备用改为检修过程中，第一套变压器保护也存在保护动作信号，但因当时变压器三侧断路器已分开，未引起运维人员重视，给本次变压器保护误动作埋下了隐患。

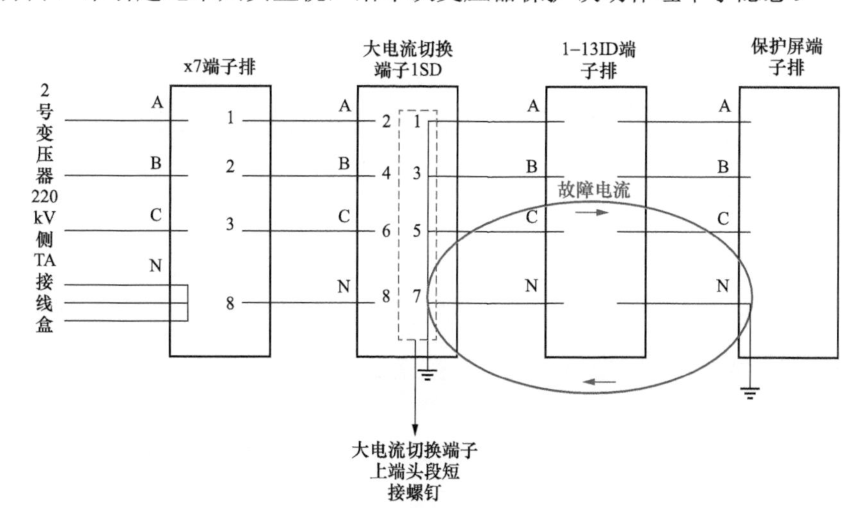

图 1-39　电流产生示意图

三、排查及整改方法

（1）加强大电流试验端子设计源头管控。大电流试验端子整体布局应符合运维操作习惯，大电流试验端子断开侧应与保护侧相连，短接侧应与一次设备侧相连。大电流切换端子宜设计在保护屏内，降低装置运行地和检修地间的电位差。

（2）加强大电流试验端子调试验收。设备投产验收时应加强对大电流试验端子的验收，需采用二次回路通流方式检查大电流试验端子接线的正确性，通流试验时要验证短接状态、正常运行状态两种方式。

（3）规范运行操作流程，防止因人为操作造成电流回路两点接地。一次设备运行时，应按照“先短后断”的方式操作大电流试验端子，操作前短时轮流退出对应的差动保护。

（4）加强设备停复役操作过程异常信号分析。站内运行规程、典型操作票中应明确操作过程中信号核对的要求，做到异常信号无遗漏、无死角。设备操作前后，如存在异常动作信号要停止操作，待原因分析清楚才可继续操作。对监控后台保护异常动作信息、故障录波器异常录波情况定期组织排查分析，发现异常后应及时查明原因。

（5）积极做好隐患整治。若大电流试验端子上下接线柱接反，应及时做好隐患登记，并安排停电整改。未整改前，不得带电操作（短接）大电流试验端子，防止运行电流互感器二次回路开路。结合检修，可通过核对电缆线芯和通流试验的方式检查大电流试验端子接线方式正确性并完成整改。

案例十三　母线保护两间隔电流回路接线交叉

一、排查项目

母差保护屏内两间隔电流回路接线交叉，与隔离开关位置不对应，造成母差保护 TA

断线或差流告警，系统故障时可能扩大事故范围。

二、案例分析

（一）排雷依据

《电气装置安装工程盘、柜及二次回路接线施工及验收规范》（GB 50171—2012）第3.0.9条：“二次回路接线施工完毕后，应检查二次回路接线是否正确、牢靠。”

（二）爆雷后果

平行双回线同时运行时，两条线路负荷平衡，母差保护无异常告警信号。拉开其中一条停役线路母线隔离开关时，母差保护中另一运行线路电流回路退出，造成母差保护差流异常告警甚至差动保护动作。

（三）实例

某变电站因3号变压器副母隔离开关检修，需将4R76、4R77线由220kV副母Ⅱ段运行冷倒至220kV正母Ⅱ段运行。当运行人员拉开4R76线断路器时，220kV第一套母差保护报TA断线告警（REB-103型），无法复归。将4R76、4R77线均调整至正母Ⅱ段运行后，第一套母差装置上TA断线异常告警信号可手动复归。

二次检修人员检查4R76、4R77间隔母差电流回路绝缘、辅助小TA变比、极性，均未见异常。调取后台历史报文发现，当拉开4R76线时，“220kV第一套母差保护正母Ⅱ段保护TA断线/装置闭锁”与“220kV第一套母差保护副母Ⅱ段保护TA断线/装置闭锁”同时动作。一个间隔运行方式的调整，导致两段母线保护装置TA断线同时动作，因此4R77线与4R76线间隔电流回路或隔离开关位置接反的可能性极大。

二次检修人员进行图实核对、电缆校线后发现，220kV第一套母差保护正母Ⅱ段保护屏内4R76线与4R77线电流回路接线交叉，正确接线如图1-40所示，现场实际错误接线如图1-41所示。

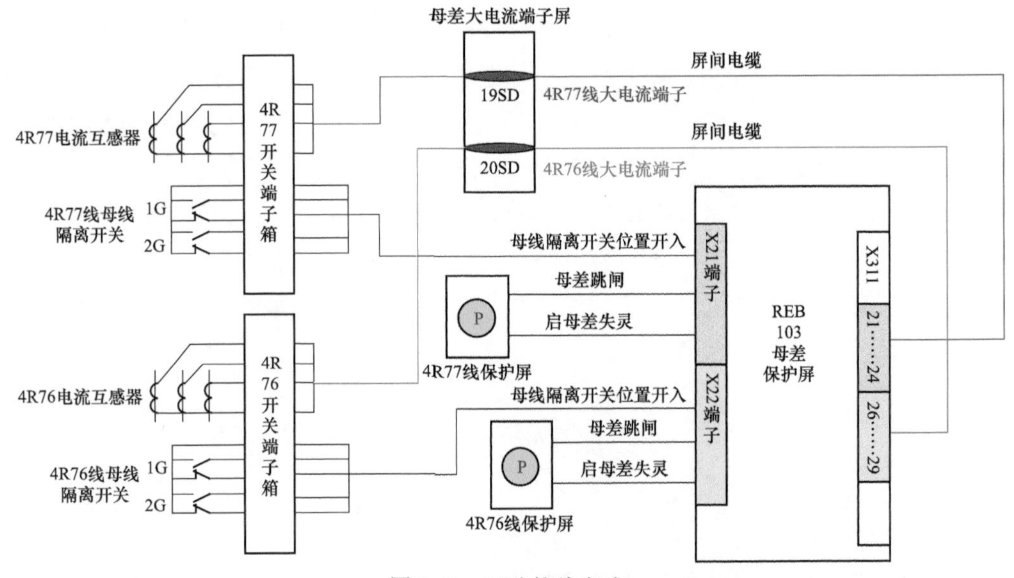

图1-40 正确接线方式

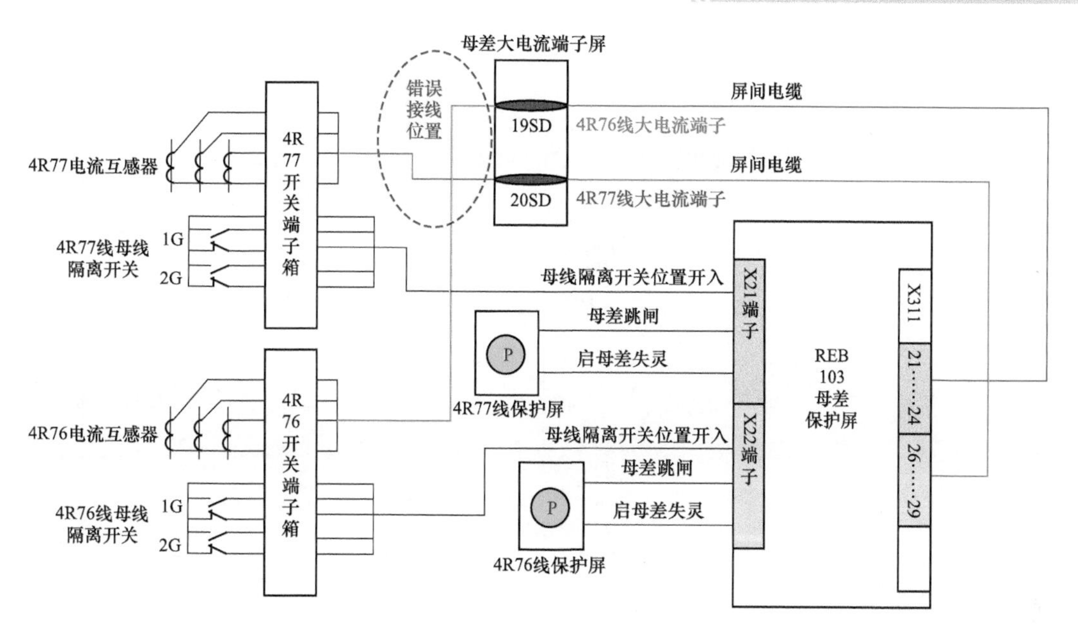

图 1-41 实际错误接线方式

系统运行方式如图 1-42 所示，其中正、副母分段断路器在分位。

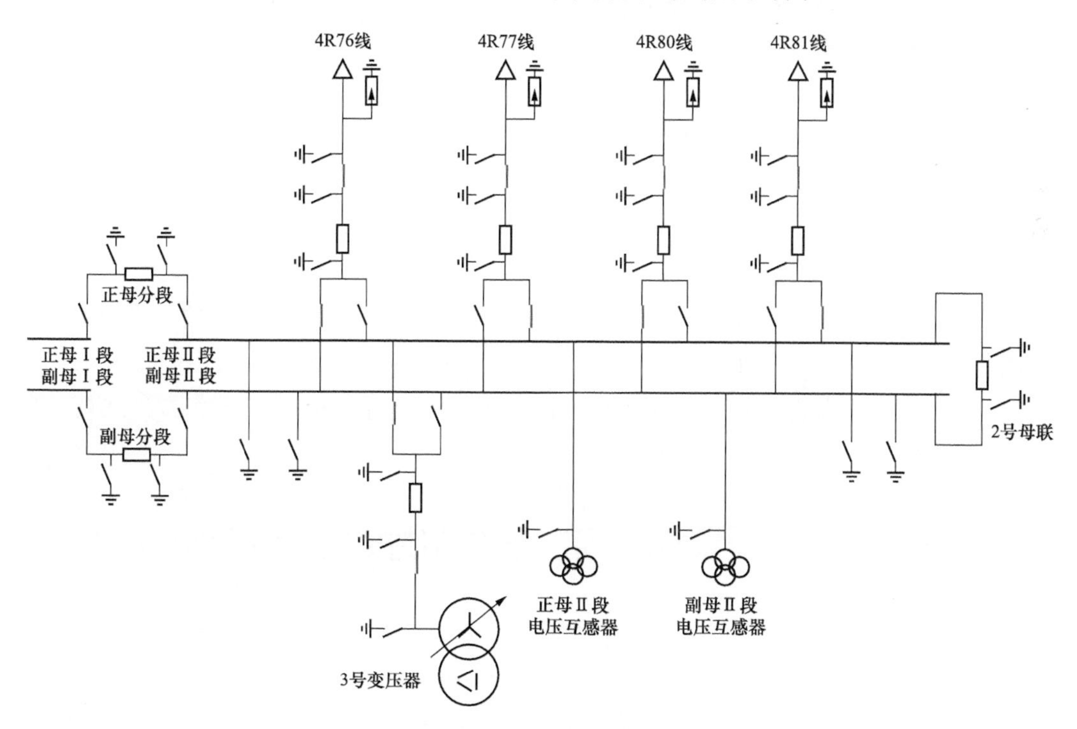

图 1-42 系统运行方式

正母Ⅱ段母差保护差流应计算 3 号变压器、4R77 线、4R81 线、2 号母联间隔电流：

$$\dot{I}_{d2}=\dot{I}_{3zd}+\dot{I}_{4R77}+\dot{I}_{4R81}+\dot{I}_{2ML}=0 \tag{1-4}$$

副母Ⅱ段母差保护差流应计算4R76线、4R80线、2号母联间隔电流：

$$\dot{I}_{d4}=\dot{I}_{4R76}+\dot{I}_{4R80}+\dot{I}_{2ML}=0 \tag{1-5}$$

由于4R77线与4R76线间隔电流交叉，正母Ⅱ段母差保护差流实际计算3号变压器、4R76线、4R81线、2号母联间隔电流：

$$\dot{I}_{d2}=\dot{I}_{3zd}+\dot{I}_{4R76}+\dot{I}_{4R81}+\dot{I}_{2ML} \tag{1-6}$$

副母Ⅱ段母差保护差流实际计算4R77线、4R80线、2号母联间隔电流：

$$\dot{I}_{d4}=\dot{I}_{4R77}+\dot{I}_{4R80}+\dot{I}_{2ML} \tag{1-7}$$

（1）正常运行时，由于4R76线、4R77线为同杆双回线，其线路参数基本一致，功率、潮流基本一致，$\dot{I}_{4R76}=\dot{I}_{4R77}$，因此$\dot{I}_{d2}=\dot{I}_{d4}=0$，正副母Ⅱ段母差保护无异常告警。

（2）当4R76线断路器拉开时，而正母Ⅱ段第一套母差保护差流为：

$$\dot{I}_{d2}=\dot{I}_{3zd}+\dot{I}_{4R76}+\dot{I}_{4R81}+\dot{I}_{2ML}=\dot{I}_{4R77}\neq 0 \tag{1-8}$$

副母Ⅱ段第一套母差保护差流为：

$$\dot{I}_{d4}=\dot{I}_{4R77}+\dot{I}_{4R80}+\dot{I}_{2ML}=\dot{I}_{4R77}\neq 0 \tag{1-9}$$

故220kV正母Ⅱ段第一套母差保护、220kV副母Ⅱ段第一套母差保护同时出现差流，经5s延时报TA断线告警、闭锁差动。

三、排查及整改方法

（1）严格把关施工质量。二次回路搭接时应按图施工，保持图实一致，可通过二次通流（或一次通流）确认母差保护电流回路接线与保护间隔定义一致。

（2）优化启动带负荷试验。带负荷试验时，应避免启动范围内两条线路挂同一条母线；带负荷试验过程中，母差保护除测量装置差流外，还应测量相应间隔的各相电流值。

（3）结合检修确认接线正确性。应通过图实核对、加模拟量的方式检查各间隔电流、隔离开关位置接线的正确性。

（4）加强运维监视，关注异常信号。倒闸操作中母差保护出现TA告警时，查明原因后方可继续操作。

案例十四　大电流试验端子孔金属碎屑造成电流回路两相短路

一、排查项目

大电流试验端子制造工艺不良，长期操作使大电流试验端子短接孔产生金属碎屑，造成电流回路两相短路，可能造成保护误动。

二、案例分析

（一）排雷依据

《电气装置安装工程盘、柜及二次回路接线施工及验收规范》（GB 50171—2012）第

3.0.9 条：“二次回路接线施工完毕后，应检查二次回路接线是否正确、牢靠。”

《国家电网有限公司十八项电网重大反事故措施（修订版）》第 15.6.4.1 条：“电流互感器或电压互感器的二次回路，均必须且只能有一个接地点。”

（二）爆雷后果

大电流试验端子制造工艺不良，长期操作使大电流试验端子短接孔产生金属碎屑，造成电流回路两相短路，保护出现差流，严重时可能造成保护误动。

（三）实例

某日，某站监控后台频发Ⅱ线第一套分相电流差动保护跳闸逻辑保护启动和复归信号。检修人员立即组织排查原因。

该线路保护电流回路如图 1-43 所示。现场检查第一套分相电流差动保护电流 A 相 0.307A、B 相 0.167A、C 相 0.176A，A 相差流 0.01A、B 相差流 0.18A、C 相差流 0.17A，显然 B、C 相差流异常；检查电压数值正常；第一套远方跳闸就地判别及过电压装置、第一套安控切机装置、1 号故障录波器中电流与线路保护一致。该线路对侧保护电流 A 相 0.30A、B 相 0.29A、C 相 0.31A，A 相差流 0.01A、B 相差流 0.17A、C 相差流 0.17A。该间隔其余设备电流采样均正常。

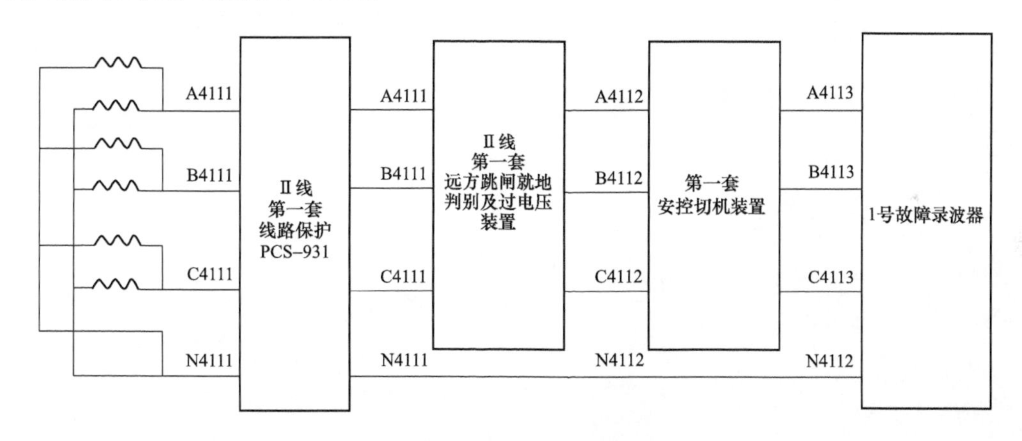

图 1-43　线路保护电流回路

调阅保信子站波形，如图 1-44 所示，发现Ⅱ线第一套线路保护 B、C 相电流幅值比正常时偏小，相位也发生了偏移，B 相角度为–130°～–150°，C 相角度为+130°～+150°。同时存在正序和负序电流，无零序电流。从三相电流的相位和幅值判断，怀疑在 TA 至电流合成处之间，Ⅱ线接于该次级电流回路 B、C 相之间经大过渡电阻间断性短路放电。

进一步检查发现，在Ⅱ线 5012 断路器 TA 大电流试验端子 B、C 相短接孔内存在金属碎屑（见图 1-45），B、C 相发生了经大过渡电阻间断性短路，从而引起Ⅱ线第一套分相电流差动保护跳闸逻辑保护启动信号频繁动作和复归。现场对大电流试验端子孔打磨清理后，未再发生异常。

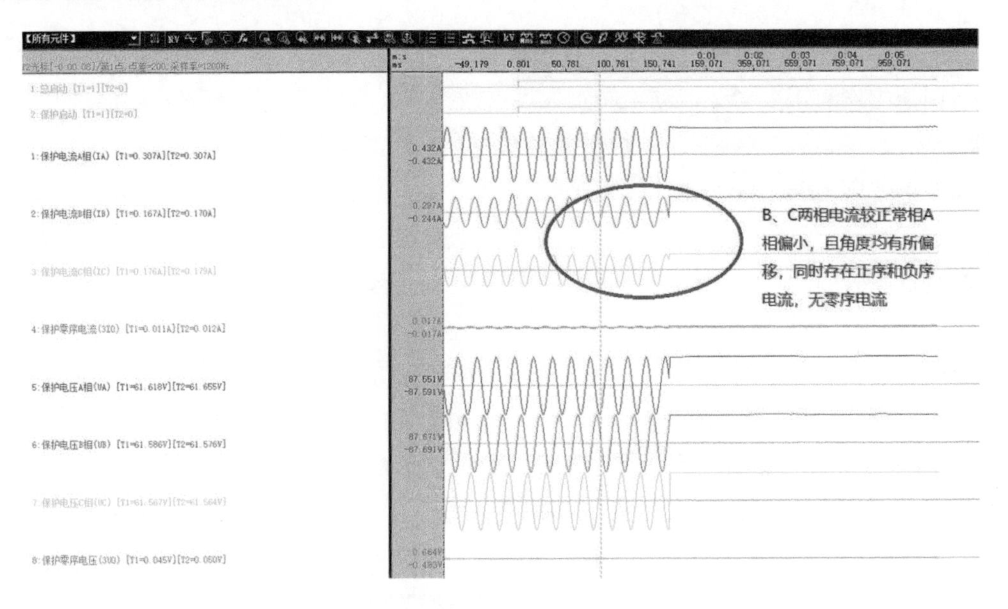

图 1-44　保信子站波形

三、排查及整改方法

（1）严格控制设计源头准入。设计选型时，新建工程大电流端子接线板采用环氧树脂等绝缘材料。

图 1-45　断路器 TA 大电流试验端子

（2）严格把关大电流试验端子基建施工质量。基建验收时，应检查大电流试验端子制造工艺良好，无毛刺碎屑，不满足要求的应要求基建单位进行更换。

（3）加强大电流试验端子孔运维检修维护。检修时应清理大电流试验端子孔，运维操作前应仔细检查大电流试验端子孔无碎屑。

（4）加强运维巡视，按要求定时检查保护装置采样，发现各项不平衡等异常情况及时检查处理。

案例十五　合并单元参数设置不正确

一、排查项目

合并单元延时参数、变比参数设置不正确，相关间隔会出现测量偏差，影响保护的计算结果和测量的精度，可能造成保护装置不正确动作。

二、案例分析

（一）排雷依据

《智能变电站继电保护和安全自动装置验收规范》（Q/GDW 11486—2015）第 7.9.2.1

条：“新安装的保护装置应用负荷电流及工作电压加以检验。送电后，应测量交流二次电压、二次电流的幅值及相位关系与当时系统潮流大小及方向一致，确保电压、电流极性和变比正确。”

《110（66）kV～220kV 智能变电站设计规范》（Q/GDW 10393—2016）第 5.2.2.b）3）条：“宜具备合理的时间同步机制和采样时延补偿机制，确保在各类电子互感器信号或常规互感器信号在经合并单元输出后的相差保持一致。”

（二）爆雷后果

（1）合并单元电流变比系数设置不正确，会导致相关间隔出现电流测量偏差，影响保护的计算结果和测量的精度。

（2）合并单元电压变比系数设置不正确，使备自投采样电压大于或小于实际电压，导致备自投装置误充电或误放电，影响备自投装置正确动作。

（3）可能使母线保护采样电压低于实际电压，保护正常运行时的复压闭锁失效，将会降低母差保护的可靠性，甚至导致误动。使距离保护电压测量不正确，导致保护范围伸长或缩短。

（4）合并单元额定延时设置不正确，保护装置内的电压和电流相位出现偏差，变压器保护和母差保护差流增大，可能导致差动保护误动。同时也可能导致线路距离保护、变压器后备保护等保护的不正确动作。

（三）实例一

某 110kV 变电站在合并单元升级后验收时，发现 110kV 备自投装置二次值显示不正确，影响 110kV 备自投装置动作的正确性。现场检修人员立即对该异常情况分三个阶段进行了分析和排查。

第一阶段排查时的变比设置和加量情况如表 1-5 所示。

表 1-5　　第一阶段变比设置和加量情况

第一阶段	母设合并单元		线路测控装置		备自投装置	
	一次值（kV）	二次值（V）	一次值（kV）	二次值（V）	一次值（kV）	二次值（V）
装置变比设置	63.5	100	63.5	无变比设置	63.5	57.7
模拟加量实际值	36	57.7	36	57.7	36	57.7
模拟加量正确值	36	57.7	63.5	57.7	63.5	57.7

通过合并单元模拟加量情况可知，110kV 线路测控装置和 110kV 备自投一次值显示不正确。通过第一阶段的分析，检修人员将合并单元电压变比改为按线电压计算，修改后将配置文件下装到合并单元。

第二阶段检修人员将合并单元配置参数修改后，变比设置和加量情况如表 1-6 所示。

表 1-6　　第二阶段变比设置和加量情况

第二阶段	母设合并单元		线路测控装置		备自投装置	
	一次值（kV）	二次值（V）	一次值（kV）	二次值（V）	一次值（kV）	二次值（V）
装置变比设置	110	100	63.5	无变比设置	63.5	57.7
模拟加量实际值	63.5	57.7	63.5	100	63.5	100
模拟加量正确值	63.5	57.7	63.5	57.7	63.5	57.7

110kV 线路测控装置和 110kV 备自投装置二次值显示仍不正确。检修人员此时判断导致装置二次电压值显示不正确的原因可能为装置本身带有默认的 TV 二次定值，不得修改且外部整定值无效。

第三阶段检修人员修改线路测控和备自投装置 TV 一次定值，使其与实际电压变比相同，变比设置和加量情况如表 1-7 所示。

表 1-7　　第三阶段变比设置和加量情况

第三阶段	母设合并单元		线路测控装置		备自投装置	
	一次值（kV）	二次值（V）	一次值（kV）	二次值（V）	一次值（kV）	二次值（V）
装置变比设置	110	100	110	装置默认 100	110	装置默认 100
模拟加量实际值	63.5	57.7	63.5	57.7	63.5	57.7
模拟加量正确值	63.5	57.7	63.5	57.7	63.5	57.7

此时装置一、二次值显示均正常。

经分析，造成此问题的主要原因是现场安装调试人员保护调试工作不仔细，且合并单元升级后，与合并单元相关设备的调试项目不全，未能及时发现问题。设备厂家的说明书未能对装置特殊点进行说明，设备说明书不够规范是造成此问题的次要原因。

（四）实例二

某 220kV 变电站在 220kV 母线第一套合并单元消缺后出现 220kV 母线不平衡率显著增加，且所有的线路、变压器的输入/输出电量均存在较大的偏差。

检查过程中，所有的设备均在运行，无法直接做合并单元的角差、比差试验。首先检查电压精度，以万用表检测输入合并单元的电压模拟量，查看线路合并单元输出的数字量，误差小于 0.02V。然后检测电流精度，用高精度钳形电流表检测，发现误差依然很小。在检查相角误差时，发现有 4°左右的误差，且每个间隔都有这个误差。判断问题出在 220kV 母设第一套合并单元。

在厂家现场检查后，发现装置内的 SMV 发送延时被错误地设置为 250（见图 1-46），正确值应该为 500。已知工频电压周期为 20ms，当发送延时错开 0.25ms 时，相当于 1/80 个周期，每周期为 360°，即相位会错开 4.5°，与实测值 4°左右相符。

检修人员立即申请母线第一套合并单元及相关设备的停役，在停役后修改合并单元配置文件并下装（见图 1-47）。经试验检查后异常情况恢复，装置重新投入使用。

```
Send_Uniform_Delay=250        ，发送延时（μs），    可否做定值
```

图 1-46 处理前设置

```
Send_Uniform_Delay=500        ，发送延时（μs），    可否做定值
```

图 1-47 处理后设置

三、排查及整改方法

（1）加强保护装置参数源头管理。针对特殊的、默认固定的参数，联系厂家进行询问，并归类纳入保护设备管理。

（2）加强投产前验收试验。智能变电站设备投产前验收时，不能仅简单地验收整组传动试验正确，还需要对各个装置分别验收，要确保各个装置的参数设置正确，要与厂家确认是否有特殊的、默认固定的参数。基建单位要对合并单元的角差、比差进行试验，提供试验报告并经检修验收通过。根据《合并单元现场检验规范》（DL/T 1943—2018），合并单元保护用电流通道的误差要求 TA 的保护绕组用 5P/5TPE，在额定电流下比值误差±1%，相角误差±60′；在 5%额定电流下，基波有效值误差 5%或者 $0.02I_N$，5 倍额定电流下，复合误差±5%。

（3）针对已投产的变电站，结合停电大修，严格按照保护说明书和标准化作业指导书进行校验，确保装置参数设置正确。针对异常情况，在必要时联系厂家询问清楚。对合并单元要进行角差、比差试验，确保所有相关的保护装置接收采样正常。

（4）加强合并单元消缺工作后相关参数比对及试验验证，确保配置参数与原参数保持一致。

第二章

装 置 隐 患

继电保护高度微机化后，装置主要由直流电源插件、交流输入插件、模数转换插件、CPU/DSP 插件、开关量输入插件、开关量输出插件、人机接口（MMI）插件等组成。装置自身的可靠性取决于整体软硬件架构设计、采取的抗干扰措施、选用的元器件等级、焊接封装工艺、操作系统任务调度机制、保护原理算法逻辑等因素，综合体现生产厂家的设计制造水平。在当前严格的继电保护入网检测管理机制下，装置隐患在正常运行状态和典型故障状态下不会显现，往往只有在特定的外部状态和条件下才会暴露，因此给运维检修增加了排查难度。只有通过进一步完善装置软硬件自检能力，强化厂内质检试验和专业检测，深入、细致地开展装置异常信号分析和缺陷分析，才能尽可能消除装置隐患。在电网实际运行中曾经暴露出的装置隐患主要有内存单 bit 翻转、软件算法或逻辑存在漏洞、双 AD 采样回路未真正实现双重化、板卡上元器件虚焊、IC 芯片批次性质量瑕疵、硬件自检防误能力不完善等。本章选取 16 个典型案例，介绍常见的继电保护装置隐患和相应的排查及整改方法。

案例一　微机保护装置长期运行内存单 bit 翻转

一、排查项目

微机保护装置在运行时，保护程序代码载入装置的 RAM 内存中循环运行，运行中可能因外界干扰发生单 bit 翻转，引起保护装置不正确动作。

二、案例分析

（一）排雷依据

《国家电网有限公司十八项电网重大反事故措施（修订版）》第 15.6.6 条："继电保护及安全自动装置应选用抗干扰能力符合有关规程规定的产品，针对来自系统操作、故障、直流接地等的异常情况，应采取有效防误动措施。继电保护及安全自动装置应采取有效措施防止单一元件损坏可能引起的不正确动作。"

（二）爆雷后果

保护装置上电后，程序导入到内存中运行，受外界干扰，在极小概率情况下，运行的程序可能发生单 bit 变位。单 bit 变位发生在程序的不同位置，导致的后果也将不同，可能引起装置程序宕机、装置告警等异常情况。若变位发生在程序中的出口逻辑判断部分，也可能引起保护动作逻辑出错，且事先保护无任何告警信号，最终导致保护拒动、误动，从而扩大事故范围。

（三）实例

某 220kV 变电站主接线如图 2-1 所示，其中 1 号变压器中性点直接接地运行，2 号变压器中性点经放电间隙接地运行。某日，110kV Ⅱ段母线上 101 出线发生接地故障，断路器因故拒动。随后，1 号变压器第一套、第二套中后备方向零流保护 1 时限动作，同时跳开 1 号变压器三侧断路器、110kV 母分断路器、35kV 母分断路器。1 号变压器跳开后，2 号变压器第一套、第二套保护中压侧间隙零序电压保护动作，跳开 2 号变压器三侧断路器。

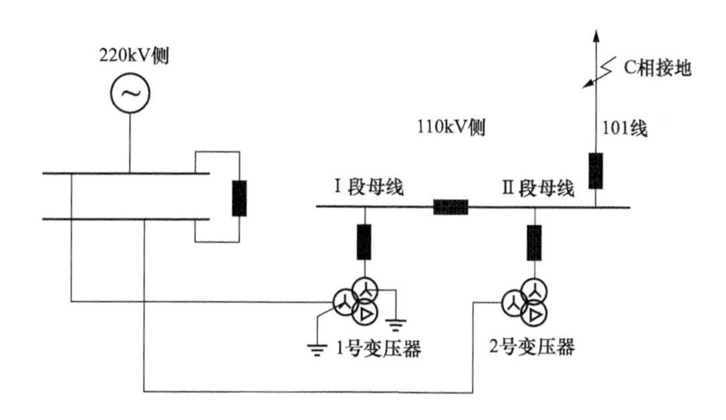

图 2-1　某 220kV 变电站主接线图

依据《国调中心关于印发省地县继电保护一体化整定计算细则（试行）》（调继〔2018〕35 号）第 5.6.2.7 条：“零序过流Ⅰ、Ⅱ段保护，即零序方向电流保护：e）动作时间与本侧出线有灵敏度的接地距离保护不完全配合，或者与本侧出线零序过流Ⅲ段最长时间配合，级差 0.3s，根据实际选用跳闸目的，一时限跳本侧母联（分段）断路器，二时限跳本侧断路器，三时限跳各侧断路器”。显然，1 号变压器保护动作行为存疑。二次检修人员查阅事故报告（见图 2-2）、装置录波（见图 2-3），发现 1 号变压器第一套保护程序出错，原仅作用于 110kV 母分断路器的中后备方向零流保护 1 时限动作后却将变压器保护相关的所有断路器跳开。检查装置内部跳闸矩阵设置，发现 1 号变压器两套保护的跳闸矩阵均符合整定规范要求，中后备方向零流保护 1 时限出口方式为跳 110kV 母分断路器。

二次检修人员在保存故障数据后，对该保护装置进行重启操作，重启后保护出口逻辑恢复正常。

后续经厂家进一步分析研判，该次误动原因为保护 CPU 内存中与跳闸矩阵控制相关的程序代码地址指针发生了单 bit 变位，引起保护跳闸矩阵异常，进一步扩大了本次故障范围。

变压器成套保护装置1.02　　动作报文

1号变压器　　本机通信地址：120　　管理序号：SUBQ..0055675
故障情况

报告序号	描述	实际值

保护动作行为报告：

报告序号	启动时间	相对时间	相别	动作元件
003	06:43:07:882	0 ms		保护启动
		1110 ms		中压方向零流1时限
				跳高压侧开关，跳中压侧开关，跳低压侧开关，跳低压侧2分支，跳高压侧母联，跳中压侧母联，跳低压侧分段，跳低压2分支分段，闭锁低压备自投

图 2-2　误动的变压器保护装置报文

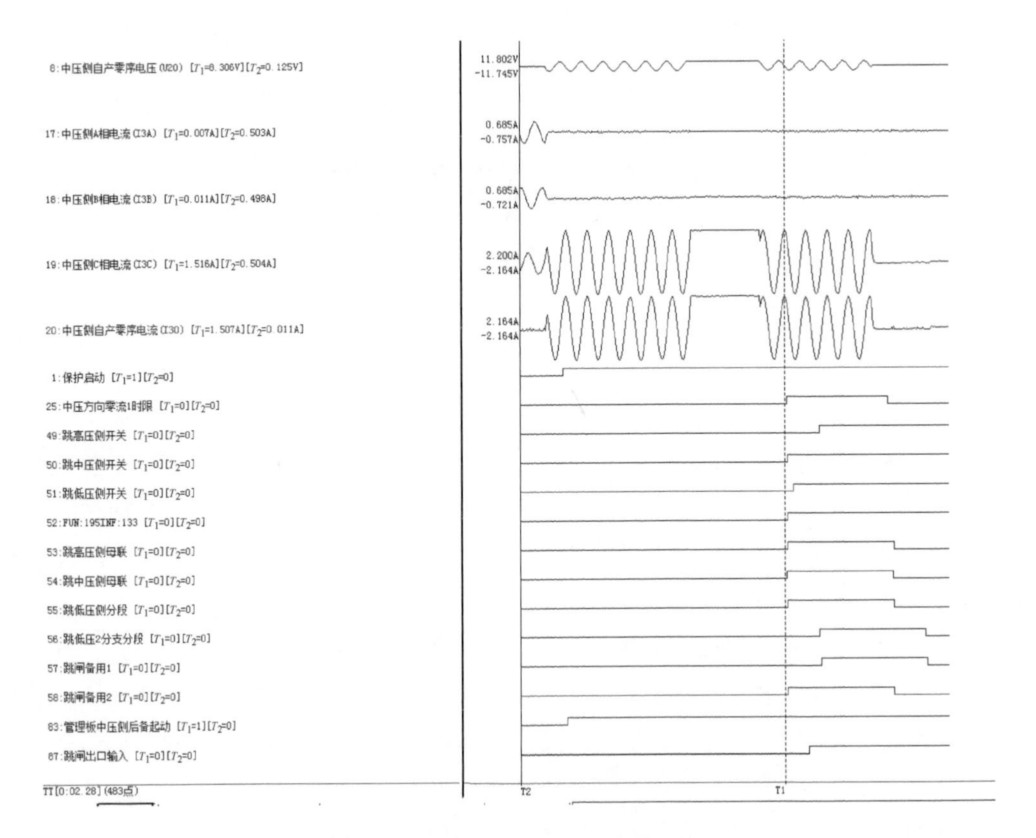

图 2-3　误动的变压器保护装置录波

三、排查及整改方法

（1）受 IC 芯片制程越来越小、工作电压越来越低的影响，芯片内部存储区单 bit 变位概率有增大趋势。保护厂家应进一步完善保护程序自检及容错机制，加强保护装置对程序及数据存储区单 bit 变位的自检监视，在告警及软件防误逻辑中考虑单 bit 变位因素，采取定期对内存中代码进行冗余循环校验等防误手段。

（2）断电重启可对保护装置程序及数据存储区进行初始化复位，有助于降低内存单 bit 变位概率。检修人员在进行各类校验工作前，可对保护装置进行一次断电重启操作；运行人员在开展继电保护“三核对”工作前，可对保护装置进行一次断电重启操作后，再核对装置定值。

案例二　保护装置重合闸逻辑设计不当

一、排查项目

保护装置程序中重合闸与后加速保护逻辑设计配合不当，存在反复重合于故障的风险。

二、案例分析

（一）排雷依据

《智能变电站继电保护通用技术条件》（Q/GDW 1808—2012）第 4.5.2 条：“继电保护应具备完善的自检功能，应具有能反应被保护设备各种故障及异常状态的保护功能。”

（二）爆雷后果

保护装置不能及时隔离故障，使断路器在线路故障时反复分合，影响断路器寿命及电网的安全稳定运行。

（三）实例

某年 7 月 12 日，110kV 某变电站在处理 10kV 某间隔保护装置红灯闪烁故障过程中，发现装置后加速保护动作不规律。

由于 10kV 负荷较重，7 月 24 日选择处于热备用状态的 35kV 某间隔带模拟断路器进行试验。过程中发现当后加速保护延时定值小于 0.3s 时，后加速保护会连续动作 2 次。

8 月 2 日，对该 10kV 间隔保护装置进行重新试验（用模拟断路器试验），发现与所述 35kV 间隔保护装置相同，存在后加速保护会连续动作 3 次（装置模拟动作 SOE 事件如表 2-1 所示）。

联系设备厂家后，对该现象做了多次试验及分析，最终认定为保护装置软件的重合闸机制设计不合理导致后加速保护反复动作。

表 2-1　　装置模拟动作 SOE 事件（模拟断路器试验）

SOE 时间	动作信息
2018-08-02 10:45:51:096000	过流保护动作
2018-08-02 10:45:51:115000	断路器分位
2018-08-02 10:45:52:622000	重合闸动作
2018-08-02 10:45:52:641000	断路器合位

续表

SOE 时间	动作信息
2018-08-02 10:45:52:839000	后加速保护动作
2018-08-02 10:45:52:857000	断路器分位
2018-08-02 10:45:52:879000	断路器合位
2018-08-02 10:45:52:901000	断路器分位
2018-08-02 10:45:52:921000	断路器合位
2018-08-02 10:45:52:941000	断路器分位

该保护装置重合闸的合闸脉宽默认为300ms，即合闸出口固定保持300ms后返回，后加速保护随重合闸命令启动，开放时间500ms。因此，当后加速定值时间为0.2s时，会出现后加速在重合闸动作后300ms内重合闸及后加速保护反复动作的问题，这就导致后加速动作跳开断路器，但是重合闸出口仍未返回，重合闸又把断路器合上，后加速又继续动作跳断路器。如此反复，直到重合闸300ms脉宽结束。当把后加速保护动作延时改为300ms时，同样外部条件加量便均正常。因为现场断路器带有防跳功能，因此一般不会出现断路器反复分合的问题，若防跳失效，则存在反复跳跃的风险。

该保护装置重合闸与后加速保护逻辑配合显然存在问题，后续对其软件进行了升级：将重合闸出口展宽由300ms改为100ms。升级完成后装置恢复正常运行，同时排查该型号使用情况，对涉及装置进行反措整改。

三、排查方法及整改方法

（1）加强入网前设备质量管控。①设备制造厂商应严格产品质量管理，完善研发试验及出厂试验，对保护装置进行全面试验，模拟各种工况下保护装置的动作情况，严把设备质量关；②检测单位完善入网检测试验项目，增设更加全面的入网检测项目，严控设备质量关。

（2）严格控制入网关口。在装置入网调试前，先核查其软件版本是否为允许入网版本，若不是可用版本应进行更换，严格控制非允许版本流入电网。

（3）严格执行运维检修核查。在运维检修时，运维单位应严格执行运行巡视制度，仔细核查保护装置运行情况，及时上报保护异常情况；检修单位应及时处理异常情况。

（4）严格进行多发缺陷分析。专业管理部门应对该问题进行台账梳理，对该问题进行整改计划制定，对各保护专责宣贯整改措施（将该装置软件程序中重合闸出口展宽由300ms改为100ms），并督促落实整改。

案例三　保护装置出口回路驱动芯片总线异常

一、排查项目

保护装置硬件设计不匹配，导致在装置外部直流电源异常情况下重新上电后，出口回路驱动器的总线保持回路保持为异常电平。

二、案例分析

（一）排雷依据

《继电保护和安全自动装置技术规程》（GB/T 14285—2006）第 4.1.12.12 条："拉、合装置直流电源或直流电压缓慢下降及上升时，装置不应误动作。"

（二）爆雷后果

在装置外部直流电源异常情况下重新上电后，极端情况下，出口回路驱动器的总线保持回路保持为异常电平，持续输出跳闸信号，当发生区外扰动装置启动开放出口电源时，线路保护装置误动出口，造成负荷损失。

（三）实例

某日，某 500kV 线路断路器在区外扰动时，乙站 5011、5012 断路器 A 相及 B 相跳开。该站主接线图及保护配置如图 2-4 所示。

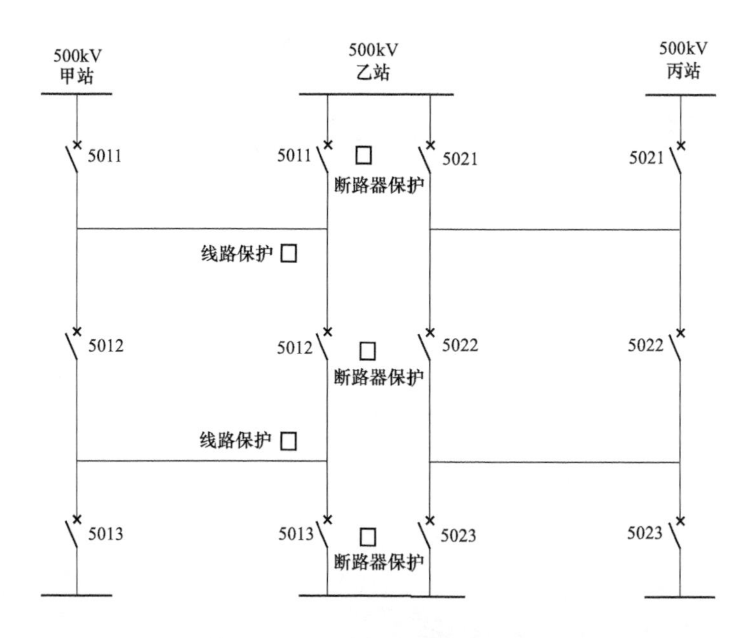

图 2-4 主接线及保护配置示意图

断路器跳闸时，500kV 线路保护无动作报文，录波器未监视到线路保护跳闸信号，断路器操作箱第一组跳闸灯亮，5011、5012 断路器失灵启动开入变位，持续 11s。跳闸时 5011、5012 断路器保护录波如图 2-5 和图 2-6 所示。

跳闸过程中，现场线路保护装置均无动作报文和跳闸信号出口，且跳闸脉宽均为 11s，结合线路保护装置开放出口电源时间为 11s，同时跳闸信号和跳闸开出为不同板件出口，初步判断线路保护出口相关回路存在问题，区外扰动引起装置启动开放出口电源时，线路保护装置直接出口。

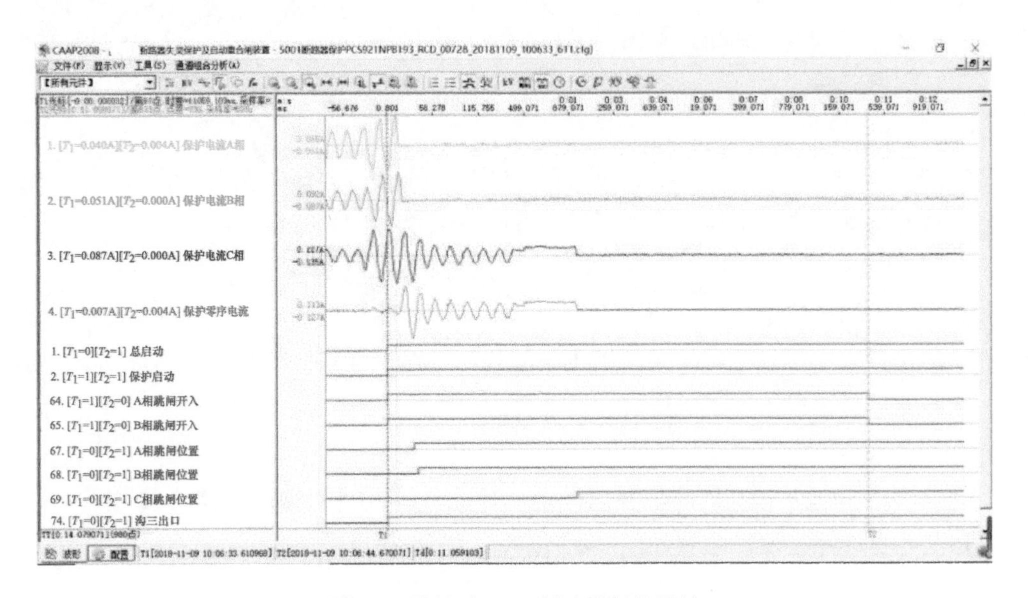

图 2-5　跳闸时 5011 断路器保护录波

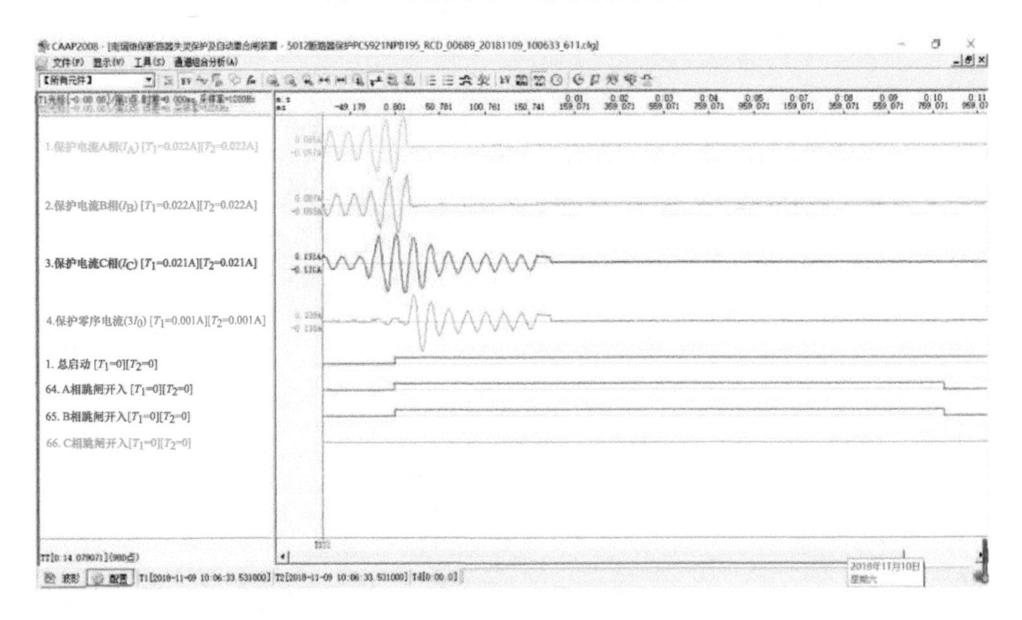

图 2-6　跳闸时 5012 断路器保护录波

进一步分析发现，装置在 3 天前有启动记录，当时并未发生断路器跳闸；而 3 天后区外扰动启动时，断路器跳闸。两者之间的区别是两次启动之间出现过短时直流电源异常。综上所述，初步判断线路保护出口回路在直流电源异常后，某种工况下一直输出跳闸信号，区外扰动引起装置启动开放出口电源时，线路保护装置直接出口。

后经检测分析发现，该问题是由于该厂家部分型号线路装置出口回路驱动器采用 74LVTH16245 型号芯片，在装置外部直流电源异常情况下重新上电后，极端情况下，出口回路驱动器的总线保持回路保持为异常电平（见图 2-7），持续输出跳闸信号，当发生区外扰动装置启动开放出口电源时，线路保护装置误动出口。

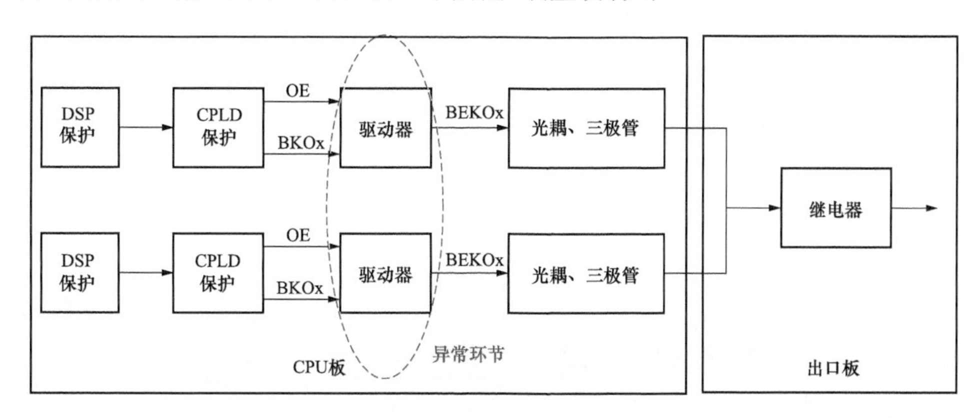

图 2-7　异常环节示意图

后续该厂家对该装置 CPLD 底层驱动升级，装置上电时打开驱动器使能，清除驱动器上电时硬件管脚可能出现的异常中间电平，解决了本例造成的保护异常现象。现场实施通过更换保护插件方式实现。

三、排查方法及整改方法

（1）认真梳理保护台账。专业管理部门应对该问题进行台账梳理，并与厂家核实需要进行事故反措的装置台账。

（2）制定计划落实整改。专业管理部门应依据需要进行反措的装置台账，制定整改计划，并做好整改措施宣贯工作（通过更换保护插件完成整改），同时评估反措实施工作风险点，并督促检修单位落实整改。

（3）综合检修时，检修人员应按照作业指导书要求开展装置断电上电试验，确认保护装置断电重启装置无异常。

案例四　软件缺陷导致距离Ⅰ段保护误动

一、排查项目

线路保护采样模块存在短时双 A/D 采样不一致异常，由于程序设计缺陷，导致距离Ⅰ段快速段参数不能初始化，进而引发距离Ⅰ段保护区外误动作。

二、案例分析

（一）排雷依据

《智能变电站继电保护通用技术条件》（GB/T 32901—2016）第 4.10.1 条："继电保护新技术应满足可靠性、选择性、灵敏性和速动性的要求。"

《智能变电站继电保护通用技术条件》（GB/T 32901—2016）第 4.10.5 条："保护装置应采用两路不同的 A/D 采样数据，当某路数据无效时，保护装置应告警、合理保留或退出相关保护功能。当双 A/D 数据之一异常时，保护装置应采取措施，防止保护误动作。"

（二）爆雷后果

某智能化线路保护由于装置存在软件设计缺陷，在保护装置上电后第一次保护启动且出现双 A/D 采样不一致异常时，导致距离Ⅰ段快速段参数初始化赋值错误，在发生区外故障时，可能导致距离Ⅰ段误动作，造成保护越级跳闸，扩大事故跳闸范围。

（三）实例

某 220kV 变电站 110kV 出线发生 A 相接地故障时，相邻变电站的 220kV 线路第一套保护接地距离Ⅰ段越级动作，A 相断路器跳闸，重合成功。

该型线路保护距离Ⅰ段保护动作的一个必要条件是：A 相的测量阻抗在距离Ⅰ段阻抗定值范围内。由图 2-8 可知区外故障过程中，本线路 A 相电压无明显下降，电压幅值约为 57V；A 相电流幅值约为 0.088A；A 相的测量阻抗约为 600Ω。该线路全长阻抗为 5.2Ω，距离Ⅰ段阻抗定值为 2.8Ω，远小于 A 相的测量阻抗。不满足距离Ⅰ段动作条件，距离Ⅰ段应不动作。

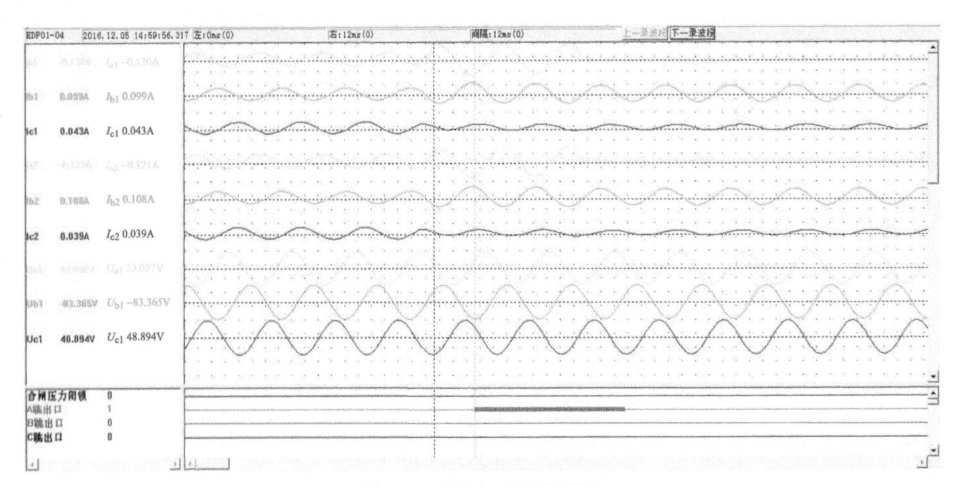

图 2-8　故障时保护录波

通过录波分析，本次保护动作的启动元件为电流变化量元件。根据图 2-8 的录波数据对主、复采 A/D 的电流变化量进行仿真分析，仿真结果如图 2-9、图 2-10 所示。

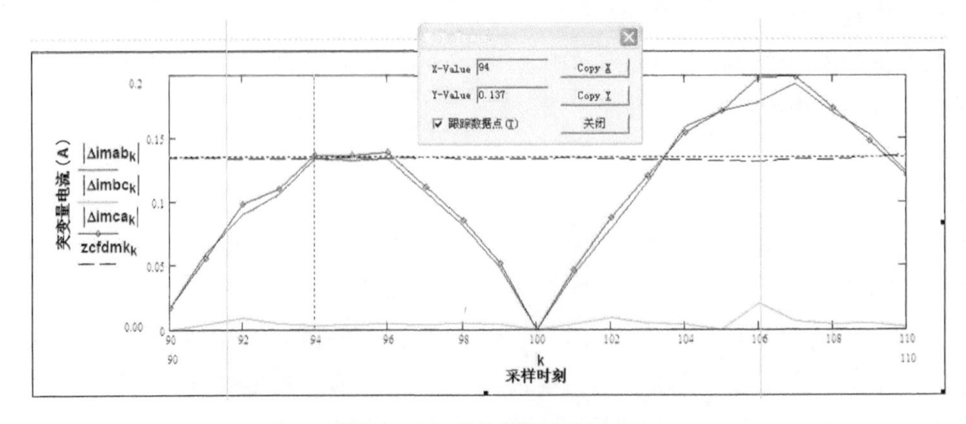

图 2-9　主采突变量电流计算

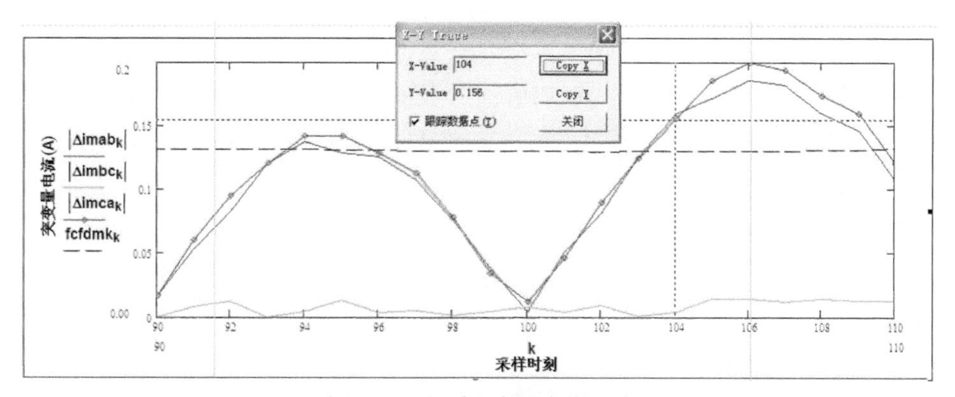

图 2-10　复采突变量电流计算

由图 2-9、图 2-10 可知，本次保护启动过程中，主、复采电流变化量均在启动定值门槛附近，且主、复采电流之间存在微小采样差异，导致主采先于复采启动 11ms 左右。复采启动时，主采已启动 11ms。数字化采样的线路保护在主、复采启动不一致时瞬时置闭锁距离保护标志，因而本次故障过程中，保护启动后 11ms 内均置闭锁距离标志。保护启动 10ms 后进入距离Ⅰ段快速段计算流程，首先会判别是否有闭锁距离标志，若没有闭锁距离标志，则对距离Ⅰ段快速段相关参数进行初始化，否则跳转出距离Ⅰ段快速段处理流程，等待下一个扫描周期再进入。距离Ⅰ段快速段仅在主 A/D 启动 10ms（第一次进入快速段逻辑）时进行一次参数赋值，具体流程如图 2-11 所示。

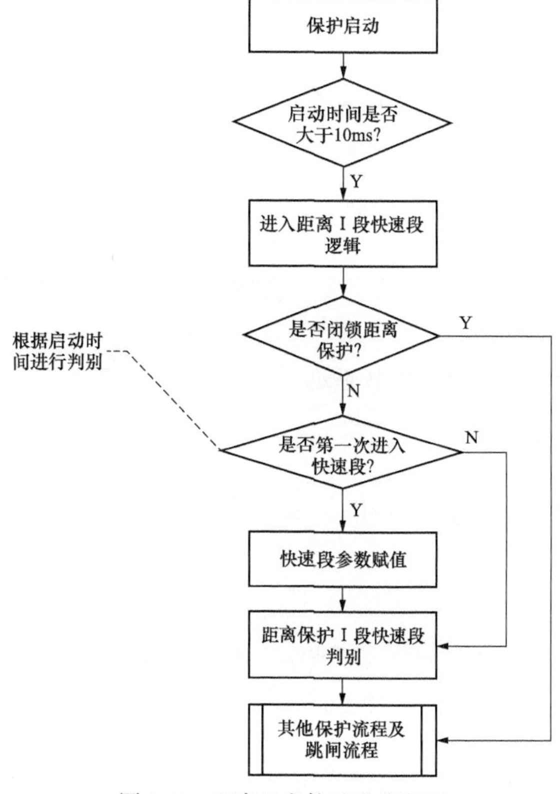

图 2-11　距离Ⅰ段快速段流程图

此次故障过程中，复采 A/D 滞后主采 A/D 11ms 启动，因此保护启动的 11ms 内均置闭锁距离标志，直接跳出距离Ⅰ段快速段程序的处理逻辑，距离Ⅰ段快速段相关参数未更新，装置初始上电时相关参数默认为 0。主采 A/D 启动 11ms 后复采 A/D 启动，双 A/D 启动不一致返回，由于启动计数器此时已大于 11ms，不再进行参数赋值，且本次故障为本保护装置上电后第一次启动，因此距离Ⅰ段快速段相关参数均为 0，导致距离Ⅰ段动作。综上所述，由于程序设计缺陷，保护存在距离Ⅰ段快速段参数不能初始化的风险，可能导致距离Ⅰ段误动作。

三、排查及整改方法

（1）严格执行该型产品的反措升级。专业部门在厂家协助下排查该型保护装置在变电站的现场运用情况，各运维单位结合自有台账进一步核对，并联系厂家对保护装置程序进行升级优化，防止再度出现误动情况。

（2）严格把控厂家产品的入网准入。在入网检测环节，对厂家产品的程序逻辑应进行深入测试，尽可能发现潜在隐患。要求厂家对产品程序逻辑的严密性进行研判，确保参数能够按照设定逻辑正确赋值，提供技术成熟、性能可靠、质量优良的产品。

案例五　智能站母差保护线路支路含高压电抗器时检修机制错误

一、排查项目

智能变电站 220kV 为双母接线时，若线路含高压电抗器（简称高抗）时，母差保护同一线路支路的分相启失灵开入来自线路保护，三相启失灵开入来自高抗保护，母差保护检修机制可能出错。

二、案例分析

（一）排雷依据

《智能变电站继电保护和安全自动装置验收规范》（Q/GDW 11486—2015）第 7.8.9 条：“检修机制检查应满足以下要求：GOOSE 接收端装置应将接收的 GOOSE 报文中的检修品质位与装置自身的检修压板状态进行比较，只有两者一致时才将信号作为有效进行处理或动作。”

（二）爆雷后果

当线路含高抗时，母差保护中的失灵保护检修机制存在异常，特定情况下将引起线路保护或高抗保护启失灵开入无效，造成事故扩大。

（三）实例

某智能变电站系统主接线如图 2-12 所示，检修人员在对 220kVⅠ段第一套母差保护进行检修机制验收时，发现第一套母差保护与第二套母差保护检修逻辑存在差异。

当 201 线第一套高抗保护投检修压板，220kV Ⅰ段第一套母差保护投检修压板，201 线第一套保护不投检修压板，201 线第一套保护启失灵开入仍有效；当 201 线第一套高抗保护投检修压板，220kV Ⅰ段第一套母差保护不投检修压板，201 线第一套保护不投检修压板，201 线第一套保护启失灵开入无效。

而当 201 线第二套高抗保护投检修压板，220kV Ⅰ段第二套母差保护投检修压板，201 线第二套保护不投检修压板，201 线第二套保护启失灵开入无效；当 201 线第二套高抗保护投检修压板，220kV Ⅰ段第二套母差保护不投检修压板，201 线第二套保护不投检修压板，201 线第二套保护启失灵开入有效，如图 2-13 所示。

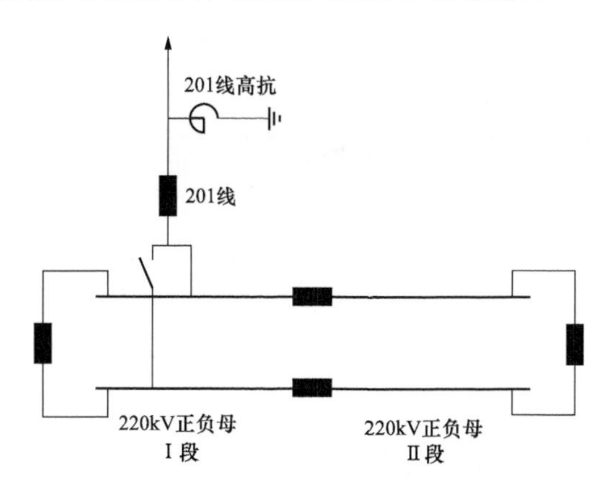

图 2-12 某智能变电站系统主接线图

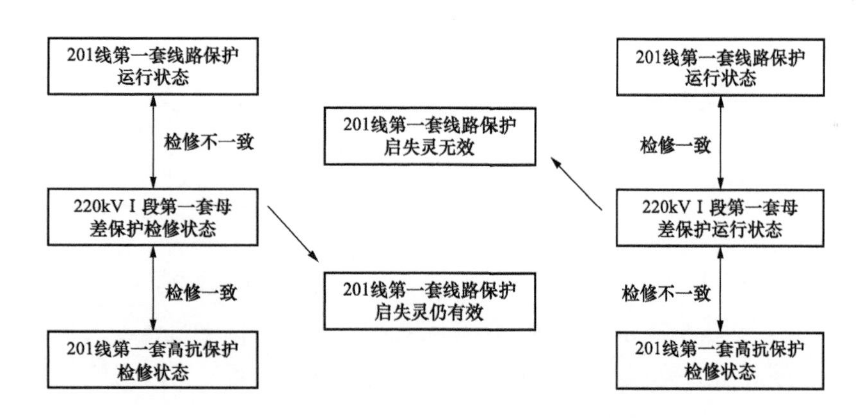

图 2-13 第一套母差保护检修机制异常逻辑图

二次检修人员总结上述现象，判断当高抗保护与母差保护的检修状态一致，则线路保护启失灵开入有效，当高抗保护与母差保护的检修状态不一致，则线路保护启失灵开入无效，该种逻辑不符合规程规范对于检修机制的要求，因涉及保护程序更改，二次检修人员要求厂家对程序进行升级。

厂家对装置配置文件进行了修改，对线路保护、高抗保护的检修状态进行“与”运算，运算结果与母差保护的检修状态一致时，则母差保护判启失灵开入有效。

后期厂家解释在母差保护程序设计时，未考虑 220kV 线路含高抗支路，对于同一间隔的来自不同装置的 GOOSE 检修机制存在漏洞。

三、排查及整改方法

（1）落实非典型设计的源端管控。在进行设计审查及出厂验收时应对非典型、非标准化设计特别关注，如220kV线路配置并联高压电抗器，应严格按照标准持卡验收，确认厂家有能力提供符合现场要求的产品。

（2）严格按照规程规范开展调试及验收工作。智能站检修逻辑作为保护装置安全措施的重要组成部分，基建调试及检修人员应在工作中依规范对检修逻辑进行穷举法验证。例如线路保护与本间隔智能终端间，应依次验证线路保护投检修、智能终端不投检修时，智能终端收保护跳闸命令不动作；智能终端投检修、线路保护不投检修，智能终端收保护跳闸命令不动作；线路保护投检修、智能终端投检修，智能终端收保护跳闸命令动作；线路保护不投检修、智能终端不投检修，智能终端收保护跳闸命令动作。

案例六　采样回路元件缺陷导致双A/D采样不一致闭锁线路保护

一、排查项目

现场保护装置告警记录中是否出现“电流双A/D采样不一致”等导致保护装置闭锁的告警。

二、案例分析

（一）排雷依据

《继电保护和安全自动装置技术规程》（GB 14285—2006）第4.1.2.1条：“可靠性是指保护该动作时应动作，不该动作时不动作。为保证可靠性，宜选用性能满足要求、原理尽可能简单的保护方案，应采用由可靠的硬件和软件构成的装置，并应具有必要的自动检测、闭锁、告警等措施，以及便于整定、调试和运行维护。”

《智能变电站继电保护通用技术条件》（GB/T 32901—2016）第4.10.5条：“保护装置应采用两路不同的A/D采样数据，当某路数据无效时，保护装置应告警、合理保留或退出相关保护功能。当双A/D数据之一异常时，保护装置应采取措施，防止保护误动作。”

（二）爆雷后果

双A/D采样不一致导致保护装置闭锁，保护功能失去，电网在故障情况下保护无法动作切除故障，进而导致保护越级跳闸。

（三）实例

某日，受雷雨天气影响，220kV某变电站35kV出线故障，保护动作，但未跳开线路断路器。随后，变压器第一、二套保护低后备第1时限动作跳开35kV母分断路器并闭锁母分备自投，第2时限动作跳开1号变压器35kV断路器，35kVⅠ段母线失电。

该变电站变压器故障录波如图2-14所示。

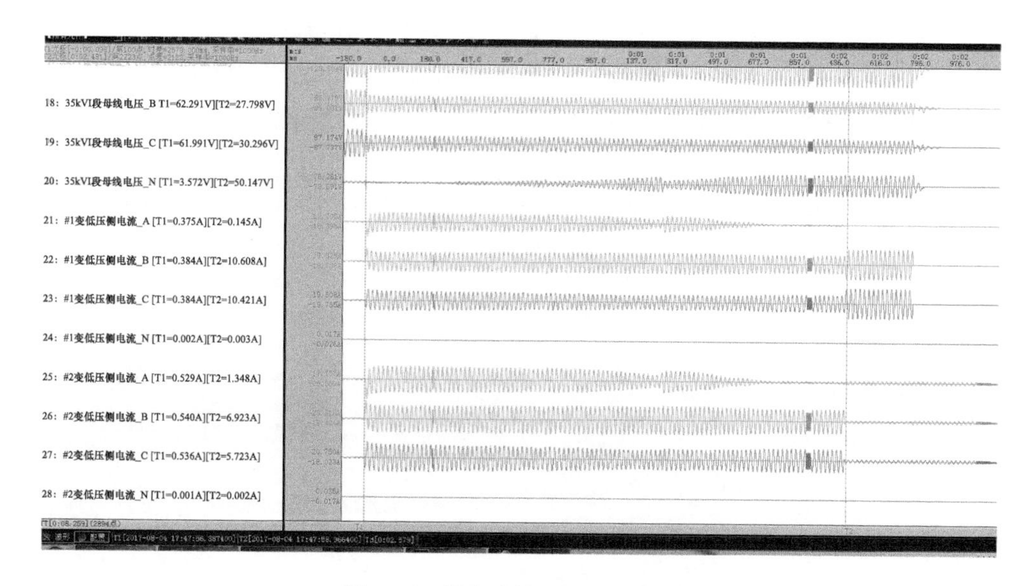

图 2-14　故障时变压器故障录波图

检查发现 35kV 线路保护装置跳闸报文中有一条异常信息："208ms，装置闭锁触发录波"，如图 2-15 所示。检查装置自检报告发现，在跳闸过程中装置曾出现"电流双 A/D 采样不一致及装置闭锁告警"，如图 2-16 所示，告警持续 3s 后消失，告警出现时间与保护装置报文中"装置闭锁触发录波"报文时间吻合。初步判断跳闸过程中装置出现闭锁，导致未成功出口跳闸。

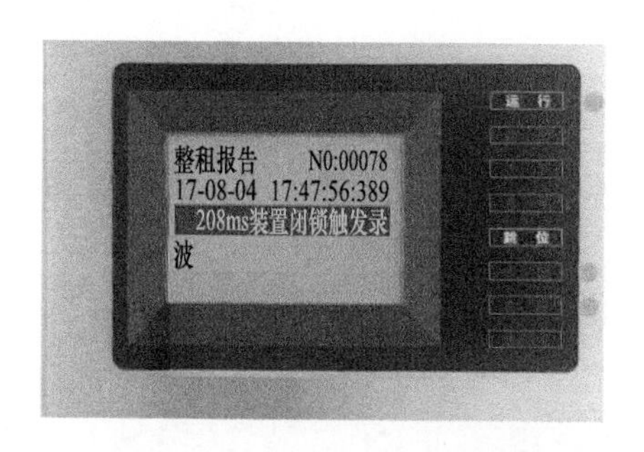

图 2-15　保护装置闭锁触发录波记录

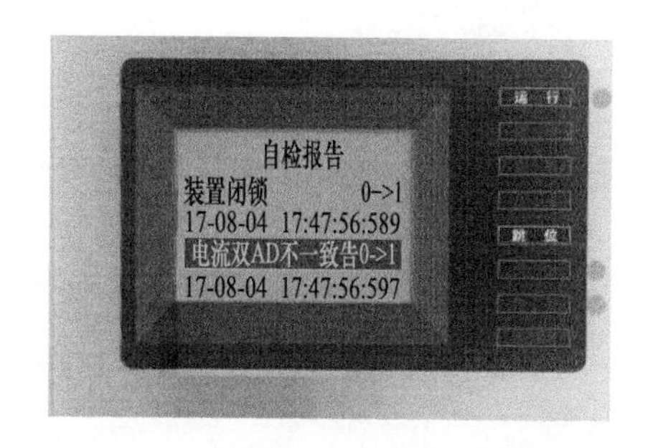

图 2-16　电流双 A/D 不一致告警

通过对保护装置故障文件进行提取，分析后发现装置的确曾经动作，但测量元件动作信号仅保持 1ms，后因为装置"电流双 A/D 采样不一致"闭锁信号开入而返回，导致保护未成功出口（测量元件动作需 5ms 后保护跳闸接点才能闭合），如图 2-17 所示。

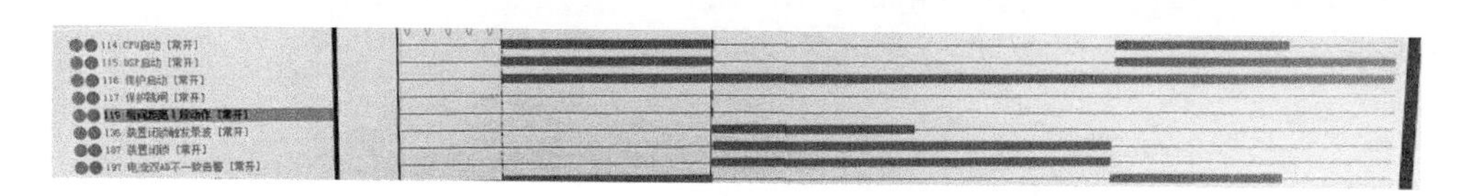

图 2-17　测量元件快速返回

根据厂家的技术说明，该告警出现逻辑为：当保护电流与启动电流双 A/D 采集差值超过 $0.2I_n$ 时，经 200ms 延时报双 A/D 不一致，闭锁保护。调阅装置内部文件的确发现启动电流 A 相波形有异常，与保护 A 相波形不一致，如图 2-18 所示。

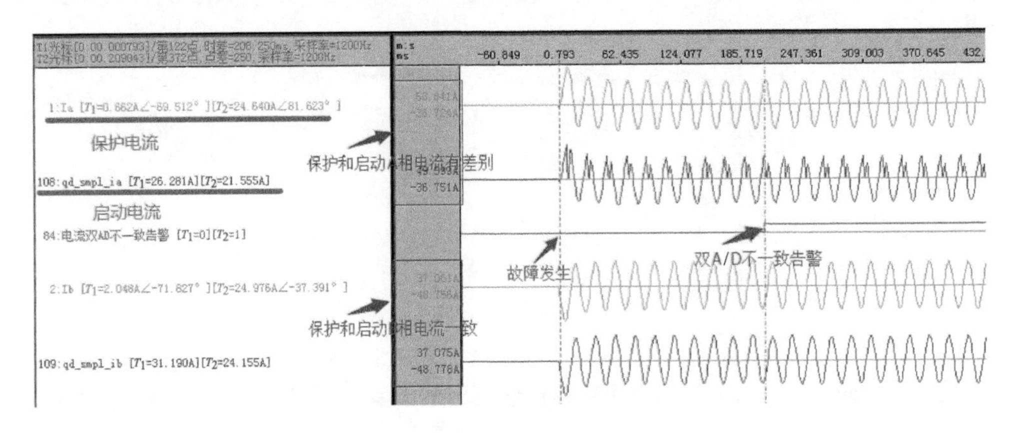

图 2-18　保护装置录波

装置保护采样计算程序和启动采样计算程序相同，装置录波波形显示启动 A 相电流在波峰时出现缺失，怀疑启动 A/D 芯片故障。但后续经现场多次施加电流测试，未再出现 A/D 不一致现象。厂家分析认为，此次双 A/D 采样不一致闭锁是个体装置的硬件问题，属偶发现象，常规校验中难以发现此问题。

该装置返厂试验后，厂家认定该装置 A 相启动通道采样异常的原因是模拟通道输入阻容元件污秽，导致 A 相启动采样回路间歇性短路，装置判出双 A/D 不一致闭锁保护，导致保护拒动。除对硬件进行更换外，认为保护装置的双 A/D 不一致判断逻辑较严，在极端情况下保护装置易判出双 A/D 不一致，已对“双 A/D 不一致”判别逻辑进行优化，建议现场及时升级保护装置软件，降低此类问题引起的线路保护拒动风险。

三、排查及整改方法

（1）严格执行该型产品的反措升级。专业部门在厂家协助下排查该型保护装置在变电站的现场运用情况，对于同型号同批次产品进行检查，并对保护装置程序进行升级，防止再度出现误闭锁拒动情况。检修人员在调试过程中，要检查保护装置双采样通道采样值是否一致。

（2）加强对保护的日常运维巡视。运维人员在对二次设备进行巡视时，需要提高巡视质量，检修人员要结合迎峰度夏、迎峰度冬开展专业巡检，通过保护装置历史告警记录、后台告警记录进行检查，分析是否存在隐患。

（3）加强入网设备的质量管控。规范各厂家双 A/D 不一致判别逻辑。要求厂家加强对产品质量的管控，提升产品生产、运输的环境清洁度，确保产品在生产、运输过程中元器件免受污染，提供优质、可靠的保护产品。

（4）保护双 A/D 不一致信号应触发装置故障硬接点信号，监控人员发现异常信号应及时通知检修人员进行消缺。

案例七　保护装置重复接受额定延时

一、排查项目

一套合并单元的额定延时虚端子同时配置到保护装置的两个额定延时虚端子时，可能造成保护采样数据异常，影响保护装置的正常运行和正确动作。

二、案例分析

（一）排雷依据

《国家电网有限公司十八项电网重大反事故措施（修订版）》（国家电网设备〔2018〕979号）第15.7.3.2条：“应加强SCD文件在设计、基建、改造、验收、运行、检修等阶段的全过程管控，验收时要确保SCD文件的正确性及其与设备配置文件的一致性，防止因SCD文件错误导致保护失效或误动。”

（二）爆雷后果

正常运行时，由于装置管理程序容错机制问题，可能存在某采样通道对应到额定延时上，导致采样异常，装置异常告警。

当发生故障时，导致保护装置的不正确动作，影响系统安全稳定运行。

（三）实例

某110kV变电站运行人员在进行分1号变压器间隔110kV断路器操作后，2号变压器保护装置液晶面板出现“异常0→1”的变位信息。正常运行时无此异常变位信息。

装置液晶面板的变位报文如图2-19所示。

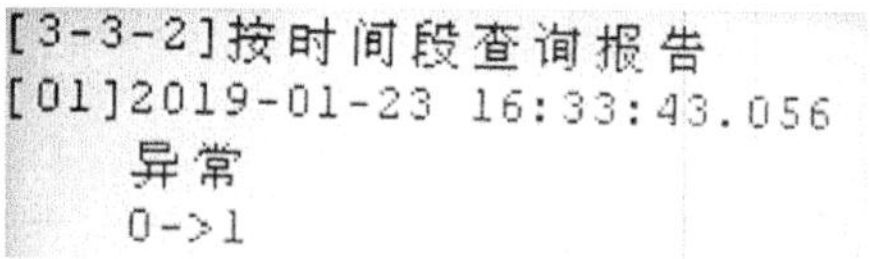

经检查后发现，现场2号变压器保护110kV侧电流与电压均取自2号变压器110kV合并单元，2号变压器保护的虚端子在连线时，将外部信号的“2号变压器110kV第一套合并单元额定延迟时间”多配置了一次，如图2-20所示，第一次配置是在2号变压器保护内部信号的“高压侧电流MU额定延时”，第二次配置是在2号变压器保护内部信号的“高压侧电压MU额定延时”。正常情况下，这两个内部信号是针对电流、电压采样来自不同合并单元时的设计。按照《10kV～110（66）kV元件保护及辅助装置标准化设计规范》（Q/GDW 10767），规定变压器高压侧电流和电压取自两个不同的MU，但是该站的2号变压器110kV第一套合并单元实际上已经将110kV电压级联，能同时发送电压和电流给保护装置，在保护装置中不需要连接两次额定延时，应删除“高压侧电压MU额定延时”的订阅。

[3-3-2]按时间段查询报告
[01]2019-01-23 16:33:43.056
异常
0->1

图2-19　装置异常变位报文

PT1102A:#2主变第一套保护装置

PISV 采样值　LLN0:General　下移　上移　删除　设置端口　配置模式

	外部信号	外部信号描述	接收端口	内部信号	内部信号描述
1	MT1102AMUSV/LLN0.DelayTRtg	#2主变110kV第一套合并单元/额定延迟时间	1-A	PISV/SVINGGIO6.SvIn	高压侧电流MU额定延时
2	MT1102AMUSV/TCTR1.Amp	#2主变110kV第一套合并单元/保护1电流A相1	1-A	PISV/SVINGGIO7.SvIn	高压侧A相电流Ih1a1(正)
3	MT1102AMUSV/TCTR1.AmpChB	#2主变110kV第一套合并单元/保护1电流A相2	1-A	PISV/SVINGGIO7.SvIn1	高压侧A相电流Ih1a2(正)
4	MT1102AMUSV/TCTR2.Amp	#2主变110kV第一套合并单元/保护1电流B相1	1-A	PISV/SVINGGIO8.SvIn	高压侧B相电流Ih1b1(正)
5	MT1102AMUSV/TCTR2.AmpChB	#2主变110kV第一套合并单元/保护1电流B相2	1-A	PISV/SVINGGIO8.SvIn1	高压侧B相电流Ih1b2(正)
6	MT1102AMUSV/TCTR3.Amp	#2主变110kV第一套合并单元/保护1电流C相1	1-A	PISV/SVINGGIO9.SvIn	高压侧C相电流Ih1c1(正)
7	MT1102AMUSV/TCTR3.AmpChB	#2主变110kV第一套合并单元/保护1电流C相2	1-A	PISV/SVINGGIO9.SvIn1	高压侧C相电流Ih1c2(正)
8	MT1102AMUSV/TVTR10.Vol	#2主变110kV第一套合并单元/级联保护电压A相1	1-A	PISV/SVINGGIO2.SvIn	高压侧A相电压Uha1
9	MT1102AMUSV/LLN0.DelayTRtg	#2主变110kV第一套合并单元/额定延迟时间	1-A	PISV/SVINGGIO1.SvIn	高压侧电压MU额定延时
10	MT1102AMUSV/TVTR10.VolChB	#2主变110kV第一套合并单元/级联保护电压A相2	1-A	PISV/SVINGGIO2.SvIn1	高压侧A相电压Uha2
11	MT1102AMUSV/TVTR11.Vol	#2主变110kV第一套合并单元/级联保护电压B相1	1-A	PISV/SVINGGIO3.SvIn	高压侧B相电压Uhb1
12	MT1102AMUSV/TVTR11.VolChB	#2主变110kV第一套合并单元/级联保护电压B相2	1-A	PISV/SVINGGIO3.SvIn1	高压侧B相电压Uhb2
13	MT1102AMUSV/TVTR12.Vol	#2主变110kV第一套合并单元/级联保护电压C相1	1-A	PISV/SVINGGIO4.SvIn	高压侧C相电压Uhc1
14	MT1102AMUSV/TVTR12.VolChB	#2主变110kV第一套合并单元/级联保护电压C相2	1-A	PISV/SVINGGIO4.SvIn1	高压侧C相电压Uhc2
15	MT1102AMUSV/TVTR16.Vol	#2主变110kV第一套合并单元/级联零序电压1	1-A	PISV/SVINGGIO5.SvIn	高压侧零序电压Uh01
16	MT1102AMUSV/TVTR16.VolChB	#2主变110kV第一套合并单元/级联零序电压2	1-A	PISV/SVINGGIO5.SvIn1	高压侧零序电压Uh02

图 2-20　2 号变压器 SCD 配置文件

由于该变压器保护装置的管理板程序处理 SV 接收同一合并单元多延时的容错机制问题，造成了生成的 SV 配置中 CPU2 高压侧 A 相电流通道被多连的电压 SV 延时占用，导致 CPU2 高压侧 A 相电流为 0。当高压侧负荷电流增大时，CPU1 采样正常，CPU2 因 A 相无流造成 A 相差流越限，保护装置告警。

现场检修人员立即将相关配置文件进行修改，将变压器高压侧合并单元与高压侧电压额定延时之间的订阅删除。下装修改后的配置文件并进行通流及带负荷试验，CPU2 中 A 相电流恢复正常，保护装置恢复正常。

该问题暴露了在保护验收过程中，往往仅关注某个 CPU 的采样数值，而未对两个 CPU 的采样正确性进行检查。

同时暴露了验收人员及厂家人员对 SCD 配置的正确性把关不严，对于多连线问题验收不到位。

三、排查及整改方法

（1）加强基建调试。在进行设备通流试验和带负荷试验时，要求核对各侧每一组 CPU 内电流电压采样数据的正确性。通流试验时还应在额定电流条件下进行平衡校验，即在各侧通入换算后大小相等、方向相反的平衡电流，要求平衡状态下装置无任何告警和动作信号。

（2）加强投产前验收。智能变电站验收时，应认真检查 SCD 文件的正确性和完整性；严格按照验收作业指导书检查采样，不可只看其中一个 CPU 的采样；确保保护装置额定延时通道和参数的正确性，要求同一合并单元应仅接收一个额定延时。

（3）加强投运后变电站的保护装置交流采样检查。运维人员在巡视时应按要求检查各支路各组采样正确。

案例八　合并单元芯片管脚开焊导致内部小 TA 开路

一、排查项目

合并单元设计不合理，芯片管脚开焊，导致内部小 TA 开路时双 A/D 采样数据输出异常，造成保护误动。

二、案例分析

（一）排雷依据

《继电保护和安全自动装置技术规程》（GB/T 14285—2006）第 4.1.12.5 条："除出口继电器外，装置内的任一元件损坏时，装置不应误动作跳闸。"

《220kV 变电站智能化改造工程标准化设计规范》（Q/GDW 641—2011）第 7.4.2 条："宜具有完善的闭锁告警功能，能保证在电源中断、电压异常、采集单元异常、通信中断、通信异常、装置内部异常等情况下不误输出。"

（二）爆雷后果

一旦合并单元双 A/D 采样数据出现异常，将会使对应保护装置采样异常，造成保护误跳闸或者误闭锁，影响电网安全和可靠性。

对于变压器差动保护、不经复压闭锁的母线保护（3/2 接线、单母线接线等）、高抗保护在合并单元输出较大异常数据时，更容易误动作。

（三）实例

某日，某 500kV 智能变电站 500kV Ⅰ母第二套母线保护 A 相差动动作，5041、5051、5062 断路器均三相跳闸。500kV 线路Ⅰ线第二套保护动作，中断路器（5042 断路器）A 相重合闸成功。其余一、二次设备无明显异常情况。

检查发现，5041 断路器二次回路绝缘、二次通流试验结果均正常，对保护动作行为及录波进行分析，保护动作行为均正确。

进一步检查发现，保护动作后，在 5041 断路器分位、现场无任何试验工作的情况下，5041 断路器第二套合并单元重复出现了保护动作时类似的电流输出，合并单元存在异常。

检测发现，5041 断路器第二套合并单元 A 相 TPY TA PIN6 管脚至 PCB 板焊接处存在断点（见图 2-21），造成合并单元内部 TA 二次侧开路（见图 2-22）。在内部 TA 二次侧开路时，合并单元仍有数据输出且未报警，从而导致双 A/D 采样数据异常，母线保护和线路保护出现差电流，进而引起保护误动作。

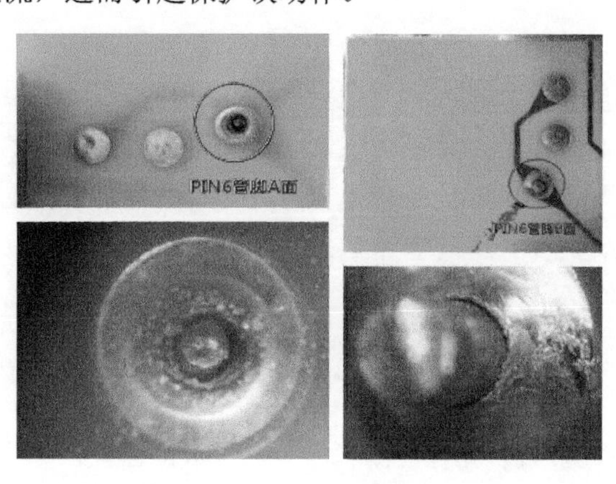

图 2-21 板件管脚图

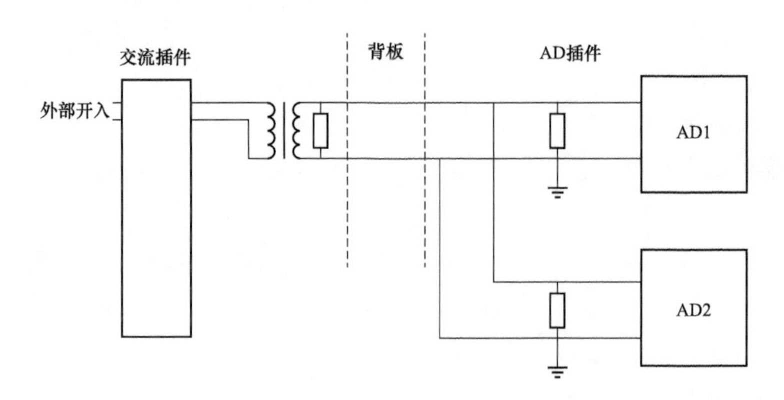

图 2-22　合并单元内部采样回路原理图

三、排查及整改方法

（1）严格把控合并单元制造质量。在入网检测环节，加强合并单元“单一元件异常，装置不能误动跳闸”相关性能检测。特别是部分保护厂家对采样值差动、突变量差动等非工频量原理的保护应对采样突变的能力不足，建议在后续的专业检测中增加专门针对该类原理保护的检测项目。

（2）提升合并单元检修质量。合并单元检修时，应模拟合并单元异常采样情况，检查合并单元是否异常输出。发现异常时，应查明原因，及时处理。

（3）强化专业部门技术管理。专业管理部门应对智能变电站设备异常情况进行跟踪关注，对同类型多发问题进行重点分析，对可能存在家族性缺陷的装置上报给上级专业管理部门。研究建立设备运行情况与设备选型间的有效反馈机制，将设备缺陷、故障等作为设备采购的重要参考。设备缺陷严重，危及电网安全运行时，应立即暂停相应型号设备的采购和使用。

案例九　合并单元双 A/D 采样回路未完全独立

一、排查项目

合并单元采样回路单一元件异常将会导致保护采样出错，可能造成保护不正确动作。在日常巡视或特巡时要查看保护装置、故障录波器、网络分析仪的采样数据以及后台异常告警等信息，尽早研判合并单元采样是否存在隐患。同时依据上级下发的反措文件及时安排运行设备反措，杜绝现场设备带病运行。

二、案例分析

（一）排雷依据

《220kV 变电站智能化改造工程标准化设计规范》（Q/GDW 641—2011）第 7.4.2 的 b）中第 2）条：“合并单元宜具有完善的闭锁告警功能，能保证在电源中断、电压异常、采集单元异常、通信中断、通信异常、装置内部异常等情况下不误输出”。

《智能变电站继电保护通用技术条件》(GB/T 32901—2016) 第 4.10.4 条：电子式互感器的采集单元（A/D 采样回路）、合并单元、保护装置、光纤连接、智能终端、过程层网络交换机等设备中任一元件损坏时相关设备应告警，除出口继电器外，不应引起保护误动作跳闸”。

《智能变电站继电保护通用技术条件》(GB/T 32901—2016) 第 4.10.5 条：“保护装置应采用两路不同的 A/D 采样数据，当某路数据无效时，保护装置应告警、合理保留或退出相关保护功能。当双 A/D 数据之一异常时，保护装置应采取措施，防止保护误动作。”

《国家电网有限公司关于印发十八项电网重大反事故措施》(国家电网设备〔2018〕979 号）第 15.7.2.4 条：“加强合并单元额定延时参数的测试和验收，防止参数错误导致的保护不正确动作。”

（二）爆雷后果

合并单元双 A/D 采样回路未完全独立，可能出现双 A/D 数据均异常的情况，此时保护装置无法经双 A/D 不一致逻辑闭锁，可能导致保护不正确动作，影响电网安全和可靠性。

变压器差动保护、不经复压闭锁的母线保护（3/2 接线、单母线接线等）和高抗保护在合并单元输出较大异常分量时，均存在误动作风险。相关问题违反了“单一元件异常，装置不能误动跳闸”的基本原则，且单一合并单元异常将导致多个元件保护不正确动作，影响范围广，后果严重，给电网安全带来巨大风险。

（三）实例

某 220kV 变电站 2 号变压器第二套保护差动保护动作，跳开变压器三侧断路器。保护装置数据表明，2 号变压器的中压侧合并单元异常，三相保护电流的双 A/D 通道高 8 位出现由 0 到 1 的随机翻转，且同一相电流的双 A/D 采样结果不一致，导致异常大数，引起差动保护动作。

检查变压器保护装置记录，如图 2-23 所示，变压器保护装置报接收合并单元双 A/D 不一致告警，0:20:30 差动保护动作。

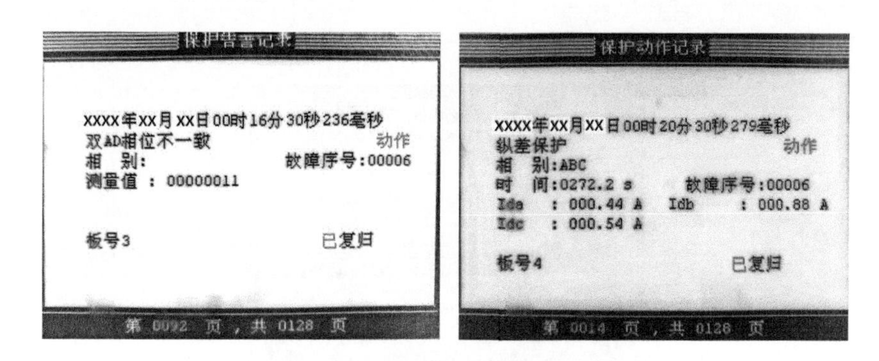

图 2-23 变压器保护装置记录

检查变压器保护装置录波，保护电流通道出现比较明显的异常大数，如图 2-24 和图 2-25 所示。其中 B、C 两相的双 A/D 通道均出现明显异常，并且动作后异常数据未消失。

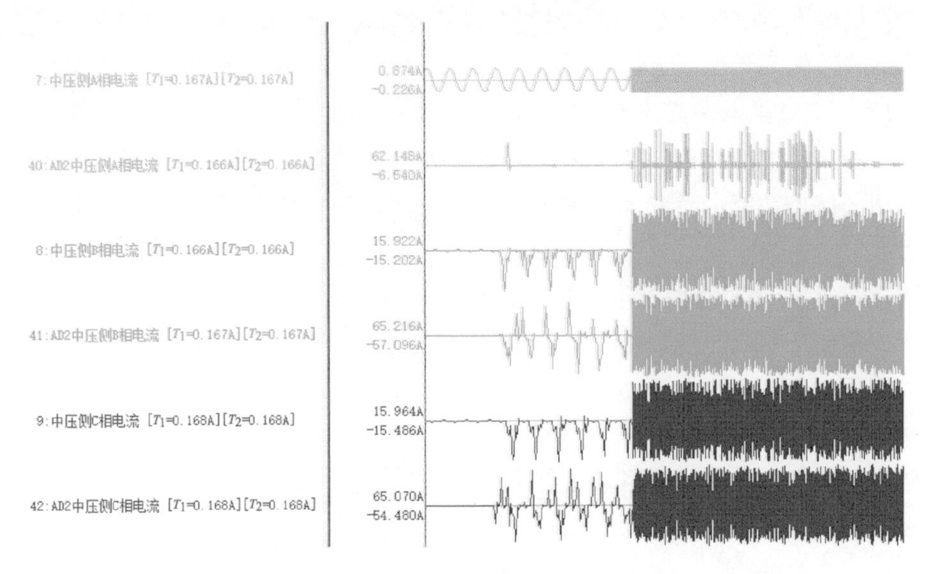

图 2-24　保护动作期间的采样值

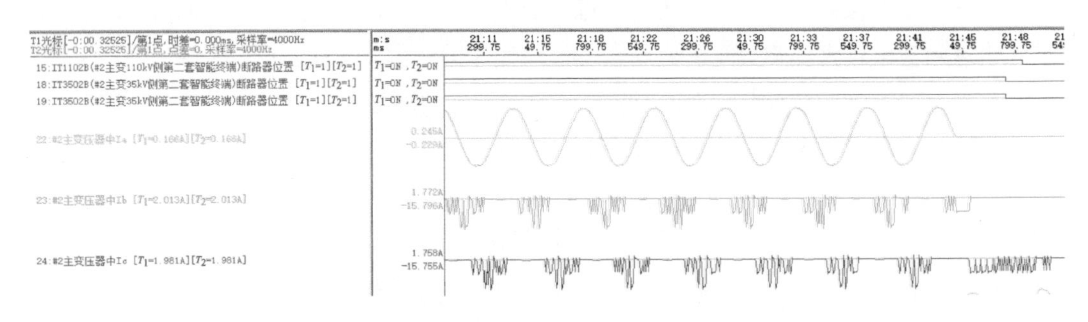

图 2-25　变压器保护动作时刻录波

波形说明：TA 变比 2000/1，报文折算为二次值后，正常负荷峰值约 0.24A，异常时刻采样值最大达到 57A。

在异常时间段内，合并单元间歇性告警 A/D 自检异常，无其他异常告警，如图 2-26 所示。

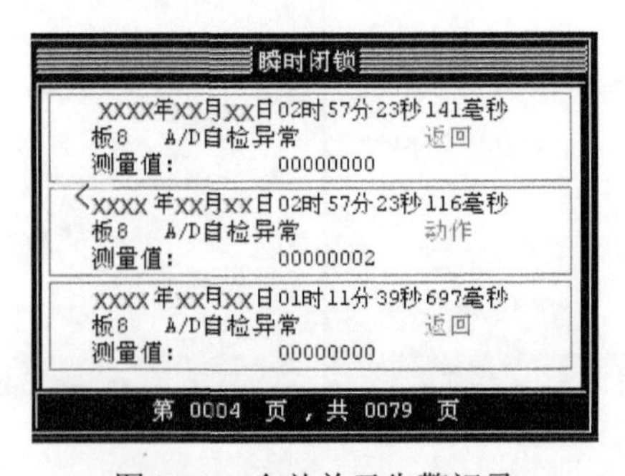

图 2-26　合并单元告警记录

现场判断合并单元的模数转换回路存在问题，其模数转换路径为电流采集 TA-AD 采样芯片-FPGA 芯片-CPU 芯片，为此采用复位 CPU、复位 AD、复位 FPGA 和重配置 FPGA 门电路等方法排除异常原因。结果表明，在重配置 FPGA 门电路后，采样异常现象消失，而其他复位方法均无法消除该异常现象，故确定为合并单元中的 FPGA 逻辑门电路错误引起两片独立 A/D 芯片的采样数据同时出现异常。

进一步分析，FPGA 逻辑门在 A/D 芯片采样接口处理环节出现错误的可能性最大。因为此处的 FPGA 逻辑门与每个 A/D 芯片一一对应，以实现各通道数据的串并转换，此处逻辑门错误将会单独导致某一个 A/D 芯片通道的数据异常。根据厂家反馈信息，目前采样芯片有两种解决方法：

（1）在 FPGA 中构建双重化的 A/D 芯片采样接口处理门逻辑，或双重化配置 FPGA 芯片以分别实现 2 路 A/D 芯片采样数据的串并转换，实现 A/D 采样数据的双路径处理和相互校对，能够及时发现 FPGA 门逻辑的异常变位，最终目标是实现器件级双重化。

（2）将双 A/D 芯片采样数据串并转换的 FPGA 逻辑单元分别配置于不同的逻辑阵列块中，防止单一逻辑阵列块异常而导致 2 路 A/D 芯片采样数据同时出现错误。

检修人员现场对合并单元采样插件进行了更换升级，重新进行了相关试验。试验结果表明更换新插件后的合并单元电流输出正常稳定，故障消除。

三、排查及整改方法

（1）严格把控合并单元入网检测。在入网检测环节，加强合并单元“单一元件异常，装置不能误动跳闸”相关性能检测，特别要加强部分保护设备厂家相关非工频量原理保护应对采样突变的能力检测。

（2）严格落实合并单元设计规范。330kV 及以上和涉及系统稳定的 220kV 新建、扩建或改造的智能变电站采用常规互感器时，应通过二次电缆直接接入保护装置。已投运的智能变电站应按上述原则，分轻重缓急实施改造。在第三代智能站二次系统构建过程中，要认真吸取该类事件经验教训，按照《国家电网继电保护技术发展纲要》所确定的方向，不断推进继电保护小型化、就地化方案实施。

（3）严格执行合并单元运维检修核查。运维单位要加强对现有智能变电站的运维管理，定期调阅保护装置运行记录、故障录波记录和网络分析报文等，认真排查是否存在类似合并单元输出异常现象。检修单位应及时处理异常情况，在设备停役期间采用常规调试仪对合并单元进行加量、用数字调试仪对合并单元发送数据进行抓包，查看两路 A/D 数据是否都正确无误，并在综合检修时按试验要求对合并单元进行全面试验，切实提高对现存合并单元异常缺陷的发现和防范能力。

（4）强化合并单元专业技术管理。专业管理部门应对智能变电站设备异常情况进行跟踪关注，对同类型多发问题进行重点分析，及时对可能存在家族性缺陷的装置进行排查。研究建立设备运行情况与设备选型间的有效反馈机制，将设备缺陷、故障等作为设备采购的重要参考。当发现设备存在危及电网安全运行的严重缺陷时，应立即暂停相应型号设备的采购和使用。

案例十　智能终端插件存在飞线等不良工艺

一、排查项目

智能终端厂家插件设计及工艺参差不齐，部分插件中存在飞线，当飞线靠近发热元件时将加速外层绝缘老化，可能引起智能终端误动。

二、案例分析

（一）排雷依据

《继电保护和安全自动装置技术规程》（DL/T 14285—2006）第 4.1.2.1 条："可靠性是指保护该动作时应动作，不该动作时不动作，为保证可靠性，宜选用性能满足要求、原理尽可能简单的保护方案，应采用由可靠的硬件和软件构成的装置，并应具有必要的自动检测、闭锁、告警等措施，以及便于整定、调试和运行维护。"

（二）爆雷后果

该类装置在长期运行后，由于大电阻发热将加速贴近电阻的飞线老化，引起飞线绝缘层损坏，可能导致飞线所在回路失效或干扰、短路邻近电路，造成智能终端装置告警，甚至误动或拒动，进而引起事故扩大。

（三）实例

某变电站某线路智能终端报装置告警，运维人员至现场检查装置外观无明显异常后，重启该装置，装置告警仍存在。二次人员在检查该智能终端插件时发现，该装置的操作插件存在跨越的飞线，飞线因贴近大电阻长期受热，绝缘层老化严重（见图 2-27），导线金属部分裸露后导致插件内部短路，引起插件功能异常后装置报警。

二次人员申请停用该智能终端，并将受影响的保护装置改信号，联系厂家更换了无飞线的操作插件。更换后智能终端恢复正常。

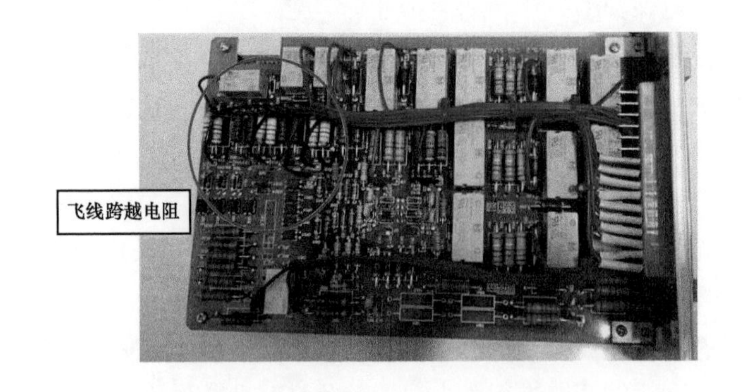

图 2-27　跨电阻的飞线长时间运行后老化

三、排查及整改方法

（1）将插件板外观检查加入调试验收内容。在出厂验收时，对智能终端的插件板进行外观检查，发现类似飞线靠近、跨越电阻的情况，及时要求厂家进行整改。在调试及验收时，现场较少针对厂家产品工艺进行检验，检修人员可在开展防跳回路相关的验收、校验工作时，同时对智能终端的插件板进行外观检查，发现异常及时要求厂家整改。当板件具备调整飞线路径条件的，可允许厂家做临时重新焊接处理，处理完毕后，应对相关回路进行传动验收。

（2）严格管控工艺质量。厂家在进行插件板设计与生产时，应尽量避免使用飞线工艺，无法避免时，也应合理规划飞线路径，避开电阻等发热元件。

案例十一　智能终端操作插件设计不合理

一、排查项目

智能终端就地化布置，运行环境较差，操作插件设计时若元器件布置不合理，容易出现装置发热严重、控制回路断线等异常情况。

二、案例分析

（一）排雷依据

《智能变电站继电保护通用技术条件》（GB/T 32901—2016）第 4.10.4 条：“电子式互感器的采集单元（A/D 采样回路）、合并单元、保护装置、光纤连接、智能终端、过程层网络交换机等设备中任一元件损坏时相关设备应告警，除出口继电器外，不应引起保护误动作跳闸。”

《智能变电站智能终端技术规范》（Q/GDW 428—2010）第 4.1.5 条：“装置应采用全密封、高阻抗、小功率的继电器，尽可能减少装置的功耗和发热，以提高可靠性；装置的所有插件应接触可靠，并且有良好的互换性，以便检修时能迅速更换。”

（二）爆雷后果

智能终端操作插件设计不合理，轻则导致位置监视回路失效、装置报控制回路断线等异常，重则导致插件损坏，断路器发生拒动或误动。

（三）实例

某 220kV 线路 C 相发生瞬时性故障，第一套线路保护发出 C 相跳闸指令，同时又收到智能终端“闭锁重合闸”开入，立即沟通三跳，断路器三相跳闸。

检修人员现场检查保护动作情况，如表 2-2 所示。

表 2-2　　现场保护动作情况

时间	保护动作情况
0ms	保护启动

续表

时间	保护动作情况
21ms	保护动作 纵联差动保护动作：C 相
41ms	闭锁重合闸
44ms	沟通三跳：跳 ABC 相

在线路 C 相发生瞬时性故障时，第一套线路保护故障相别判断正确，21ms 后发出 C 相跳闸指令。但是在 20ms 之后保护收到“闭锁重合闸”开入，立即沟通三跳。

检修人员首先模拟线路发生 C 相瞬时性故障，对第一套线路保护装置进行逻辑验证，保护装置动作正常，如表 2-3 所示。

表 2-3　模拟故障时保护动作情况

时间	保护动作情况
0ms	保护启动
20ms	保护动作 纵联差动保护动作：C 相
1027ms	重合闸动作

随后检修人员对第一套线路保护进行 C 相整组传动试验，发现保护装置发送 C 相跳闸命令后，断路器直接发生三相跳闸，判断为智能终端跳闸回路存在问题。现场核实跳合闸回路与图纸相符，不存在寄生回路情况，对智能终端装置背板进行检查，未发现明显异常。检修人员更换了 X16 跳闸插件，重新进行传动试验，断路器动作正确，现场怀疑为该块插件存在设计问题。

为了尽快查清问题原因，检修人员将 X16 跳闸插件寄回厂家进行测试。后续厂家研发人员反馈，该跳闸插件中有两个二极管（FL1 与 DC1）反向击穿，如图 2-28 所示，当智能终端收到 C 相跳闸指令时，因 DC1 二极管反向击穿，在发出 C 相跳闸指令的同时，也沟通了 A 相、B 相跳闸回路；又因为 FL1 二极管击穿，沟通手跳回路，同时闭锁重合闸。

为保证设备运行可靠，避免同批次的智能终端跳闸插件存在家族性缺陷，检修人员安排临时停电，对相关智能终端的跳闸插件进行了全部更换。

三、排查及整改方法

（1）责成厂家加强元器件质量控制，确保产品长期稳定运行。

（2）加强智能终端相关回路施工质量。在基建过程中，施工单位应对智能终端相关回路进行全面校验，模拟各种工况下智能终端的动作情况，确保智能终端在各种工况下能正确动作；

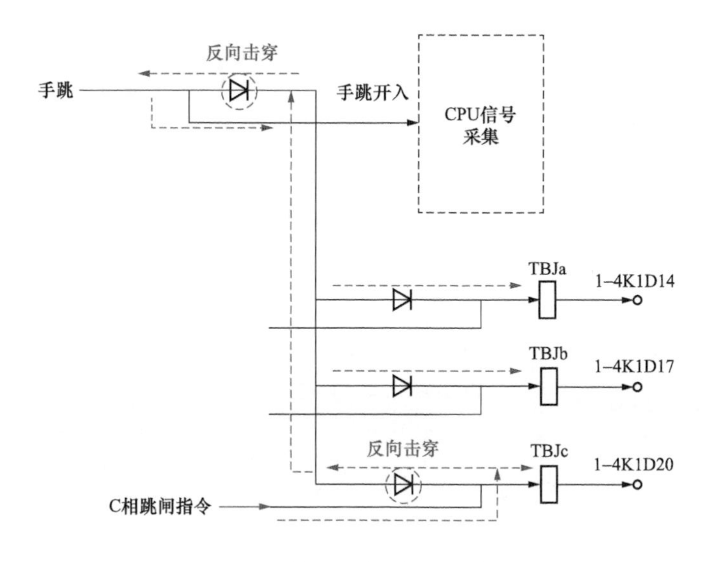

图 2-28 跳闸控制回路二极管击穿

1）通过数字化继电保护试验装置模拟测控跳、合闸和模拟保护跳、合闸，智能终端出口应正确动作。

2）通过手合或遥合方式将断路器合上，智能终端发合后状态信号，通过手分或遥分方式将断路器分开，合后状态信号复归。

3）在电缆直跳开入接点上加上直流 220V（110V），智能终端跳闸出口正确动作，网口发送电缆直跳信号。

4）根据不同智能终端操作回路的特点，用继电保护测试仪在智能终端的操作回路上加上直流电压或直流电流，调节直流电压或直流电流的大小，检测相关继电器的工作情况，电流型继电器的启动电流值不大于 0.5 倍额定电流值，电压型继电器的启动电压应在额定直流电源电压的 55%～70%范围内，非电量跳闸的重动继电器启动功率不应小于 5W。

5）用数字化继电保护试验装置给智能终端发送跳闸 GOOSE 命令，测量智能终端收到 GOOSE 报文与硬接点开出的时间差不应大于 7ms。

（3）加强智能终端竣工质量监督。在竣工验收时，检修单位应详细核查施工单位试验报告和施工图纸，核实智能终端二次回路满足设计要求，并对智能终端及其相关回路进行精益化验收，保障竣工验收质量，确保基建问题不流入运维检修环节。

（4）加强智能终端日常运维检修核查。在日常运维时，运维单位应严格执行运行巡视制度，仔细核查智能终端运行状态，及时上报异常情况；检修单位应及时处理异常情况，并在定期校验时对相关插件进行检查。专业管理部门应对插件异常情况进行跟踪关注，对异常原因进行总结分析，特别对同类型多发问题进行重点分析，对可能存在家族性缺陷的装置开展排查。

案例十二　保护装置开入板异常导致保护误动作

一、排查项目

保护装置开入异常时，装置应报警，并及时检查处理，防止保护装置误动作。

二、案例分析

（一）排雷依据

《国家电网有限公司十八项电网重大反事故措施（修订版）》第 15.6.6 条："继电保护及安全自动装置应选用抗干扰能力符合有关规程规定的产品，针对来自系统操作、故障、直流接地等的异常情况，应采取有效防误动措施。继电保护及安全自动装置应采取有效措施防止单一元件损坏可能引起的不正确动作。"

（二）爆雷后果

保护装置开入异常时，装置应报警，并及时检查处理，防止保护装置误动作。

（三）实例

某日，某变电站 500kV 线路第二套远方跳闸就地判别装置保护动作，5062、5063 断路器三相跳闸。设备跳闸时，一次系统无故障，其余二次设备无异常。

该套远方跳闸就地判别装置动作需满足两个条件：一是通道投入且无故障，装置收信并启动，收信判据 30ms；二是任一相满足低有功功率动作定值（现场整定 2W），经 40ms 延时动作跳闸。

检查发现，远方跳闸就地判别装置故障发生时装置开入中通道 2 故障、通道 2 收信 1、通道 2 收信 2、通道 1 收信 1、通道 1 收信 2、备用 3（延时 40ms）动作，如图 2-29 所示。第二套线路保护装置内部未有远传开入或开出等异常事件及相关启动记录。同时检查远方跳闸就地判别装置背板外观正常，无短路，不存在外部开入的可能性，因此初步判断远方跳闸就地判别装置开入板硬件存在异常，导致通道 1 收信 1 在内的多个开入点产生变位。

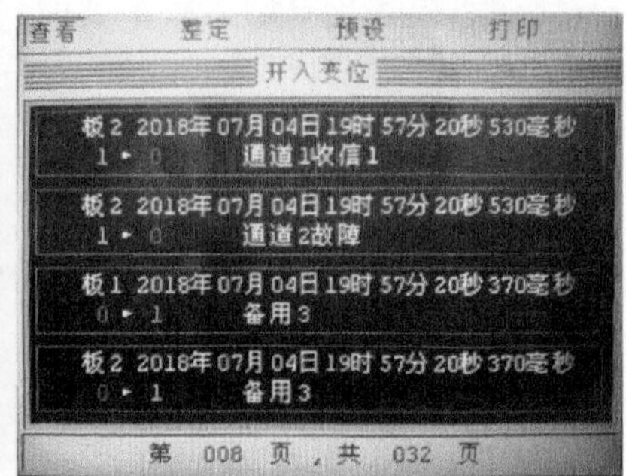

图 2-29　装置开入变位情况

现场调取该远方跳闸就地判别装置内部录波及外置故障录波文件（见图 2-30）进行

分析，发现跳闸时刻该线路输送功率较低，三相电流二次值均为0.031A左右，电压二次值约59V，视在功率小于1.8W，有功绝对值也小于1.8W，满足低于低有功功率定值2W的动作条件。

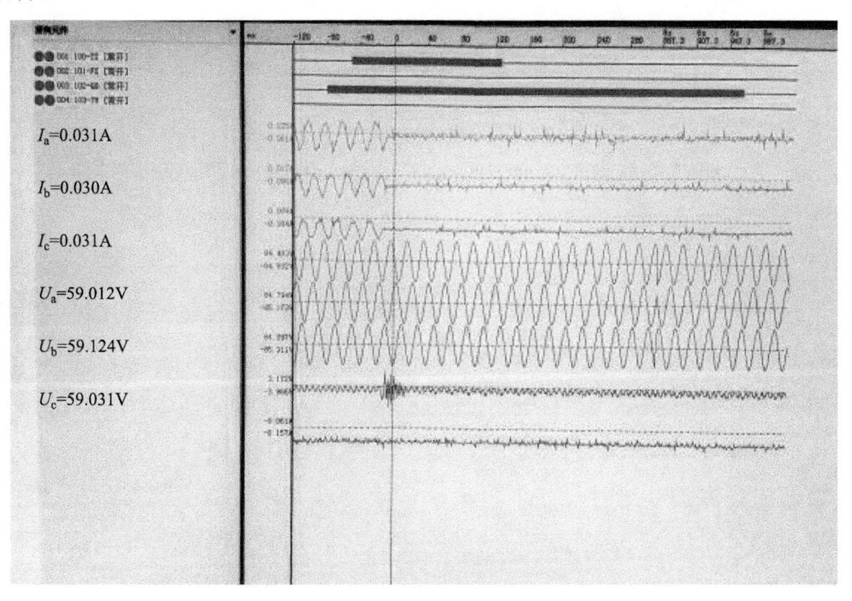

图2-30 录波图形

结合以上分析，本次500kV线路第二套远方跳闸就地判别装置动作原因为装置开入板硬件异常，导致收信开入异常变位，同时线路输送功率较低，满足低有功功率动作定值，导致跳闸出口。

三、排查及整改方法

（1）加强对保护的日常运维检修核查。在日常运维时，运维单位应严格执行运行巡视制度，仔细核查保护装置运行状态，及时上报异常情况；检修单位应及时处理异常情况，并在定期校验时对相关插件进行检查。专业管理部门应对插件异常情况进行跟踪关注，对异常原因进行总结分析，特别对同类型多发问题进行重点分析，对可能存在家族性缺陷的装置开展排查。

（2）加强入网设备的质量管控。要求厂家加强对产品质量的管控，确保生产过程中元器件免受污染，提供优质、可靠的产品。

（3）综合检修时，重视二次回路及装置板件绝缘检查，对于绝缘明显下降的二次回路及插件应及时更换。

案例十三 柔性直流控制保护系统中阀控装置闭锁换流阀逻辑不合理

一、排查项目

柔性直流系统（简称柔直系统）中阀控装置逻辑策略与控制、保护等系统存在复杂联系，易出现程序漏洞，如当阀控与控保系统通信中断时，阀控装置将无法独立闭锁换流阀，可能导致断路器拒动、阀损坏等后果。

二、案例分析

（一）排雷依据

《国家电网有限公司十八项电网重大反事故措施（修订版）》第 8.5.1.1 条："直流控制保护系统应至少采用完全双重化或三重化配置，每套控制保护装置应配置独立的软、硬件，包括专用电源、主机、输入输出回路和控制保护软件等。直流控制保护系统的结构设计应避免因单一元件的故障而引起直流控制保护误动或跳闸。"

（二）爆雷后果

在与直流保护控制系统失去通信时，依据控保逻辑，此时将立即闭锁换流阀，并跳交流断路器，而由于阀控装置逻辑策略不完善，在与控保通信中断时，无法独立执行闭锁换流阀的命令，导致换流阀持续输出直流电压，此时联结变压器网侧将感应出较大直流电流分量，可能导致网侧断路器熄弧困难，引起断路器失灵。

当断路器失灵保护动作时，如果直流分量依然过大，可能引起交流线路对侧断路器也失灵，进而导致对侧变电站母差失灵保护动作，扩大事故影响范围。

（三）实例

某柔直系统主接线如图 2-31 所示，某日 AB 站进行站间两端联调时，A 站直流控保动作，101 线 A 站侧（联结变压器网侧）断路器三相跳闸；101 线断路器失灵保护动作，101 线 C 站侧断路器三相跳开，事故时系统未发生外部故障。

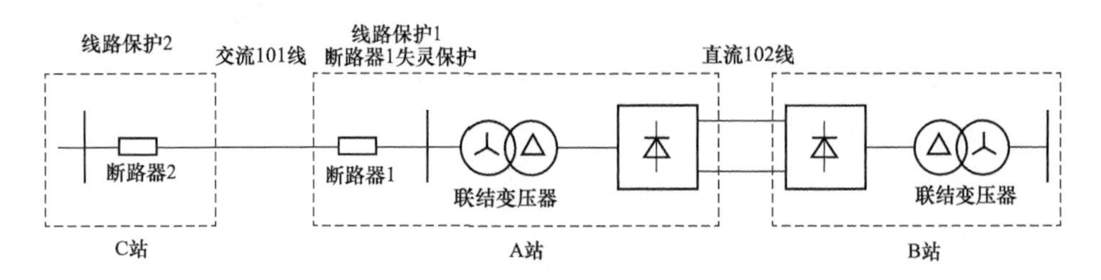

图 2-31　某柔直系统主接线

在 101 线 A 站侧断路器已分闸的情况下，交流线路失灵保护动作情况存疑，二次人员调取录波（见图 2-32）发现，本侧断路器三相 TWJ 在跳闸时刻正确变位，但 TWJ 变位后，101 线 B 相仍存在明显的故障电流，其中交流分量 3000A，直流分量最高达 6300A，直流分量导致 B 相近 4 个周波没有过零点，使得 B 相断路器灭弧失败，从而引起失灵保护远跳 101 线 C 站侧断路器。

二次人员进一步调查发现，跳闸前，A 站双套直流保护控制系统（PCP）与阀控装置（VBC）相继发生通信故障，依据控保逻辑，此时将立即闭锁换流阀，并跳交流断路器，由于阀闭锁命令因阀控装置与控保通信故障未能执行，导致 A 站换流阀输出直流电压，从而在联结变压器网侧感应出较大直流电流分量。

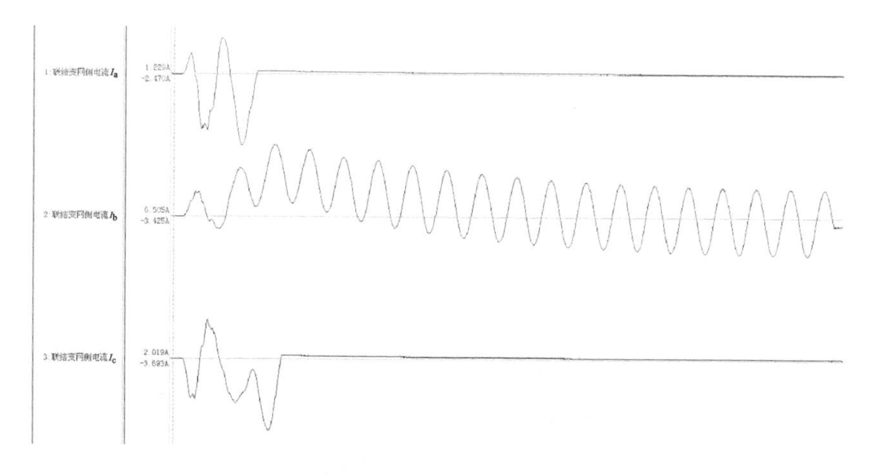

图 2-32　A 站故障电流

该事故造成 A 站部分阀子模块因过压、过流损坏；联结变压器网侧断路器 B 相因长时间燃弧导致断路器静触头、喷嘴等部件灼伤。

厂家人员对阀控装置的动作逻辑进行修改，使其能在与控保通信中断的情况下独立执行闭锁阀命令。二次人员在逻辑修改完毕后，模拟通信故障工况（断开设备间通信光纤）进行了相应试验，确证阀控装置能够独立动作闭锁阀。

三、排查及整改方法

（1）落实阀控装置的各项验收工作。检修人员在对运维范围内换流站的阀控装置进行试验、验收时，应严格按照验收标准开展试验，模拟阀控装置与控保系统通信故障工况，以验证阀控装置能够独立动作闭锁阀。

（2）为避免直流电流分量过大时跳交流断路器，检修人员应仿真计算、总结梳理所有可能在联结变压器电网侧产生直流分量的故障种类及故障特性，要求厂家有针对性地在直流保护控制跳闸逻辑中增加联结变压器网侧电流过零点判别，在直流电流分量过大时跳闸出口延时，避免断路器失灵。

案例十四　柔性直流控制保护逻辑防误动措施不完善

一、排查项目

柔直控保系统逻辑复杂，且无法通过常规测试仪模拟加量进行实际加量传动调试，对控保逻辑的验证易出现纰漏，可能发生因控保逻辑中防误措施不足导致的误动。

二、案例分析

（一）排雷依据

《继电保护和电网安全自动装置技术规程》（GB/T 14285—2006）第 4.1.2.1 条："为保证可靠性，宜选用性能满足要求、原理尽可能简单的保护方案，应采用由可靠的硬件和软件构成的装置，并应具有必要的自动检测、闭锁、告警等措施，以及便于整定、调试和运行维护”；第 4.1.11 条：“保护装置在电压互感器二次回路一相、两相或三相同时断线、失压时，应发告警信号，并闭锁可能误动作的保护。”

（二）爆雷后果

控保装置在正常运行时受到如 TV 断线、外部穿越性故障电流等干扰因素时，若控保逻辑中防误措施不完善，无复压闭锁等相应闭锁措施时，可能无法判别缺陷和真实故障，导致控保误动出口。

（三）实例

某日，某柔直换流站 PCPA 套报系统扰动，约 2s 后 PCPA 报交流低电压保护跳闸，并发出五站联跳命令，导致五站停运。

检修人员调取柔直五站故障录波与外部交流系统故障录波，发现跳闸时刻，交流进线 B 相电压消失，开口三角电压正常，如图 2-33 所示。

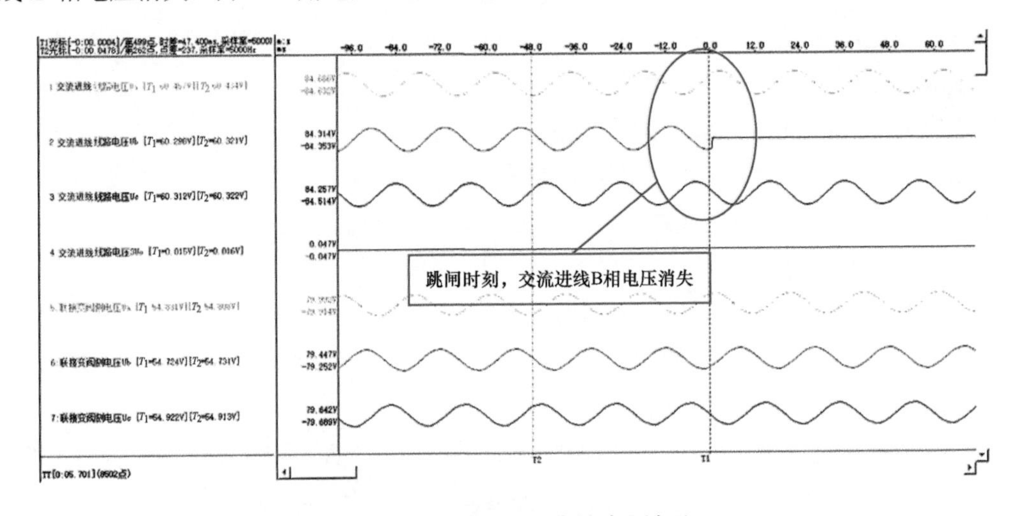

图 2-33　故障时刻交流录波器波形

同时刻对侧交流系统电压正常，且交流进线无故障电流，检修人员判断系统未发生一次故障，怀疑控保误动，现场调取低电压保护逻辑（如表 2-4 所示），该保护采集交流线路电压，满足任一相电压低于 0.6p.u.，延时 1.8s 控保即动作出口，无任何防误闭锁措施，客观存在误动风险。

表 2-4　　交流低电压保护逻辑

保护区域	系统
保护的故障	防止系统故障对直流设备造成影响
保护原理	$U_s<\Delta$
后备保护	本身为后备保护
保护动作后果	闭锁换流阀 跳交流断路器、锁定交流断路器、启动失灵

续表

逻辑框图
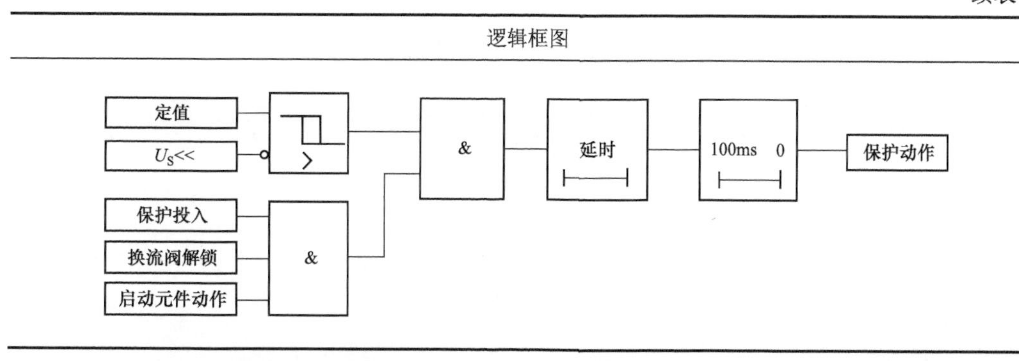

检修人员对电压回路开展排查，发现交流进线汇控柜 B 相端子排短接螺钉松动（见图 2-34），从而判断该起事故系二次回路异常引起控保动作。

该电压端子连接片松动导致控保B相电压采样异常

图 2-34　汇控柜端子排

三、排查及整改方法

（1）加强对控保逻辑的调试及验收，验证保护设置的合理性。在控保设备调试时严格按调试大纲对每一项保护进行调试及验收，应特别重视不经闭锁条件，跳闸影响范围广的保护，充分考察其逻辑正确性与必要性，本案例中的交流低电压保护源自传统直流，为应对交流系统永久故障且长时间无法恢复的工况而设计。但在该工况下，控保系统的过压、过流均有完善的保护，该保护仅作为后备保护，应进一步研究该保护的必要性。

（2）采取软件或硬件措施，提高保护的防误动能力。对于动作后果严重的保护，可考虑采样的双重化，例如本案例中的低电压保护，启动和判断所采用的电压采自同一线路电压互感器二次侧，无法有效防止 TV 断线导致的误动，可改为启动和保护分别从不同二次侧采样。

（3）落实检修及专业巡检中对端子排的相关要求，在检修完成后，及时紧固电压、电流端子排，在定期专业巡视中开展端子排测温检查。

案例十五　特高压直流控保运行工况转换逻辑设计不严密

一、排查项目

特高压直流保护在运行工况转换过程中将切换电流测点，控保逻辑设计不严密将造成直流保护误动。

二、案例分析

（一）排雷依据

《国家电网有限公司防止直流换流站事故措施（修订版）》第 6.1.6 条："直流保护的设计应充分考虑直流系统各种可能的运行工况及不同运行工况之间转换的情况，防止运行方式转换过程中保护误动。"

（二）爆雷后果

特高压直流保护可能在不同运行工况转换时误动，引发单极、双极闭锁，或额外阀组闭锁，损失功率输送。以某特高压直流工程为例，单阀组闭锁损失功率 2000MW，单极闭锁损失功率 4000MW，双极闭锁损失功率 8000MW。

（三）实例

基于 HCM3000 的特高压直流控保半实物仿真平台上的仿真模拟试验中出现（运行工况：双极四阀组额定电压大地回线方式运行，输送功率 7200MW）：逆变站极 1 高端 D 桥 A 相接地故障时，高端阀组差动保护动作后，极 1 极母线差动保护误动，造成低端健全阀组重启不成功、极 1 退出运行，极 2 转满功率单极大地运行方式。若极 1 极母线差动保护未误动，极 1 低端阀组重启成功，则剩下三个阀组仍具备 6000MW 的功率输送能力，损失输送功率为 1200MW。而实际上，极 1 极母线差动保护误动后，极 1 退出运行，仅极 2 两阀组具备运行条件，其额定输送功率能力为 4000MW，损失输送功率达 3200MW。因此，极母线差动保护将误动造成的直流输电系统损失输电能力 2000MW。另外，极 2 满功率单极大地运行方式将增大直流偏磁及接地极金属构件腐蚀等隐患。

根据极母线差动保护范围，若高端阀组运行，则阀侧的测点可选 IDC1P，如图 2-35 所示。若高端阀组退出运行，则阀侧的测点可选 IDC2P，如图 2-36 所示（以极 1 为例）。

然而，在高端阀组故障时，阀差动保护动作，高端阀组退出运行，测点从 IDC1P 切换到 IDC2P 过程中，旁通断路器还未实际合闸时，极母线差动保护的保护范围包括了故障阀组，差生了 10ms 的虚假差流，如图 2-37 所示，造成极母线差动误动（见图 2-38）。10ms 时间窗来自两阀组旁通断路器合命令通信通道传输延时，产生时间差，如图 2-39 所示。

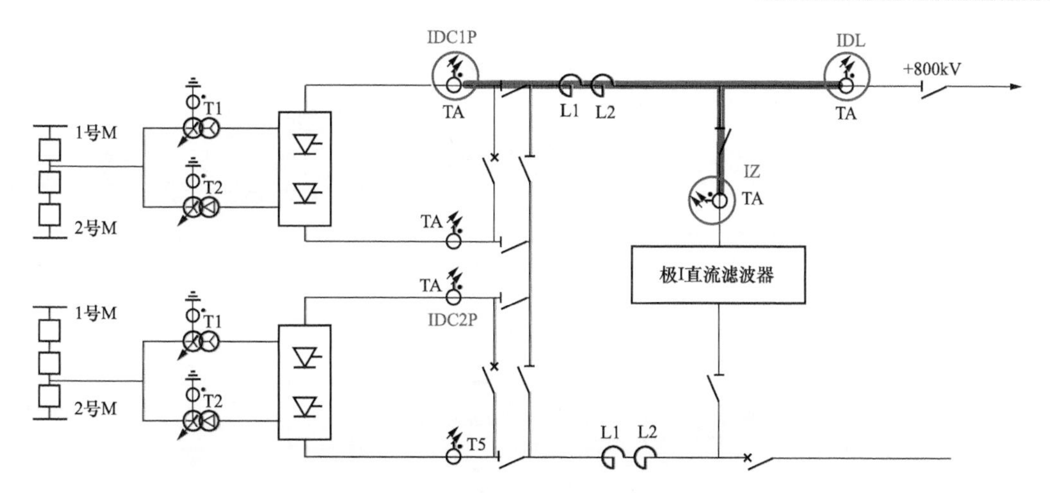

图 2-35 采用 IDC1P 测点时极母差保护范围

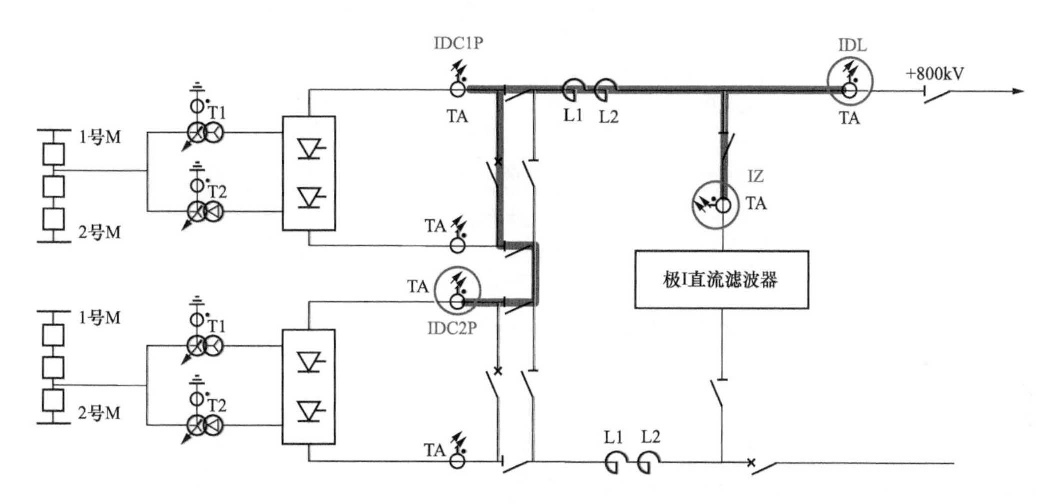

图 2-36 采用 IDC2P 测点时极母差保护范围（旁路断路器合位）

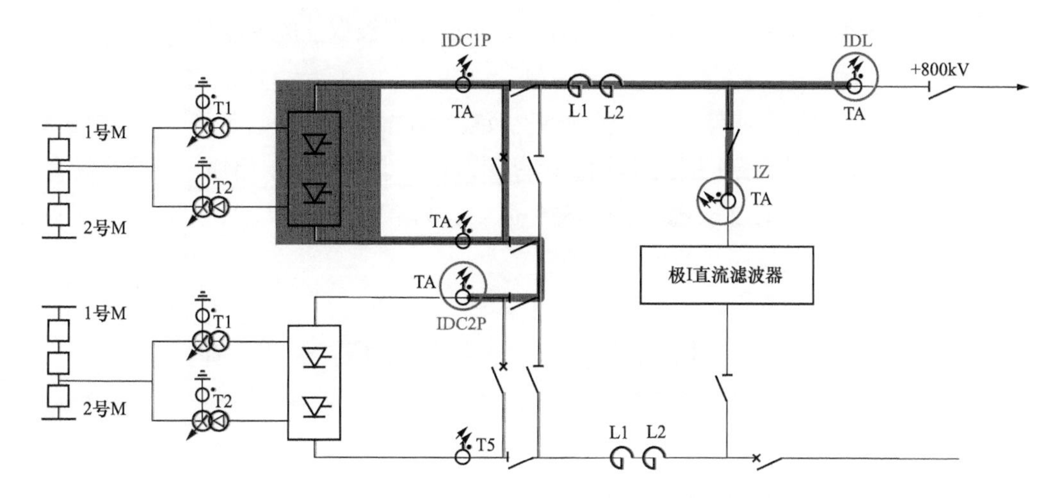

图 2-37 采用 IDC2P 测点时极母差保护范围（旁路断路器尚未实际合闸）

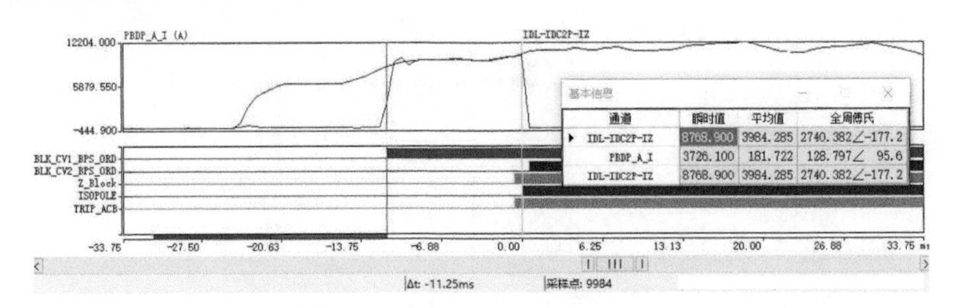

图 2-38　极母线差动保护动作录波图

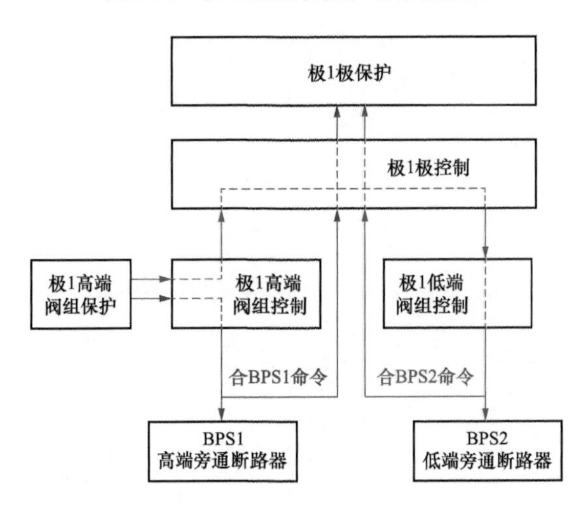

图 2-39　两阀组旁通断路器合命令的信息流图

三、排查方法及整改方法

（1）针对特高压直流控保逻辑，开展阀区、极区、双极区、交流系统、直流滤波器、直流线路、断路器顺控等故障场景下的扫描仿真工作，考验各种控制保护逻辑是否正确。

（2）特高压直流控保调试阶段，开展各例行试验下直流保护的灵敏性和可靠性分析，提前判知保护误动风险。

（3）针对案例中极母线差动保护误动情况，整改方案包括：①修改差流滤波器参数，使差流上升缓慢，压缩满足门槛条件的虚假差流时间；②将极控中闭锁非故障阀组命令传输回路的周期由原先的 2ms 修改为 0.625ms，缩减信号处理和传输时延；③高端阀组差动保护动作后短时闭锁极母线差动保护。

案例十六　特高压直流保护状态判断模块故障

一、排查项目

特高压直流保护状态信号送至三取二主机和控制主机，用于“三取二”逻辑切换，状态判断模块信号异常可能引起故障情况下保护误出口。

二、案例分析

（一）排雷依据

《国家电网有限公司防止直流换流站事故措施（修订版）》第 5.1.6 条：“处于非运行状态的直流控制保护系统中存在跳闸出口信号时不得切换到运行状态，避免异常信号误动作出口跳闸。”

（二）爆雷后果

采用外部独立器件进行直流保护状态判断的系统，当模块故障导致输出保护 OK 信号异常时，将导致“三取二”逻辑无法正常切换，在保护主机故障的情况下存在直流保护拒动和误动的风险。

（三）实例

某特高压换流站开展直流控保系统故障响应试验时，发现极 1 低端阀组保护 C 套主机测试把手打到投入时，屏柜故障指示灯未点亮，进一步检查发现屏柜内 D32“与逻辑模块”输出异常。

该“与逻辑模块”为魏德米勒 DK AND 型，采用 24V 供电，模块功能为实现 5 路输入相与，如表 2-5 所示，即当 5 路输入全部为“1”（24V 高电平）则输出为“1”。每个直流保护屏内安装 2 个模块，编号为 D31 和 D32。D31 模块采集保护硬件 OK、软件 OK、信号电源 OK 信号，经过与逻辑运算后输出，输出信号至保护主机本身、同时输出至 D32。D32 采集 D31 信号、测试模式信号，经过与逻辑运算输出，输出信号送至对应的三取二装置 A、三取二装置 B、控制主机 A、控制主机 B，并驱动屏柜告警灯。由于输出信号用于“三取二”逻辑切换、闭锁故障保护出口，保护主机状态判别错误可能引起主机故障情况或试验状态下误出口。

表 2-5　　与逻辑模块输出信号去向及作用说明表

模块	输出去向	作　用
D31	开入保护主机	用于保护主机本身事件告警，极保护主机会送对站极保护装置（用于退出纵差保护）
	去 D32	作为 D32 的开入
D32	去三取二 A 装置	用于三取二装置进行“三取二”逻辑切换，同时三取二装置将该信号通过光纤送至控制系统，信号丢失将引起控制系统“保护到三取二装置 OK 信号消失”告警
	去三取二 B 装置	
	去控制 A 系统	用于控制系统进行软件“三取二”逻辑切换，信号丢失将引起控制系统“保护 OK 信号消失”告警，三套保护 OK 信号均丢失将引起控制系统本身紧急故障
	去控制 B 系统	
	去屏内告警灯控制回路	该信号丢失将点亮屏柜告警灯

现场立即组织对所有控制保护屏共 40 个“与逻辑模块”进行全面排查，如图 2-40 和图 2-41 所示，共发现 5 个与逻辑模块故障。对故障模块进一步检查，现场在屏柜内解开故障模块 5 路输入接线端子，即输入全部为“0”，输出仍然为“1”。 经电科院对故障

模块进一步检测发现：①使用万用表测量故障模块输出端子间电阻为 10Ω 左右，正常模块输出端子间电阻为无穷大；②测试故障模块的 PNP 三极管IV特性，发现三极管均被击穿，判断故障模块内部三极管器件因长时间通流运行而老化击穿。

结合上次检修情况分析，自上次检修后半年内出现 5 个模块故障，占在运总数 40 个的 12.5%，说明元件接近运行寿命年限，存在集中故障风险。

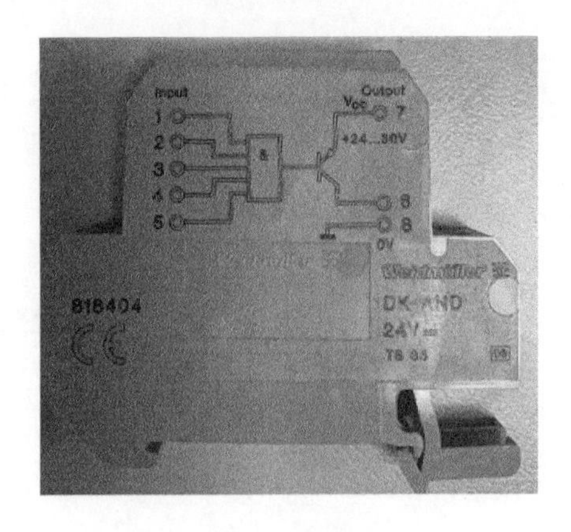

图 2-40　与逻辑模块回路

图 2-41　与逻辑模块实物图

三、排查方法及整改方法

（1）针对主机状态判别模块可靠性不高、故障状态无法监视的问题，研究制定模块功能改进方案，可考虑将模块功能集成并入控保主机等方式。

（2）针对独立元器件寿命与控保系统运行设计寿命不匹配问题，需要对控保系统进行全面排查，包括从信号采集至跳闸出口所有环节的独立元器件配置情况，梳理独立元器件的寿命周期和运行情况，分析运行薄弱环节和应对措施。

（3）制定运行中主机状态判别模块异常的判定方法，纳入日常运行监视和巡视范围，并确定相应的应急处置预案。

第三章

控制回路隐患

继电保护控制回路主要由继电器、按钮、指示灯、空气开关、辅助接点、接线端子以及连接不同设备之间的二次电缆等组成，实现断路器的跳合闸控制、位置及回路监视、防跳、压力闭锁以及保护电压切换等功能，是继电保护跳、合闸命令的最后执行环节。控制回路点多面广、接线复杂，且现场运行环境相对较差，因此是隐患易发、高发区。而且由于监视回路无法完全覆盖控制回路，部分控制回路缺陷隐蔽性强，甚至只有在设备或系统故障时才能被发现，往往造成断路器拒动的严重后果，给电力系统的安全稳定运行带来了很大威胁。在当前“双高”电力系统对继电保护动作快速性提出更高要求的形势下，及时发现和消除控制回路隐患，防止断路器拒动，对系统安全稳定运行具有重要意义。在电网实际运行中，控制回路易发的隐患主要有端子接线松动、电缆受损绝缘下降、断路器防跳配合不当失效、压力闭锁回路未双重化、三相不一致保护时间继电器特性偏移、退役设备跳闸回路未及时拆除、硬压板接线柱塑料壳老化开裂、户外非电量保护接线盒防水措施不到位等。本章选取25个典型案例，介绍常见的控制回路隐患和相应的排查及整改方法。

案例一　保护跳闸二次回路松动

一、排查项目

二次端子接线存在松动、压接头存在松动，或压接头与压接引线不匹配，尤其是涉及断路器的跳合闸回路无法通过控制回路断线信号进行监视的部分。

二、案例分析

（一）排雷依据

《电气装置安装工程盘、柜及二次回路接线施工及验收规范》（GB 50171—2012）第3.0.9条：“二次回路接线施工完毕后，应检查二次回路接线是否正确、牢靠”；第5.0.2条：“端子排的安装应符合下列规定：9．接线端子应与导线截面匹配，不得使用小端子配大截面导线”；第6.0.1条：“二次回路接线应符合下列规定：2．导线与电气元件间应采用螺栓连接、插接、焊接或压接等，且均应牢固可靠。”

（二）爆雷后果

二次回路的松动会造成保护采样、控制、信号等异常运行状态，严重时可能造成保护拒动、保护动作后无法出口跳闸、重合失败等情况。

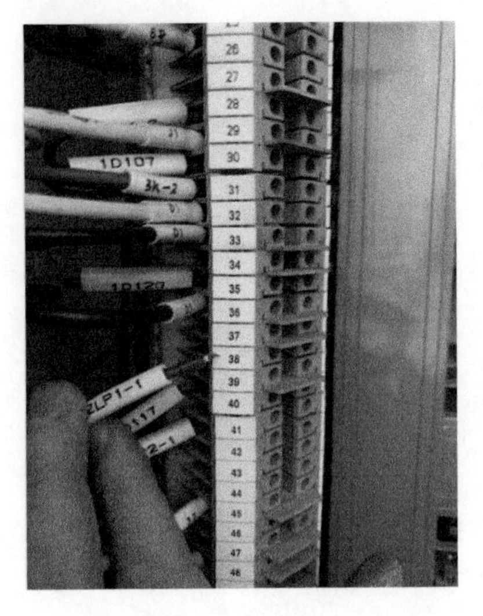

图 3-1　压接头断裂

（三）实例一

某 220kV 变电站某 110kV 线路近区发生故障后，该线路保护接地距离Ⅰ段动作，断路器跳闸失败，后变压器后备保护动作，跳开变压器 110kV 分段断路器和 110kV 侧断路器，导致相应 110kV 母线失电。现场检查时对该套线路保护装置进行试验，线路保护能正确动作，但是投入出口压板后断路器无法跳闸且无控制回路断线信号。现场测量保护出口压板上桩头未测量到负电（正常应为–110V）。随即对回路进行检查，发现跳闸回路中接线端子与出口压板的连线的压接头断裂，如图 3-1 所示，导致断路器跳闸回路断开，断路器跳闸失败。

该回路原理接线如图 3-2 所示，该断开点未在分闸监视回路范围内，HWJ 无法监视到其断开的情况，因此在正常运行时回路断开或者松动也不会有异常告警，但是该隐患产生后果严重，可直接导致断路器拒动造成越级跳闸。

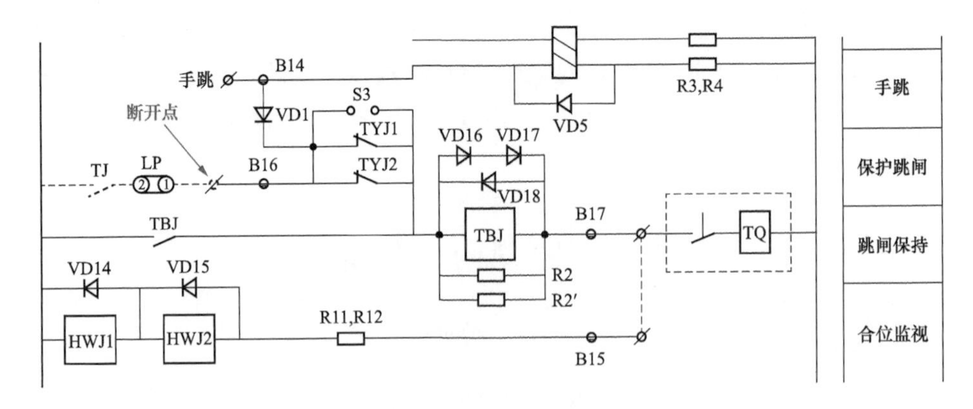

图 3-2　回路原理接线图

（四）案例二

某内桥接线 110kV 智能化变电站主接线如图 3-3 所示，该站 110kV 侧、10kV 侧均配置有备自投装置。

某日，110kV 线路 1 上发生永久故障，上级变电站的 110kV 线路 1 保护动作，断路器跳闸，重合失败。该 110kV 变电站 110kV 备自投动作，但 110kV 线路 1 断路器分闸失败，备自投动作失败，110kV Ⅰ段母线失电；10kV 母分备自投动作，成功合上 10kV 母分断路器，10kV 母线未失电。

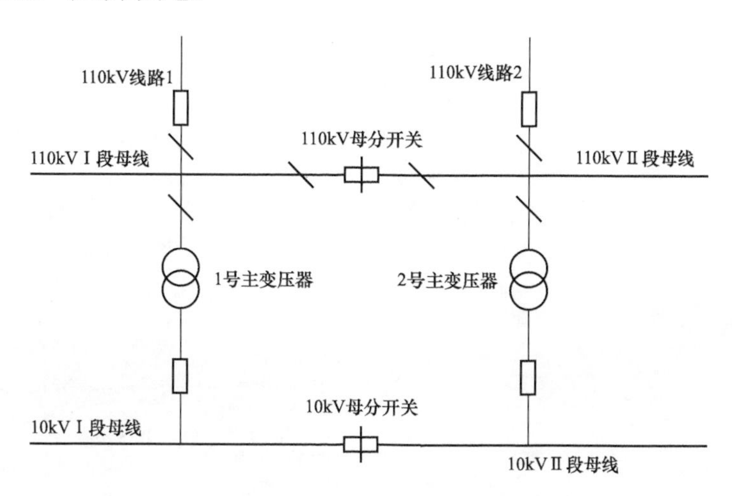

图 3-3　110kV 智能化变电站主接线

110kV Ⅰ 段母线失电后，运行、检修人员至 110kV 变电站现场进行处置。现场发现：110kV 线路 1 断路器处于合闸状态；后台、110kV 备自投装置信息均显示 110kV 备自投动作并发出跳闸命令，110kV 线路 1 断路器分闸失败，逻辑执行中止；110kV 线路 1 断路器智能终端上“跳闸”和“合闸位置”灯均处点亮状态，装置控制硬压板均正常投入。智能终端指示灯动作情况如图 3-4 所示。

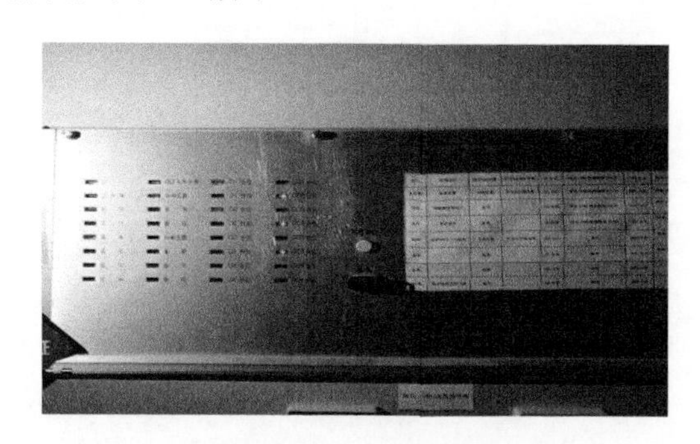

图 3-4　智能终端指示灯动作情况

现场对 110kV 备自投装置、110kV 线路 1 断路器进行全面检查。110kV 备自投逻辑试验正确、110kV 线路 1 断路器传动正确、信号正确；断路器低电压分合闸试验正常；断路器机构内部分合闸线圈电阻测量正常；弹簧储能、液压传动等机构和回路检查正常。对 110kV 线路 1 断路器的二次回路检查，发现汇控柜上远近控切换断路器 SK 的 7 号端子（回路号 133-CCB/10）接线松动，U 型接头扭曲变形，稍用力即可拔出，情况如图 3-5 所示，该端子接入断路器分闸回路，所接入的回路如图 3-6 所示。

经试验确认，该端子松动后，导致断路器分闸回路处于虚通状态，智能终端成功接收了 110kV 备自投装置的分闸指令，但智能终端最终出口失败。因该端子未完全断开，分闸失败属偶发事件，因此在后续的多次操作中均未能再现。在对该接线矫正后重新紧固接入，并对全部其他二次回路接线进行检查紧固，再次进行回路绝缘检测、分合闸试验、保护联动试验及断路器遥控试验，均动作正确。

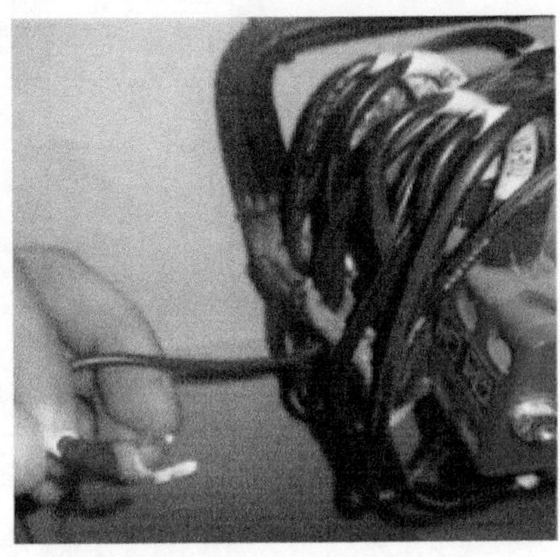

图 3-5　远近控切换断路器 7 号端子松动

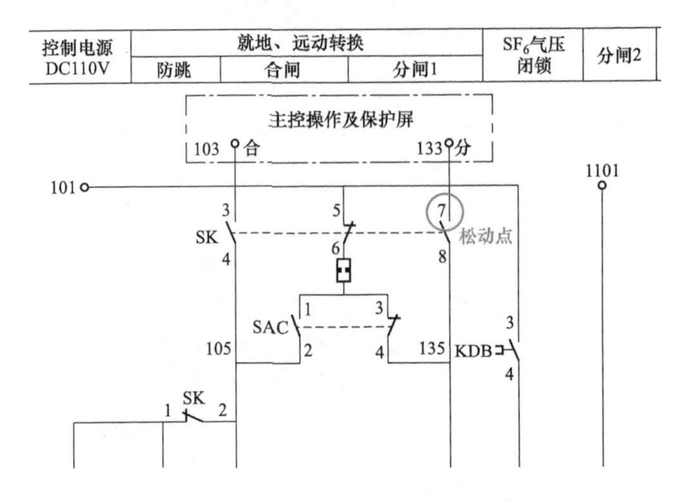

图 3-6　远近控切换断路器 7 号端子松动原理图

三、排查及整改方法

二次回路种类多、数量大，全站逐个端子排查工作量较大，因此排查需要针对回路的种类和重要程度开展有针对性的排查和整改。

（1）跳合闸回路和电压回路。跳合闸回路排查采用端子紧固和轻拉接线的方式进行。结合专项排查、检修等机会，首先逐个紧固端子，紧固后对接线进行轻拉，确保端子紧固到位。

（2）电流回路。运行中的电流回路存在开路风险，因此不可采用轻拉和直接紧固的方式，应采用红外测温的方式进行。如发现某一相的电流回路存在明显温度升高现象，则应进一步检查该电流回路是否紧固，是否存在回路中端子生锈等问题。跳合闸回路、电压回路和电流回路是直接影响到保护能否正确动作的回路，应作为重点排查对象。

（3）信号回路。信号回路排查量大但是其松动并不会直接影响设备安全稳定运行，重要程度相对较低，在排查时间充足的情况下可采用同跳合闸回路和电压回路的排查方式。在无充分排查时间的情况下，可采用快速逐个连续轻压接线的方式进行。

案例二　保护跳闸出口回路错接

一、排查项目

变压器高后备保护跳闸出口回路错接，导致高后备保护无法跳开某侧断路器。

二、案例分析

（一）排雷依据

《继电保护和安全自动装置技术规程》（GB/T 14285—2006）第 4.3.6.1 条："单侧电源双绕组变压器和三绕组变压器，相间短路后备保护宜装于各侧。非电源侧保护带两段或三段时限，用第一时限断开本侧母联或分段断路器，缩小故障影响范围；用第二时限断开本侧断路器；用第三时限断开变压器各侧断路器。电源侧保护带一段时限，断开变压器各侧断路器。"

（二）爆雷后果

变压器发生故障，若高后备保护无法跳开某侧断路器，将导致故障范围扩大，引起上一级保护动作（母线保护或线路对侧保护）及更大范围的停电。

（三）实例

某 110kV 变电站 110kV 侧为内桥接线，35kV/10kV 侧为单母线分段接线，检修人员在该站综合检修时对 1 号变压器跳闸矩阵进行验证，发现高后备保护无法跳开中压侧断路器。

针对这一问题，检修人员经过回路检查、保护校验等，发现高后备保护跳中压侧断路器回路接到了跳闸出口 1，而跳闸出口 1 的控制字并未整定：如图 3-7 所示，高后备保护跳中压侧断路器接入 2n7x11 和 2n7x12 接点；如图 3-8 所示，2n7x11 和 2n7x12 为跳

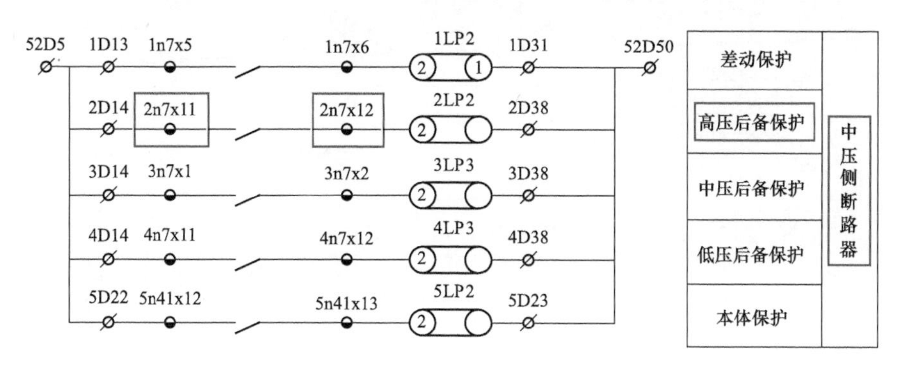

图 3-7　跳闸出口接线

闸出口 1；如图 3-9 所示，跳闸出口 1 的控制字为 0000，因此高压侧后备保护无法跳开中压侧断路器。发现问题后，检修人员联系多个部门，建议将高后备跳各侧断路器接入 2n6x7 和 2n6x8 接点（见图 3-8），整改后试验无误。

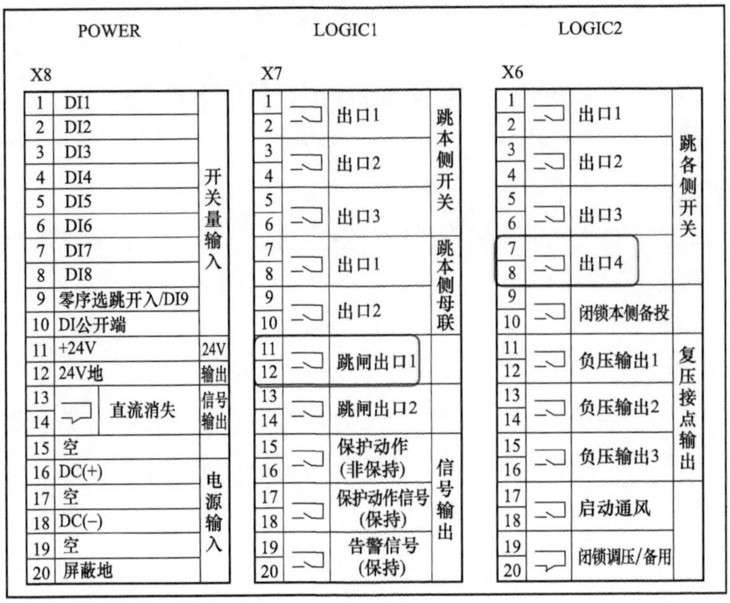

POWER

X8

端子	名称	功能
1	DI1	开关量输入
2	DI2	
3	DI3	
4	DI4	
5	DI5	
6	DI6	
7	DI7	
8	DI8	
9	零序选跳开入/DI9	
10	DI公开端	
11	+24V	24V输出
12	24V地	
13、14	直流消失	信号输出
15	空	
16	DC(+)	电源输入
17	空	
18	DC(−)	
19	空	
20	屏蔽地	

LOGIC1

X7

端子	名称	功能
1、2	出口1	跳本侧开关
3、4	出口2	
5、6	出口3	
7、8	出口1	跳本侧母联
9、10	出口2	
11、12	跳闸出口1	
13、14	跳闸出口2	
15、16	保护动作(非保持)	信号输出
17、18	保护动作信号(保持)	
19、20	告警信号(保持)	

LOGIC2

X6

端子	名称	功能
1、2	出口1	跳各侧开关
3、4	出口2	
5、6	出口3	
7、8	出口4	
9、10	闭锁本侧备投	
11、12	负压输出1	复压接点输出
13、14	负压输出2	
15、16	负压输出3	
17、18	启动通风	
19、20	闭锁调压/备用	

图 3-8　保护装置出口配置图

变电站	110千伏　　变	版本	1.32	#1主变高后备保护CT变比	600/5
保护名称	#1主变高后备保护	校验码	A9F2	#1主变高压侧中性点CT变比	400/5
		定值区号	1		

一、保护定值

序号	定值名称	1区定值	序号	定值名称	1区定值
(1)	控制字一	800D	(22)	零序Ⅱ段Ⅱ时限(秒)	99
(2)	控制字二	E00F	(23)	间隙零流定值(安)	9
(3)	复流Ⅰ段电流定值(安)	2.5	(34)	间隙零流Ⅰ时限(秒)	9
(4)	复流Ⅰ段Ⅰ时限(秒)	2.4	(25)	间隙零流Ⅱ时限(秒)	9
(5)	复流Ⅰ段Ⅱ时限(秒)	9	(26)	间隙零压定值(伏)	99
(6)	复流Ⅰ段Ⅲ时限(秒)	9	(27)	间隙零压Ⅰ时限(秒)	9
(7)	复流Ⅱ段电流定值(安)	9	(28)	间隙零压Ⅱ时限(秒)	9
(8)	复流Ⅱ段Ⅰ时限(秒)	9	(29)	过负荷电流(安)	1.9
(9)	复流Ⅱ段Ⅱ时限(秒)	9	(30)	过负荷时间(秒)	5
(10)	复流Ⅱ段Ⅲ时限(秒)	9	(31)	启动风冷电流(安)	9
(11)	复流Ⅲ段电流定值(安)	9	(32)	启动风冷时间(秒)	9
(12)	复流Ⅲ段Ⅰ时限(秒)	9	(33)	闭锁调压电流(安)	1.9
(13)	复流Ⅲ段Ⅱ时限(秒)	9	(34)	闭锁调压时间(秒)	0.5
(14)	低电压闭锁定值(伏)	70	(35)	本侧开关跳闸字	0401
(15)	负序电压闭锁定值(伏)	4	(36)	本侧母联跳闸字	0401
(16)	零序Ⅰ段电流定值(安)	3	(37)	各侧开关跳闸字	0401
(17)	零序Ⅰ段Ⅰ时限(秒)	4	(38)	跳闸出口1控制字	0000
(18)	零序Ⅰ段Ⅱ时限(秒)	4.5	(39)	跳闸出口2控制字(选跳)	0200
(19)	零序Ⅰ段Ⅲ时限(秒)	9	(40)	闭锁备投控制字	0201
(20)	零序Ⅱ段电流定值(安)	9	(41)	TA断线判别零流(安)	0.4
(21)	零序Ⅱ段Ⅰ时限(秒)	9			

图 3-9　变压器保护定值单

三、排查及整改方案

（1）严把设计图纸质量。在绘制变压器保护图纸时，设计单位应按照变压器保护装置出口配置图绘制高后备保护跳闸出口回路，确保其具备跳开各断路器的能力，并加强图纸正确性的审核。

（2）严把基建施工质量。在基建过程中，施工单位应严格按照图纸安装保护装置，并对高后备保护跳闸矩阵进行全面试验，验证矩阵与出口回路的正确性，保护动作而断路器不正确动作时，及时查找原因并整改。

（3）强化竣工质量监督。在竣工验收时，验收单位应检查实际接线与图纸一致，查阅施工单位试验报告合格，核对高后备保护跳闸矩阵、控制字与定值单相符，并验收整组传动试验，确保高后备保护跳各开关逻辑回路（时序）的正确。

案例三　断路器跳闸回路交叉

一、排查项目

断路器跳闸回路两相交叉错接，单重方式下发生单相故障，造成断路器故障相无法第一时间跳开，单跳失败三跳后无法重合闸。

二、案例分析

（一）排雷依据

《继电保护及二次回路安装及验收规范》（GB/T 50976—2014）第 5.1.3 条："应对二次回路所有接线，包括屏柜内部各部件与端子排之间的连接线的正确性和电缆、电缆芯及屏内导线标号的正确性进行检查，并检查电缆清册记录的正确性"；第 5.5.6 条："对分相断路器，保护单相出口动作时，保护选相、出口压板、操作箱指示、断路器实际动作情况应一致，其他两相不应动作。配置双跳闸线圈的断路器，应对两组跳闸线圈分别进行检验。"

（二）爆雷后果

对于 220kV 及以上投单相重合闸的线路保护，将造成线路保护单相故障时误跳非故障相，故障相仍有流，线路保护判单相跳闸失败三跳，跳开三相断路器同时闭锁重合闸。对于瞬时性故障，因无法重合闸，将造成负荷损失。

极端情况下，若线路保护单跳失败三跳逻辑不完善或延时较长，将引起对应的失灵保护误动作跳开母联（分段）和相应母线上所有断路器，造成事故范围扩大。

（三）实例

在某新建变电站进行投产前验收时，检修人员对 220kV 待用 2Q84 线路间隔第一套保护进行断路器传动试验模拟 A 相故障，出现断路器单跳后未重合，直接三跳的异常现象。二次作业人员检查测试装置加量以及保护装置动作报文均正确，怀疑待用 2Q84 间隔第一套保护分闸回路存在接线错误的情况，经现场排查，发现由保护屏至断路器端子箱跳闸回路导线标号对应正确，但跳 A、跳 C 回路两侧电缆芯实际上存在交叉，导致跳闸回路 AC 两相之间交叉，如图 3-10、图 3-11 所示。保护屏后 137A、137B、137C 三根分相跳闸回路接线分别对应电缆芯 6、7、8，而断路器端子箱内 137A、137B、137C 三根接线分别对应电缆芯 8、7、6，怀疑为施工时导线标号错误。

图 3-10　待用 2Q84 间隔第一套保护屏后接线

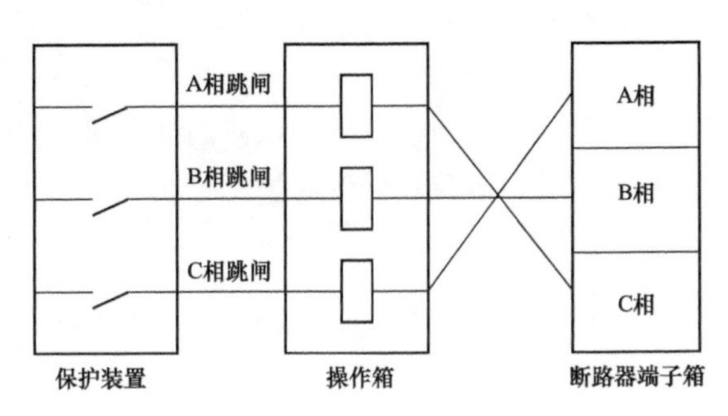

图 3-11　待用 2Q84 间隔断路器机构箱接线错误示意图

后续通过对线的方式证实该回路确实存在上述情况，交换断路器端子箱 137A、137C 电缆芯，并交换导线标号后，传动试验结果正确。

三、排查方法及整改方法

（1）加强图纸核对，确保图实一致。设计审查阶段强化图纸审核，保障最终移交图纸的正确性。现场施工应依照图纸对保护屏、断路器端子箱、断路器机构箱跳闸回路接线进行检查，确保接线与图纸一致，保证连接线、电缆、电缆芯及导线标号的正确性，并对比确认回路两侧电缆线芯是否一致。

（2）加强基建验收管控，细化定期检修流程。基建过程中或停电检修试验时，施工人员或检修人员应对采用分相断路器的线路进行分相传动试验，验证回路接线正确性，具体操作如下：

1）通过继电保护测试仪加量，模拟单相故障，除测试相出口压板外所有压板投入，该相断路器不跳闸；仅测试相出口压板投入，该相断路器成功跳闸；验证出口压板唯一性，无寄生回路。

2）通过继电保护测试仪加量使保护动作，分别投入各相出口压板实际传动，检查操作箱指示、现场确认断路器实际动作情况正确，其他两相不应动作。保护单相出口动作时，保护选相、出口压板、操作箱指示、断路器实际动作情况应一致。

3）针对错误回路，根据现场具体问题对回路进行改正，并在改正后再次进行分相传动试验，验证回路正确性。

案例四　退役设备跳闸回路未完全拆除

一、排查项目

检查低压分支备自投退役后，与运行设备间的跳闸二次回路是否两端同步拆除，防止电缆短路误跳运行设备。

二、案例分析

（一）排雷依据

《国家电网有限公司十八项电网重大反事故措施》（国家电网设备〔2018〕979 号文）第 15.3.3.3 条："必须进行所有保护整组检查，模拟故障检查保护与硬（软）压板的唯一对应关系，避免有寄生回路存在"；第 15.6.1 条："严格执行有关规程、规定及反事故措施，防止二次寄生回路的形成。"

（二）爆雷后果

退运继电保护及自动装置的跳闸出口回路未执行两端拆除要求，在退运设备改造时误拆带电二次电缆，误跳运行断路器，造成设备停电事故。

（三）案例

某 110kV 变电站开展断路器柜通流能力提升工作，对 2 号变压器 10kV Ⅲ段母线侧闸刀柜进行改造，在拆除柜内二次电缆时，1 号变压器 10kV 断路器跳闸，全站失电。

跳闸后，检修人员进行检查，发现 2 号变压器 10kV Ⅲ段母线侧闸刀柜上安装了 2 号变压器 10kV 分支备自投。该装置用于配置三台变压器的 110kV 变电站，当 2 号变压器停役时作为 1 号、3 号变压器之间的备用电源，跳 1 号变压器 10kV 断路器的回路已完善。由于站内现阶段只有两台变压器，该分支备自投已停用并履行退役手续，在 2 号变压器 10kV 分支备自投退役时，因停电计划安排冲突，1 号变压器 10kV 断路器未能同步停役进行跳闸回路拆除工作，后续也将此工作遗忘。2 号变压器 10kV Ⅲ段母线侧闸刀柜改造时，现场工作人员认为本装置已停用，拆除无风险，拆除工作中未认真测量所涉回路的带电情况，也未做好隔离措施，直接短接至 1 号变压器 10kV 断路器的跳闸电缆，发生误跳事故。

三、排查及整改方法

（1）加强对退运二次设备源头管控。在二次设备退运后，其与周围运行设备间的联动回路需同步退出，前期勘察期间应细致做好图纸核实工作，重点排查退运设备周围运行设备的跳、合闸回路走向，按同步退出的要求安排拆除。

（2）严格执行运维检修核查要求。在运维巡视时，运维单位应严格执行运行巡视制度，仔细核查保护装置的运行情况，在发现退役设备上仍然存在与运行设备相关的二次回路时，应及时上报处置。检修单位应结合综合检修时机，对该退役设备的相关二次回路进行拆除。

（3）强化退运设备的闭环管理要求。对于备自投类与多端元件相关联设备的退运工作，明确退运工作要求，除要求设备断电退出运行外，还应将与关联设备间的跳、合闸回路与闭锁回路均同步两端拆除，涉及设备停电的，明确计划时间要求。

案例五　跳位监视继电器与防跳继电器配合不当

一、排查项目

操作箱（智能终端）跳位监视继电器与机构防跳继电器线圈内阻的配合是否恰当，断路器是否可以连续多次进行分合闸操作。

二、案例分析

（一）排雷依据

《国家电网有限公司十八项电网重大反事故措施（修订版）》（国家电网设备〔2018〕979号）第12.1.2.1条："断路器交接试验及例行试验中，应对机构二次回路中的防跳继电器、非全相继电器进行传动。防跳继电器动作时间应小于辅助开关切换时间，并保证在模拟手合于故障时不发生跳跃现象。"

（二）爆雷后果

防跳继电器长期自保持、合闸回路误断开，断路器无法进行合闸。

（三）实例

某220kV变电站进行间隔保护试验，在进行断路器传动时发现断路器分闸后就保持在跳闸位置，无法进行合闸，同时发控制回路断线告警。现场先对操作电源进行断电后再送电，可进行一次合分闸操作，又出现无法合闸的情况。现场检查发现合闸回路不通，合闸回路中的防跳继电器动断触点断开，防跳继电器处于常励磁状态，只有断开操作电源后才会复归，跳闸回路如图3-12所示。

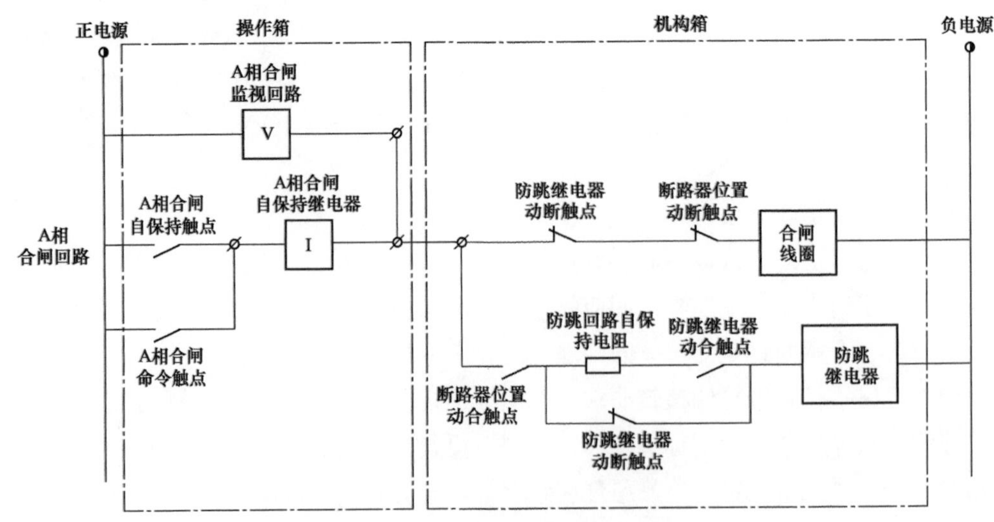

图3-12　整改前跳闸回路示意图

根据现象判断原因为防跳继电器误励磁产生。防跳继电器在断路器正常分闸状态下应不励磁，但是由于防跳继电器在合闸监视回路中内阻占比较大，通过合闸监视回路与正电源接通并且分压较多超过自身动作电压后动作，并同时启动自保持。防跳继电器自保持后其串接在合闸回路的动断触点断开，从而导致断路器无法进行合闸。针对此问题，采取的主要方法为在合闸监视回路串接断路器动断触点，如图 3-13 所示。断路器合闸后由断路器动断触点断开合闸监视回路，避免了防跳继电器和 TWJ 内阻配合不当的问题。

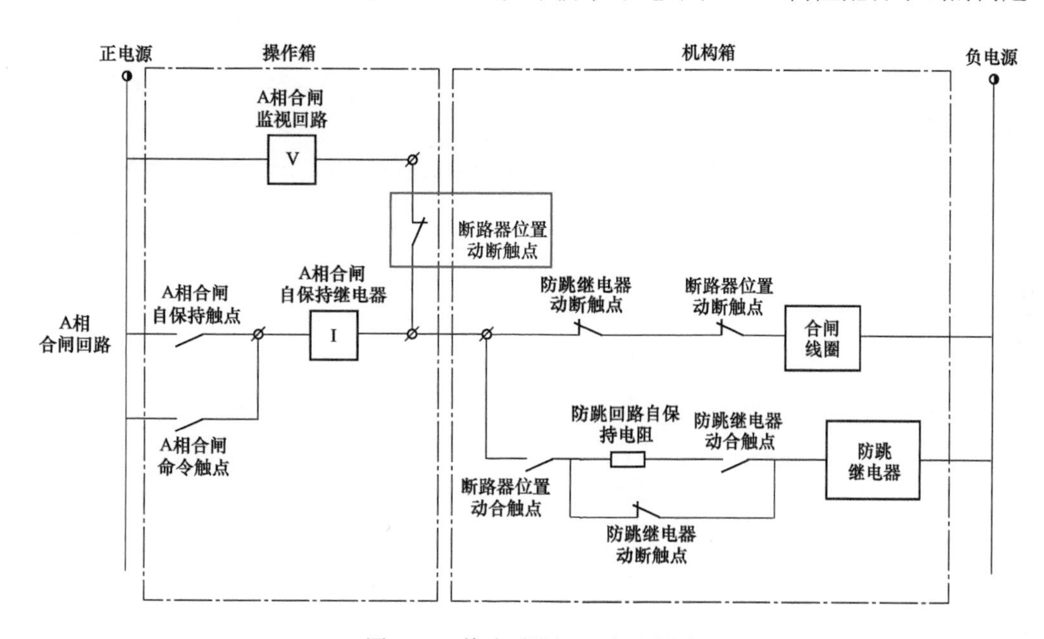

图 3-13 整改后跳闸回路示意图

三、排查及整改方法

（1）在设计审查阶段，检查二次图纸设计，确认在跳闸位置继电器与合闸回路之间有串接断路器动断触点，确保回路从设计上无原则性错误；对在图纸设计阶段就存在错误的，应要求设计人员变更图纸。

（2）现场试验结合改造、检修等保护调试机会进行排查，排查方式为对断路器进行连续三次分合闸操作。如出现分闸后储能正常也无法合闸的情况，应进行控制回路检查，确认是否由防跳继电器自保持引起；如确认存在该隐患，应通过从断路器机构内部引出断路器动断辅助触点串入跳闸位置继电器与合闸回路之间的方式进行回路整改。

案例六 防跳继电器和断路器辅助触点间的动作时间配合不当

一、排查项目

防跳继电器和断路器辅助触点间的动作时间配合不当，造成断路器防跳功能失效，可能导致断路器发生多次合闸而损坏。

二、案例分析

（一）排雷依据

《国家电网有限公司十八项电网重大反事故措施（修订版）》（国家电网设备〔2018〕979号）第12.1.2.1条：“断路器交接试验及例行试验中，应对机构二次回路中的防跳继电器、非全相继电器进行传动。防跳继电器动作时间应小于辅助开关切换时间，并保证在模拟手合于故障时不发生跳跃现象。”

（二）爆雷后果

造成防跳功能失效，在发生合闸触点粘连情况下，断路器连续“跳跃”，直至造成断路器机构损坏。

当运行线路发生永久性故障，而重合闸脉冲未即时返回时，断路器在重合失败加速跳闸后再次重合。

（三）实例

某变电站220kV线路发生A相接地故障，该线路断路器重合失败，后加速动作三跳，后续A相断路器偷合，引起站内220kV正母故障失电。经检查后发现：该线路机构防跳回路存在防跳继电器和断路器辅助触点间的动作时间配合不当的问题。

当保护重合闸动作合上该线路A相断路器，从故障录波（见图3-14）上看，A相断路器的合位时间为38ms，因断路器辅助触点QF1为瞬动触点，防跳继电器KFC的动作时间需要为40ms，大于A相断路器的合位时间，故在A相断路器合位时段内，防跳继电器KFC未励磁，KFC的21-22触点一直未打开，导致合闸回路一直处于导通状态。

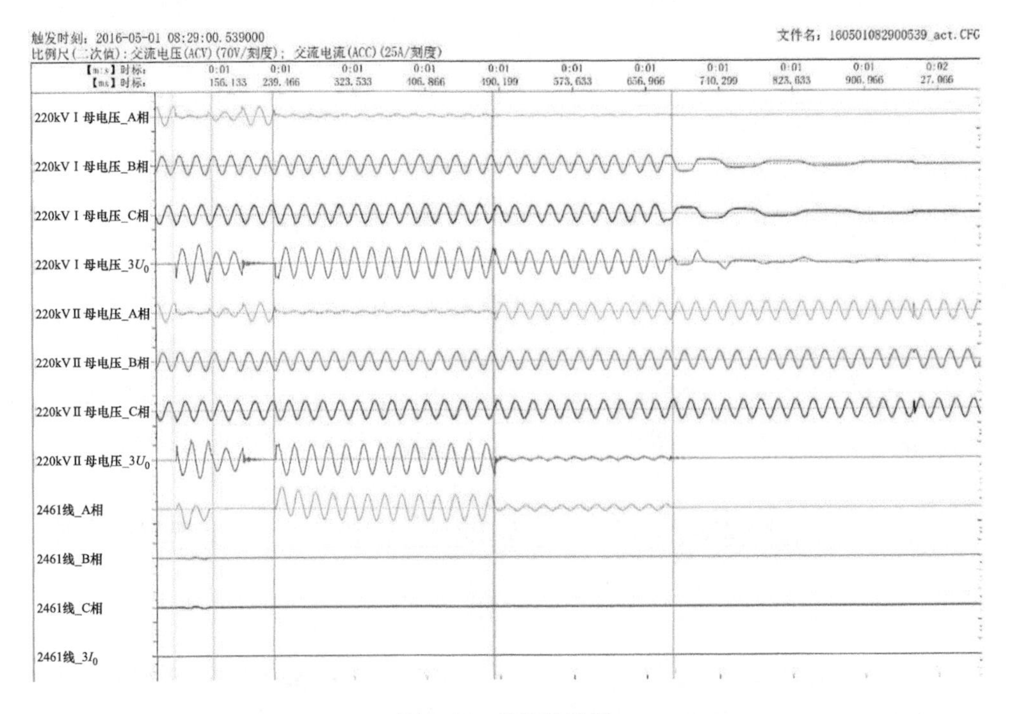

图3-14　故障录波图

1053ms，保护重合闸动作后，断路器合闸，合闸于故障后，1130ms 保护纵联差动保护动作跳开线路三相断路器（1140ms 时，断路器分闸）；但在 1173ms 时（重合闸动作脉冲展宽 120ms），重合闸脉冲才收回，又因 A 相防跳回路又失去作用，致使 A 相断路器再重合一次。

对于非故障 B、C 相，如图 3-15 所示，由于断路器一直处于合位，当重合闸动作后发出合闸脉冲时，经过常闭通路远近控断路器 SK1、断路器辅助动合触点 QF1，防跳回路导通，防跳继电器在 40ms 后就会动作并通过自己的动合触点自保持，通过防跳继电器的动断触点断开本相的合闸回路，从而在保护动作跳开三相断路器后，非故障相的防跳起到了作用，即使重合闸脉冲还存在的情况下，非故障相不会进行第二次合闸。

三、排查及整改方法

（1）断路器防跳试验标准化。将断路器防跳试验标准化，写入标准化作业指导书。做分位防跳试验，测试时要求先将断路器处于分位，手跳断路器并保持手跳，再长时间保持手合，断路器应合闸一次后分闸，检查断路器机构指示位置应在分位。试验范围必须包括保护屏操作箱，防止出现操作箱和机构防跳冲突。检查并记录断路器试验前后的动作次数。若机构防跳功能失效，则测试并记录机构防跳继电器动作时间。

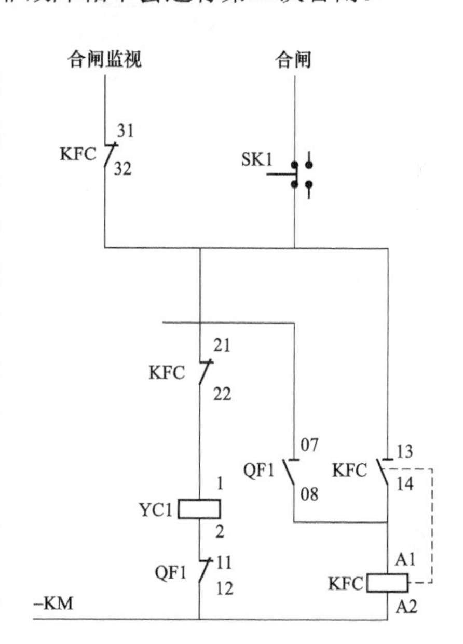

图 3-15　断路器机构原理图

SK1—就地远方切换；KFC—防跳继电器；YC1—合闸线圈；QF1—断路器位置触点

（2）防跳继电器时间测试方法。通常防跳继电器为直流 220V 或 110V 控制电源，先断开继电器的外部回路，采用继电保护测试仪提供 220V 或 110V 直流电源，并将继电器的动合触点作为测试仪的开入量，以开始提供直流电源为计时起点，动合触点开入为计时终点，记录该动作时间。

（3）安排检修摸排整改。结合停电全面排查防跳方式，并开展防跳功能测试，将不合格的进行整改。对防跳继电器和断路器辅助触点间的动作时间配合不当的，将防跳继电器更换为快速继电器，要求断路器厂家将瞬动的辅助触点更换成有适当动作延时的返回触点。

案例七　操作箱防跳回路拆除不彻底

一、排查项目

断路器防跳功能应由断路器机构本体实现，取消操作箱防跳功能应采用短接操作箱防跳继电器辅助触点的方式，并通过断路器合位防跳和分位防跳试验来验证整个跳合闸回路防跳功能的完整性和正确性。

二、案例分析

（一）排雷依据

《继电保护及电网安全自动装置检验规程》（DL/T 995—2016）第 5.3.2.6 条："断路器、隔离断路器及二次回路的检验应进行以下内容：a）继电保护人员应熟知：断路器的跳闸线圈及合闸线圈的电气回路接线方式（包括防止断路器跳跃回路、三相不一致回路等措施）"；第 5.3.6.2 条："操作箱的检验根据厂家调试说明书并结合现场情况进行。并重点检验下列元件及回路的正确性：a）防止断路器跳跃回路和三相不一致回路。如果使用断路器本体的防止断路器跳跃回路和三相不一致回路，则检查操作箱的相关回路是否满足运行要求"；第 5.3.7.5 条："整组试验包括如下内容：d）将装置（保护和重合闸）带实际断路器进行必要的跳、合闸试验，以检验各有关跳、合闸回路、防止断路器跳跃回路、重合闸停用回路及气（液）压闭锁等相关回路动作的正确性，每一相电流、电压及断路器跳合闸回路的相别是否一致"。

（二）爆雷后果

操作箱防跳回路拆除不彻底，将会导致就地防跳功能失效，造成断路器分、合闸异常，断路器连续"跳跃"，多次不正确合闸于故障，受到故障电流的重复冲击，轻则造成断路器机构损坏，重则导致电网失稳。

（三）实例

某地区 220kV 变电站进行综合性检修，当检修人员对"220kV 甲乙线"模拟 A 相永久性接地故障进行整组试验时，发现"220kV 甲乙线"保护及断路器动作行为不符合正常逻辑，见表 3-1，动作时序见图 3-16。

表 3-1　保护及断路器动作情况

时间（ms）	保护动作情况	断路器分合位
0	保护启动	—
10	保护动作	A 相分闸
986	保护重合闸动作	A 相合闸
1042	保护后加速动作	三相分闸
1153	保护未动作	A 相再次合闸
3122	机构非全相动作	A 相分闸

"220kV 甲乙线"相关设备信息如下：断路器型号为西门子生产的 3AQ1EE 型断路器，第一套线路保护装置型号为南瑞继保 RCS931A，第二套线路保护装置型号为北京四方 CSC103A，操作箱型号为南瑞继保 CZX12R。

根据"220kV 甲乙线"表 3-1 的动作行为，现场检修人员初步判定是防跳回路出现问题，在分别对断路器本体防跳和操作箱防跳回路进行试验后，确定为操作箱防跳回路存在问题。检查发现，在进行取消操作箱防跳回路工作时，误将操作箱的开出插件中虚线框⑤电阻 R5 拆除，如图 3-17 所示。

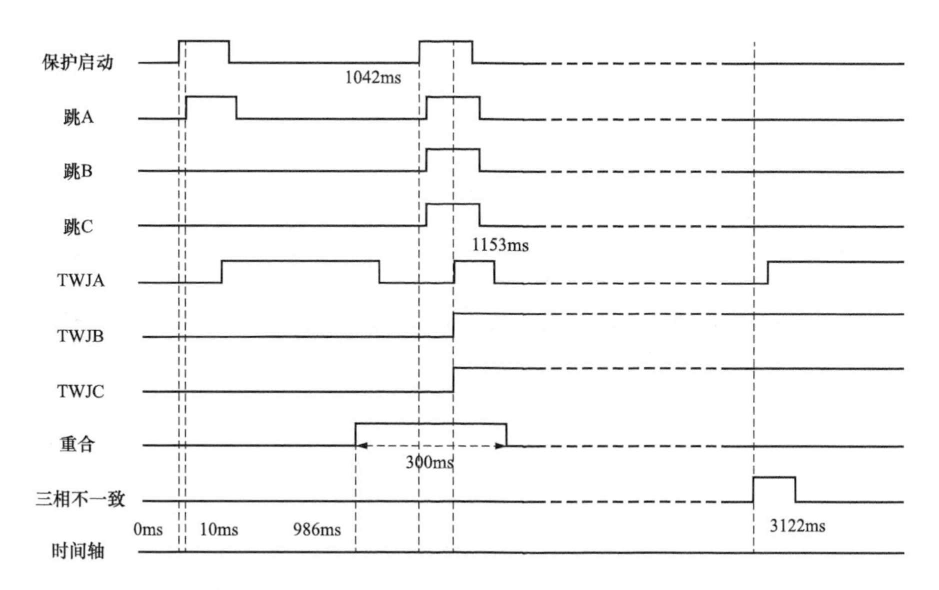

图 3-16 “220kV 甲乙线”保护及断路器动作录波图

图 3-17 电阻 R5 被拆除

结合图 3-18 操作箱防跳回路图分析，当“220kV 甲乙线”模拟 A 相永久性接地故障时，操作箱各继电器动作情况如下：

（1）保护装置重合闸脉冲展宽 300ms，当断路器重合闸到故障时，则继电保护动作，保护出口触点 TJA 将会闭合，此时“A 相跳闸”回路接通，防跳继电器 12TBIJa 将启动。

（2）在“防跳”回路中，12TBIJa 动合触点闭合，“防跳”回路接通，使得虚线框④1TBUJa 继电器启动，虚线框①1TBUJa 动断触点打开，断开合闸回路，造成机构防跳回路失去正电源，机构防跳继电器返回，失去防跳功能。但当保护出口触点 TJA 和断路器分位同时返回时，虚线框①1TBUJa 动断触点将闭合，为此该触点只是暂时开断合闸回路，此时机构防跳继电器无法启动。

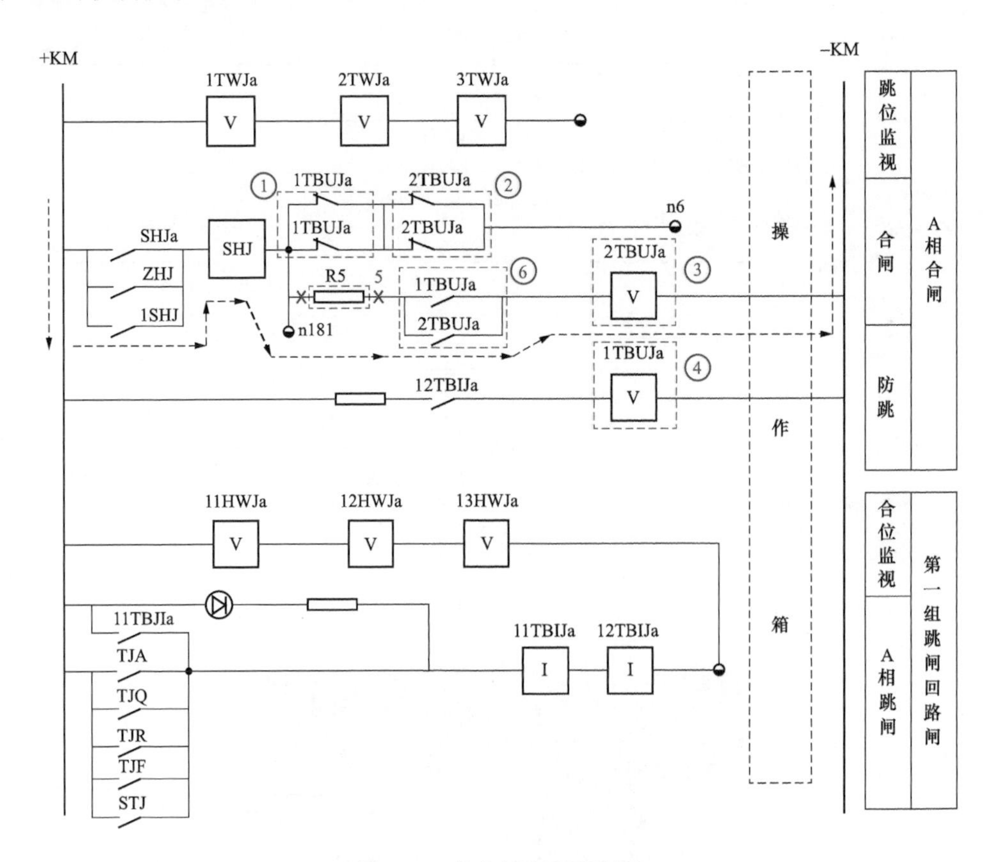

图 3-18　操作箱防跳回路图

（3）由于电阻 R5 脱落，在重合闸脉冲展宽 300ms 时间内，防跳回路无法通过图 3-18 中黑色箭头虚线“+KM—ZHJ 动合触点—SHJa 继电器—R5 电阻—1TBUJa 动合触点—2TBUJa 继电器—–KM”形成通路，虚线框③2TBUJa 继电器无法形成自保持回路，虚线框②中 2TBUJa 动断触点一直在闭合状态。

（4）当保护复归，TJA 跳闸脉冲消失且断路器分位返回后，跳闸回路中防跳继电器 12TBIJa 失电，虚线框①1TBUJa 动断触点闭合，导致重合闸脉冲通过机构合闸线圈构成通路，由于此时机构防跳继电器未动作，造成“220kV 甲乙线”加速三跳后再次发生 A 相合闸的情况。

检修人员对该开出插件进行更换，重新进行全回路防跳试验，验证现场确已采用断路器本体防跳，操作箱防跳回路已拆除彻底，防跳功能正常，故障消除。

三、排查及整改方法

1. 明确防跳回路实现方式

对新建、改扩建工程，在设计联络会上明确采用断路器本体防跳功能，取消操作箱防跳功能；对现有不满足要求的 220kV 及以上断路器间隔，结合大修技改实现本体防跳，确保出口回路在各种工况下能正确动作。

2. 严格落实竣工及检修核查

在竣工验收时，检修单位应详细核查施工单位试验报告，并对防跳回路进行精益化验收，保障竣工验收质量。在综合检修时，检修单位应按综合检修试验要求进行全面试验，对不符合防跳要求的间隔及时安排改造。

3. 规范防跳回路排查方法

设备运行阶段通过查看保护控制回路图，确认操作箱防跳回路是否取消。设备具备传动条件的，可以从以下两个方面进行核查：

（1）在操作箱前试验防跳功能的正确性。

1）操作箱合位防跳试验。

a）持续短接+KM 与操作箱合闸（重合闸或手合）开入，模拟重合闸或手合命令长时间开入，建议时间＞1s。

b）持续短接+KM 与操作箱合闸开入及操作箱跳闸（保护跳或手跳）开入，模拟断路器合闸开入期间接收到分闸命令，建议时间＞1s，在断路器分闸后，收回分闸指令，保持合闸指令，断路器不允许重合。

c）观察操作箱动作行为。操作箱动作行为：断路器位置指示由合位到不定态，在合闸命令取消后，分位灯亮，断路器位置不应出现反复分合的跳跃现象。

d）观察断路器动作行为。断路器动作行为：由合位到分位，并持续保护分位，计数器动作 1 次，断路器不应出现反复分合的跳跃现象。

2）操作箱分位防跳试验。

a）短接+KM 与操作箱跳闸（保护跳或手跳）开入，模拟断路器分闸，建议时间＞1s。

b）同时短接+KM 与操作箱跳闸开入及操作箱合闸（重合闸或手合）开入，模拟断路器分闸开入期间接收到合闸命令，建议时间＞1s，在断路器分闸后，收回分闸指令，保持合闸指令，断路器打压结束后，不允许重合。

c）观察操作箱动作行为。操作箱动作行为：断路器位置指示由分位到合位再到不定态，在合闸命令取消后，分位灯亮，断路器位置不应出现跳跃。

d）观察断路器动作行为。断路器动作行为：由分位到合位再到分位，并持续保持分位，计数器动作 2 次，断路器不应出现跳跃。

（2）监测合闸回路验证防跳功能的正确性。使用万用表监测断路器机构端子箱合闸回路 107（107A/107B/107C）端子电位，重复合位防跳试验步骤。如操作箱防跳回路已拆除，则测量电位应持续保持正电位；如操作箱防跳回路未拆除，则测量电位在检测到正电位后，应跳变至负电位。

4. 严格执行防跳回路拆除工作

在板件上取消操作箱防跳回路的工作必须由厂家技术人员现场执行，应采用短接触点方式进行拆除，并经试验合格后方可投入运行。如果需要更换插件，必须使用经检测合格的新插件，不得在原有插件上进行修改。

案例八　断路器机构防跳配线错误

一、排查项目

断路器防跳功能应通过分、合位防跳试验进行正确性验证，防止因机构防跳回路接线错误导致防跳失败，使得断路器出现跳跃。

二、案例分析

（一）排雷依据

《国家电网有限公司十八项电网重大反事故措施（修订版）》（国家电网设备〔2018〕979 号文）第 12.1.2.1 条："断路器交接试验及例行试验中，应对机构二次回路中的防跳继电器、非全相继电器进行传动。防跳继电器动作时间应小于辅助断路器切换时间，并保证在模拟手合于故障时不发生跳跃现象。"

（二）爆雷后果

断路器防跳功能失效，在电网故障时断路器分、合异常，发生跳跃，导致出现断路器受损、电网失稳事故。

（三）实例

某 220kV 变电站的 220kV 线路停役检修，现场进行断路器防跳功能验证工作。在对 C 相断路器进行整组防跳功能试验，出现防跳失败的情况，于是按照机构原理图对 C 相防跳回路进行检查。经核对发现，断路器 C 相机构内防跳继电器动断触点 KFC31-32 串接在防跳继电器 KFC 回路中，错误接线如图 3-19（a）虚线所示。在断路器机构进行合位防跳验证时，断路器合闸，断路器辅助触点 QF1C（07-08）闭合使防跳继电器 KFC 线圈带电，在防跳继电器 KFC 完全动作前，防跳继电器动断触点 KFC（31-32）先于动合触点 KFC（13-14）闭合前打开，防跳继电器 KFC 失电返回，输入分命令使断路器分闸后，因防跳继电器 KFC 处于失电状态，合闸命令仍然通过防跳继电器动断触点 KFC（31-32）和 KFC（21-22）让合闸继电器动作，再次合闸，导致防跳失败。

将 C 相断路器机构箱内防跳继电器配线改接为正确接线，如图 3-19（b）所示，并对断路器进行了多次防跳试验，防跳功能正常。

三、排查及整改方法

（1）严格执行断路器防跳分、合位全面验证的要求。

1）分位防跳验证：持续输入手分命令，确认断路器为分闸状态，持续输入手合命令（大于 15s），断路器经历一个合、分的过程后，断开手分命令，断路器不再合闸，分位验证正确。

2）合位防跳验证：持续输入手合命令（大于 15s），确认断路器为合闸状态，可靠输入手分命令，确认断路器分闸后，断开手分命令，断路器不再合闸，合位验证正确。

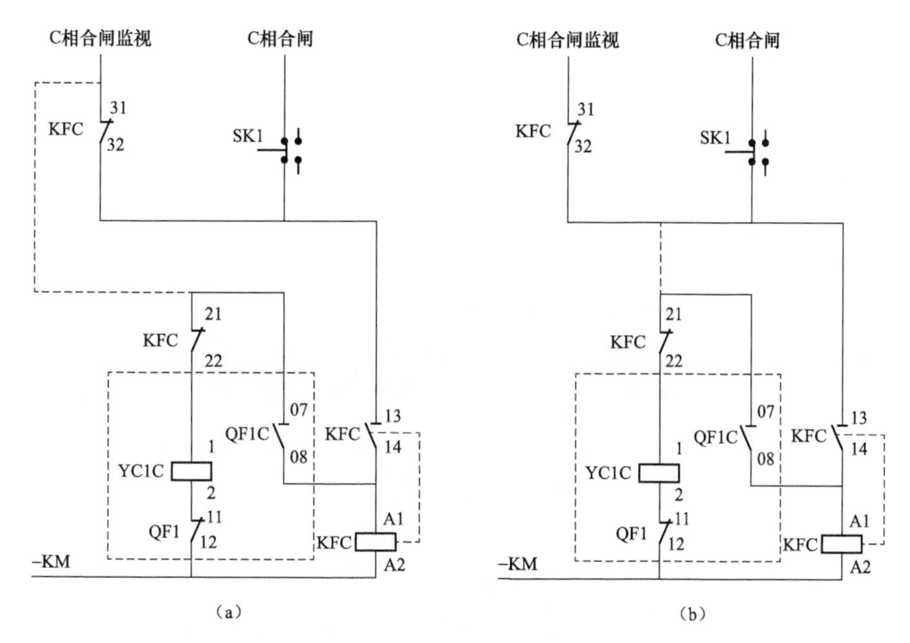

图 3-19 断路器防跳继电器接线改正前后对比

(a) 改正前；(b) 改正后

SK1—就地远方切换；KFC—防跳继电器；YC1C—合闸线圈；QF1C—断路器位置触点

（2）做好断路器防跳验证记录工作。在验收、检验工作后，将断路器防跳验证情况、投入于保护操作箱或机构内等情况记录在册，以便查验。

（3）落实运维巡视核查要求。运行中，运维单位应严格执行巡视制度要求，仔细检查断路器机构防跳继电器的运行情况，对于接线松动、外壳破损情况应及时安排处置。

案例九 断路器闭锁开入错误致使防跳失效

一、排查项目

检查断路器储能、压力低等开入回路，消除因闭锁开入与操作回路间的配合不当导致的断路器防跳功能失效事件。

二、案例分析

（一）排雷依据

《国家电网有限公司十八项电网重大反事故措施（修订版）》（国家电网设备〔2018〕979 号文）第 12.1.2.1 条：“断路器交接试验及例行试验中，应对机构二次回路中的防跳继电器、非全相继电器进行传动。防跳继电器动作时间应小于辅助断路器切换时间，并保证在模拟手合于故障时不发生跳跃现象。”

《线路保护及辅助装置标准化设计规范》（Q/GDW 161—2007）第 8.1.3 条：“断路器

跳、合闸压力异常闭锁功能应由断路器本体机构实现，应能提供两组完全独立的压力闭锁触点。”

（二）爆雷后果

断路器防跳功能失效，在电网故障时断路器分、合异常，发生跳跃，导致发生断路器受损、电网失稳事故。

（三）实例

某 110kV 变电站 110kV 线路间隔停役，断路器使用机构防跳。在进行保护屏断路器防跳验证时，出现防跳失败的情况，表现为合位防跳正常，分位防跳失败。

现场对保护屏上回路依照图纸进行核对，发现保护装置内弹簧未储能触点错误接入合闸压力继电器回路，如图 3-20 所示。断路器机构防跳原理如图 3-21 所示，在保护屏进行整组分位防跳验证时，输入合闸指令合上断路器，弹簧开始储能，在储能完成之前未储能触点输入传动合闸压力继电器（HYJ）动作，使得动断触点 HYJ1 与 HYJ2 打开，导致合闸回路断开，机构防跳中的防跳自保回路失电，防跳继电器返回。弹簧储能完成后，合闸压力继电器（HYJ）失压，动断触点 HYJ1 与 HYJ2 闭合，合闸命令由动断触点 HYJ1 与 HYJ2 经合闸保持继电器 HBJ 传至断路器合闸线圈，使得断路器合闸，防跳失败。

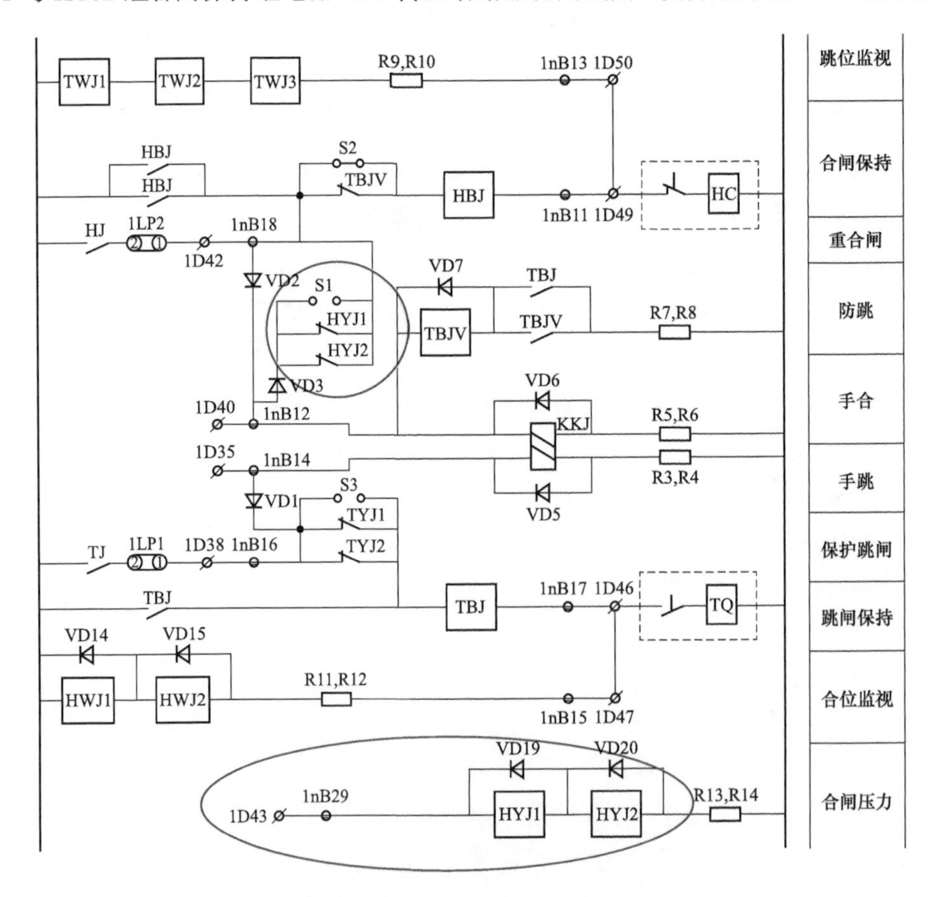

图 3-20　断路器控制信号回路错误接线图

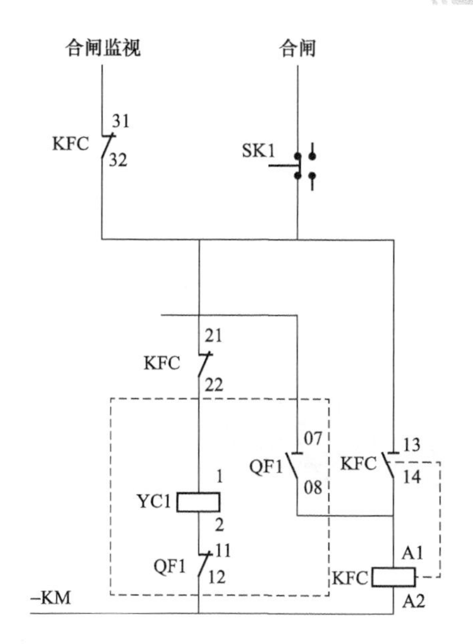

图 3-21 断路器机构防跳原理图

SK1—就地远方切换；KFC—防跳继电器；YC1—合闸线圈；QF1—断路器位置触点

在进行合位防跳验证时，断路器已经完成合闸，弹簧储能也已完成，合闸压力继电器（HYJ）保持断电，动断触点 HYJ1 与 HYJ2 保持闭合，机构内防跳自保回路一致带电，合闸通道在机构内断开。此时，手动分开断路器后，合闸命令虽然通过了动断触点 HYJ1 与 HYJ2，但机构内防跳动作自保持，断路器无法合闸，防跳成功。

现场拆除接入保护屏处的弹簧未储能辅助触点，并短接 S1，退出操作箱液压闭锁功能，将其改接至机构箱内，如图 3-22 所示。改正后再次进行防跳验证，情况正常。

三、排查及整改方法

（1）严格执行断路器防跳分、合位全面验证的要求。

1）分位防跳验证：持续输入手分命令，确认断路器为分闸状态，持续输入手合命令（大于 15s），断路器经历一个合、分的过程后，断开手分命令，断路器不再合闸，分位验证正确。

2）合位防跳验证：持续输入手合命令（大于 15s），确认断路器为合闸状态，可靠输入手分命令，确认断路器分闸后，断开手分命令，断路器不再合闸，合位验证正确。

（2）做好断路器防跳验证记录工作。在验收、检验工作后，将断路器防跳验证情况、投入于保护操作箱或机构内等情况记录在册，以便查验。

（3）开展断路器跳、合闸压力异常闭锁功能开入检查工作，当其接入保护装置或操作箱中影响了断路器的控制、防跳功能时，跳、合闸压力异常闭锁功能需改为由断路器机构实现。

（4）明确各回路逐一、正反向验证的要求。在整组试验前，应将保护操作箱、断路器中的合闸压力、弹簧储能、远近控切换、重合闸闭锁等回路逐一进行正反向验证，防止互窜寄生。

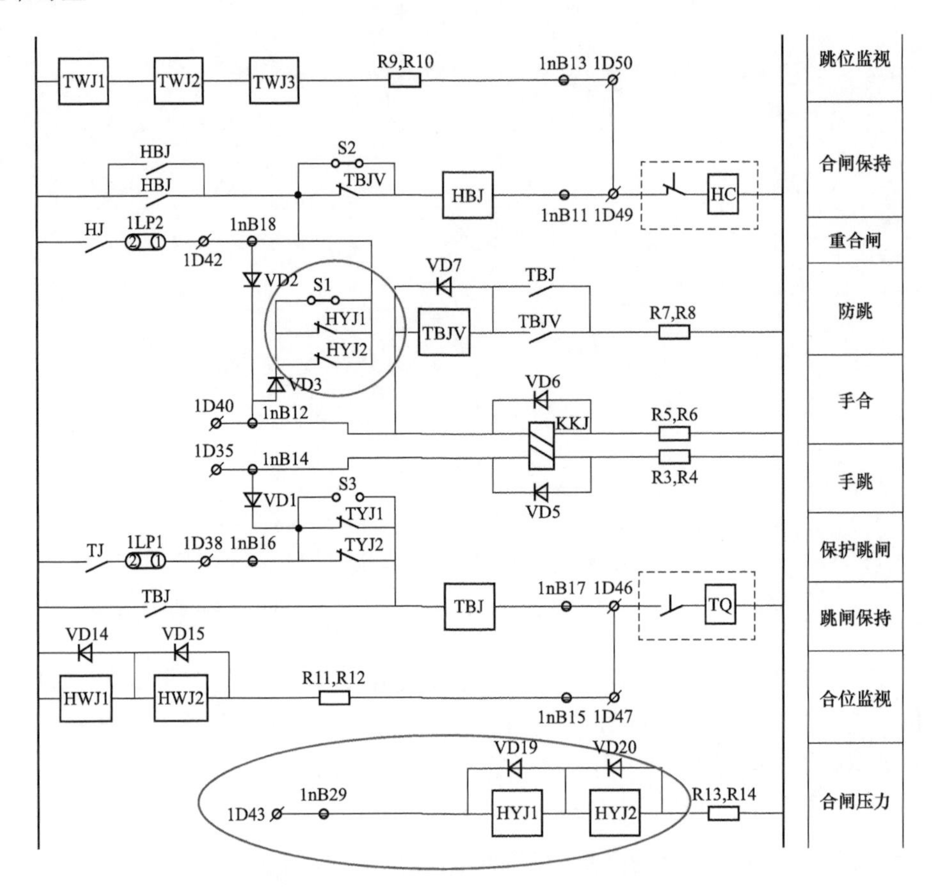

图 3-22　断路器控制信号回路正确接线图

案例十　断路器三相不一致时间继电器动作时间异常

一、排查项目

断路器三相不一致时间继电器动作时间异常，造成线路单相跳闸后不重合直接三相误跳。

二、案例分析

（一）排雷依据

《国家电网有限公司十八项电网重大反事故措施（修订版）》（国家电网设备〔2018〕979 号）第 15.2.11 条："防跳继电器动作时间应与断路器动作时间配合，断路器三相位置不一致保护的动作时间应与相关保护、重合闸时间相配合。"

（二）爆雷后果

（1）当三相不一致继电器动作时间小于单相重合闸时间，对于 220kV 及以上的分相跳闸线路保护，在线路发生单相障时，保护动作单相跳闸，重合闸时间未到，三相不一致误跳断路器。

（2）造成断路器三相不一致功能失效或动作时间过长，导致系统较长时间处于缺相运行状态，损坏运行设备。

（三）实例

某变电站220kV线路第一套、第二套保护动作跳开该线路C相断路器，断路器机构箱内三相不一致动作跳开A、B相断路器。检修人员对该线路断路器一、二次回路进行了全面检查，一次回路无异常，机构箱、汇控柜、保护二次回路接线正常，端子无松动，箱内无异物，无进水受潮痕迹。三相不一致继电器的外观无异常，整定值为2500ms。在对三相不一致时间继电器进行校验后发现：第一组三相不一致时间继电器整定为2500ms，实际测试结果为2524ms，结果正常；第二组三相不一致时间继电器整定为2500ms，实际测试结果为533.6ms，结果不合格。通过对两组三相不一致时间继电器进行更换，并整定为2500ms，更换后的时间校验和传动试验结果正常。结合该继电器的特点和现场运行实际，判断是继电器拨码断路器接点发生氧化，引起接触不良，导致第一位数字“2”无法被读取，以致整定时间由2500ms变成500ms。出现异常的三相不一致时间继电器如图3-23所示。

三、排查及整改方法

（1）安排检修摸排整改。结合停电，开展同型号三相不一致时间继电器的排查工作。通常时间继电器分两种，一种是通入足够直流电压后就能动作，一般是直流220V或110V的电源，对于此类继电器，先断开继电器的外部回路，采用继电保护测试仪提供220V或110V直流电源，并将继电器的动合触点作为测试仪的开入量，以开始提供直流电源为计时起点，动合触点开入为计时终点，记录其动作时间；另一种时间继电器，首先要为继电器的电源端子提供足够的直流电源，一般是直流220V或110V电源，之后的步骤和前述的时间继电器同样，用继电保护测试仪220V或110V直流电源开入继电器作为启动量，使继电器开始计时，继电器动合触点动作作为计时终点，记录该动作时间。

图3-23 出现异常的三相不一致时间继电器

（2）加强三相不一致时间继电器的运维检修工作。运维单位再次开展继电器整定值的检查，检修单位结合停电开展三相不一致整组传动试验工作，确认整定值和试验值一致，出口回路正确。由于三相不一致双重化配置，验证第一组三相不一致继电器时拉开第二组操作电源进行试验，验证第二组三相不一致继电器时拉开第一组操作电源进行试验，确认两组三相不一致继电器回路的独立性。

（3）强化物资采购流程管理。关口前移，举一反三，规范三相不一致时间继电器的选型工作；联合物资、基建等部门，选用质量优良的品牌，提高继电器的运行可靠性；结合一次断路器机构维保，定期更换三相不一致继电器。

案例十一　母差保护动作误接入手跳回路

一、排查项目

母差保护跳间隔接入手跳回路，造成母差保护动作后无法触发事故总信号。

二、案例分析

（一）排雷依据

《国家电网有限公司十八项电网重大反事故措施（修订版）》（国家电网设备〔2018〕979 号）第 15.3.3.5 条：“应认真检查继电保护和安全自动装置、站端后台、调度端的各种保护动作、异常等相关信号是否齐全、准确、一致，是否符合设计和装置原理。”

（二）爆雷后果

母线上发生故障时，母差保护动作跳间隔，无法触发事故总信号。

（三）实例

在某变电站 110kV 线路间隔扩建工程中，检修人员在进行母差保护与扩建线路间的传动试验时，发现母差保护动作后未触发事故总信号。

经检查后发现，设计人员在二次回路设计时误将母差保护跳闸触点接入手跳回路，导致无法触发事故总信号，切操作箱跳闸指示灯未点亮。现场装置的操作回路原理图如图 3-24 所示，设计人员误将母差跳闸回路接入 4QD12，正确的设计应接入 4QD9。

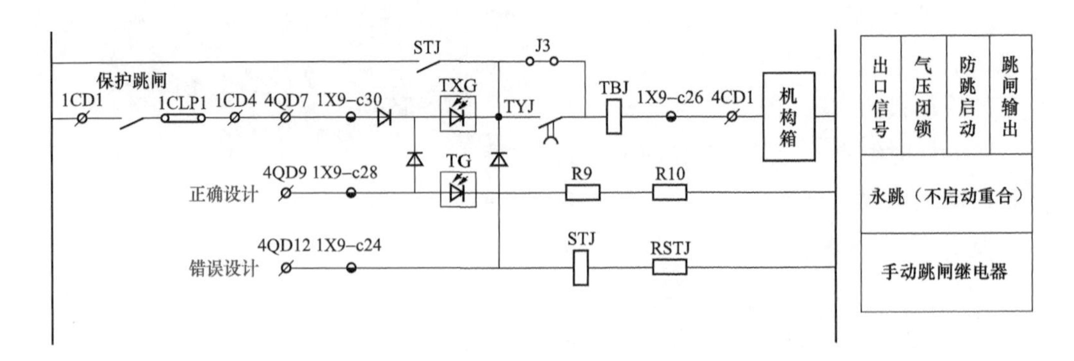

图 3-24　线路保护装置操作回路原理图

现场检修人员将回路接线进行修改后，母差保护传动试验正常，事故总信号正确。同时对现场其他间隔的接线情况进行摸底排查，防止存在同类型的隐患。

三、排查及整改方法

（1）加强规范投产前验收流程。查看保护控制回路图，确保设计符合要求和规范，严禁将母差跳闸回路接入手跳回路中。验收时，仔细验证保护装置各项功能完好，保护、操作箱、断路器、后台信号均正确。如遇设计错误导致的功能异常，及时与设计人员沟通，修改并向调度部门汇报，同时做好相关的记录工作。

（2）加强检修摸排，结合停电检修，对线路等间隔试验时要注意检查控制回路图纸中是否有母差保护误接入手分；出口试验后，注意后台间隔事故总信号是否正常。

案例十二　母差保护中支路间隔不对应

一、排查项目

母差保护中支路间隔的对应性，要求保护逻辑与一次设备主接线相对应，电流支路与跳闸支路相对应。

二、案例分析

（一）排雷依据

《国家电网有限公司十八项电网重大反事故措施（修订版）》（国家电网设备〔2018〕979 号）第 15.3.3.5 条："应认真检查继电保护和安全自动装置、站端后台、调度端的各种保护动作、异常等相关信号是否齐全、准确、一致，是否符合设计和装置原理。"

《国家电网有限公司十八项电网重大反事故措施（修订版）》（国家电网设备〔2018〕979 号）第 15.7.3.2 条："应加强 SCD 文件在设计、基建、改造、验收、运行、检修等阶段的全过程管控，验收时要确保 SCD 文件的正确性及其与设备配置文件的一致性，防止因 SCD 文件错误导致保护失效或误动。"

（二）爆雷后果

母差保护区内故障时，可能造成选错故障母线；母差保护区外故障时，可能导致母差保护误动，造成电网负荷损失。

（三）实例

某 220kV 智能变电站的 110kV 母线为单母三分段主接线方式，在扩建工程的带负荷试验过程中发现，扩建 1 线一次设备带上负荷后，母差保护报"差流越限"告警。查看装置内的采样值，发现各支路采样值显示均正确，但是Ⅰ母小差和Ⅱ母小差均越限，且差流幅值大小相等。

查看现场主接线图，发现扩建 1 线一次设备接在Ⅰ段母线上；查看 SCD 文件，发现扩建 1 线虚端子对应母差保护中的支路 12。查看该型保护说明书（见图 3-25）后发现：对于单母分段主接线方式无需外引刀闸位置，装置内固定支路 2-8 在Ⅰ母，支路 9-14、16 在Ⅱ母，支路 15、支路 17-22 在Ⅲ母。

3.2.5 母线运行方式识别

针对不同的主接线方式，应整定不同的系统主接线方式控制字。若主接线方式为单母分段，则应将“投单母线分段主接线”控制字整定为 1；若该控制字为 0，则装置认为当前的主接线方式为双母单分段主接线。

对于单母分段主接线方式无需外引刀闸位置，**装置内固定支路 2～8 在一母，支路 9～14、16 在二母，支路 15、支路 17~支路 22 在三母**。对于双母单分段主接线，**装置内固定支路 2～12 在一母、二母之间切换，支路 13～22 在二母、三母之间切换。**

图 3-25　该型母差保护说明书截图

按照该型保护逻辑，实际一次设备接在 I 母的间隔在配置 SCD 文件时，必须将其配置在支路 2-8 之间，不能配置在超出此范围的支路上。在 SCD 文件中，将扩建 1 线的 SV 和 GOOSE 虚端子由母线保护中的支路 12 调整到支路 8，重新下装配置文件后，差流显示恢复正常。

该型母差保护为某公司 2013 年产品，当时对于母差支路对应关系未做明确要求，故不满足如今的规范要求。最新“六统一”后的产品，譬如型号为×××-×××AL-DA-G，它对应单母三分段、双母单分段两种接线方式，可以通过“装置设置”等较为隐蔽的设置项对主接线形式进行调整，且该设置项不一定出现在整定单中。鉴于此，对于扩建、技改等工程，要仔细研读该型号保护装置说明书或者向厂家确认，并且在试验中加以验证。

三、排查及整改方法

（1）加强设计阶段的图纸审查。在设计联络会图纸审查中，加强对二次虚端子的审查，要将母差支路设置合理性作为重点审查对象，避免出现母联（分段）支路当普通支路、变压器支路和线路支路交叉等情况。

（2）严格管控接口工作调试质量。在接口、验收过程中，要注意支路一次设备实际所接母线，母差保护的虚端子、二次回路要与其支路实际情况相对应。对于部门早期版本的母差保护，因其不能满足当前规范要求，而是存在“私有约定”，应当纳入“变电二次设备危险点”管理，后续扩建接口需通过查看说明书、询问厂家等方法进行确认，并且试验到位。

（3）严格审查新投产设备程序版本。新投产设备程序版本应在入网监测版本库中并且满足最新规范要求，应当注意常规站和智能站以及不同主接线下的母差保护都有各自的支路规范，例如《10kV～110（66）kV 元件保护及辅助装置标准化设计规范》（Q/GDW 10767—2015）第 7.3.8 条：“智能站双母单分段接线、单母三分段接线的母线保护支路定义如下：1）支路 1：母联 1；2）支路 2：分段；3）支路 3：母联 2；4）支路 4：主变 1；5）支路 5：主变 2；6）支路 14：主变 3；7）支路 15：主变 4；8）其他支路：线路。”

（4）加强基建调试工作。新扩建设备设备除检查电流采样值正确外，还需要检查对应的大差和小差，确认扩建间隔所挂母线正确。

案例十三　TBJ 自保持触点绝缘不良

一、排查项目

跳闸回路 TBJ 电流自保持继电器触点绝缘不良，可能导致断路器无故障跳闸。

二、案例分析

（一）排雷依据

《继电保护和安全自动装置技术规程》（GB/T 14285—2006）第 4.1.2.1 条：“可靠性是指保护该动作时动作，不该动作时不动作。为保证可靠性，宜选用性能满足要求、原理尽可能简单的保护方案，应采用由可靠的硬件和软件构成的装置，并应具有必要的自动检测、闭锁、告警等措施，以及便于整定、调试和运行维护。”

（二）爆雷后果

可能导致开关无故跳闸，造成运行线路失电，负荷损失。

（三）实例

某 220kV 变电站 2 号变压器 220kV 断路器发生无故障跳闸（2 号变压器 110kV 与 35kV 断路器仍处于运行状态），事件未造成负荷损失。检查人员到达现场时，2 号变压器 220kV 断路器已恢复运行，随即开展带电检查，检查情况如下：

2 号变压器 220kV 断路器端子箱内外观检查正常，无进水受潮痕迹，端子排无受潮凝露现象，二次电缆封堵良好，加热器工作正常，箱体密封良好。2 号变压器 220kV 断路器机构箱内无明显异常，机构箱内端子排无凝露受潮现象，机构箱二次电缆封堵良好，加热器工作正常，箱体密封良好。

2 号变压器保护装置无保护启动及动作出口信息。监控系统及就地后台均只有断路器分闸信息，无保护动作出口信息。查看故障录波图（见图 3-26），2 号变压器 220kV 断路器在跳闸期间 220kV 电压无波动，电流均为正常负荷电流（220kV 旁路电流增大是 2 号变压器 220kV 断路器跳闸后负荷转移引起），无保护动作开关量变位，由此可见一次系统并无故障发生。

相关部门编制 2 号变压器 220kV 断路器跳闸回路停电检查方案，停役 2 号变压器及 220kV 断路器后进行一、二次设备及回路检查，具体检查结果如下：断路器机构外观检查均无异常，断路器机构无防跳继电器，防跳功能由操作箱实现。2 号变压器 220kV 断路器三相分相设置，在机构内部实现三相电气联动，现场测试通过分闸按钮就地分闸时，三相断路器同时分闸，通过就地紧急分合闸手柄进行分闸时，可按相进行操作；就地合闸回路被解除（机构无防跳）。断路器各相试验数据合格无异常。

对 2 号变压器 220kV 断路器所有跳闸相关回路进行绝缘测试，结果显示该断路器所有跳闸相关回路绝缘均无异常，检查人员结合图纸再次对检查的完整性进行核实，确认检查无遗漏后开始恢复二次安措。

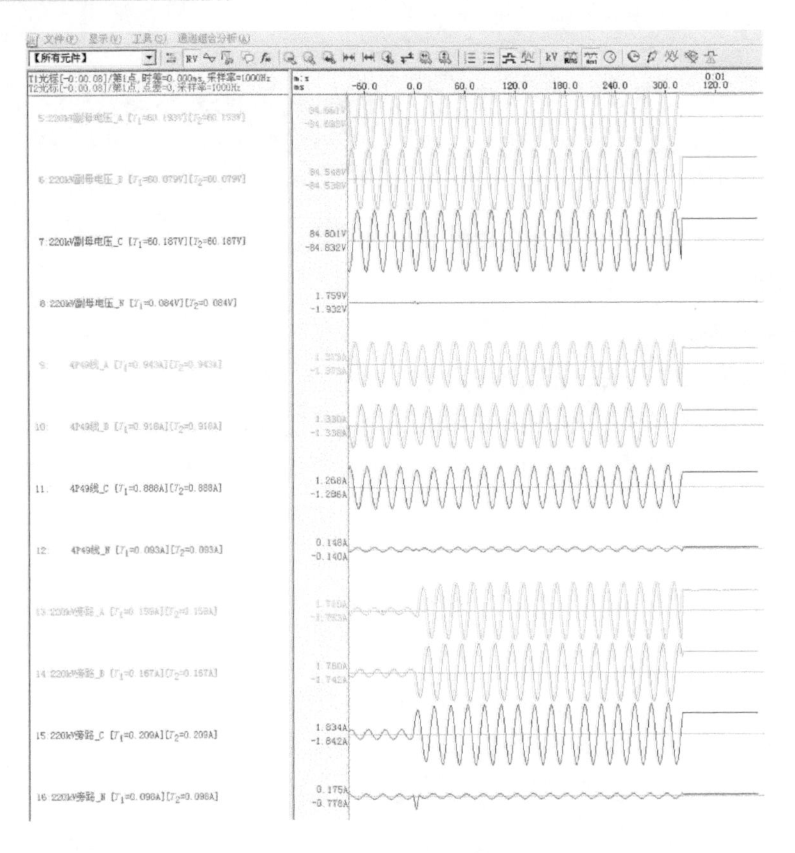

图 3-26　故障录波图

在恢复二次安措时，检查人员发现 4nAB9 与 4nAB10 同时被解开，与方案不符。结合图纸（见图 3-27）分析发现，此时对 4D1 与 4D23 之间进行绝缘检测的数据并不能反映 TBJ 自保持回路的实际绝缘情况。在恢复 4nAB9 触点后重新对该回路进行绝缘检测，发现测试数据由 0.01MΩ 快速下降到 0MΩ。

根据上述分析可见，2 号变压器 220kV 断路器“偷跳”应系 TBJ 自保持触点绝缘不良，导致跳闸回路在无分闸指令的情况下自动接通直至断路器跳闸。

断路器跳闸后，跳闸回路断开，TBJ 自保持触点绝缘得到恢复，在 2 号变压器 220kV 断路器恢复运行后没有再次跳闸。而后在采用 1000V 电压绝缘测试时，TBJ 自保持触点绝缘再次被击穿。

三、排查及整改方法

（1）加强投产前验收，基建部门对控制回路进行严格的绝缘测试，试验报告经检修验收合格。新安装保护装置验收试验时，从保护屏柜的端子排处将所有外部引入的回路及电缆全部断开，分别将电流、电压、直流控制、信号回路的所有端子各自连接在一起，用 1000V 绝缘电阻表测量各回路对地和各回路相互间绝缘电阻，其阻值均应大于 10MΩ。

（2）加强保护校验过程管理。在例行检修时，严格按照标准化作业指导书，做好保护二次回路绝缘测试。定期检验时，在保护屏柜的端子排处将所有电流、电压、直流控制的端子的外部接线拆开，并将电压、电流回路的接地点拆开，用1000V绝缘电阻表测量回路对地的绝缘电阻，其绝缘电阻应大于1MΩ。

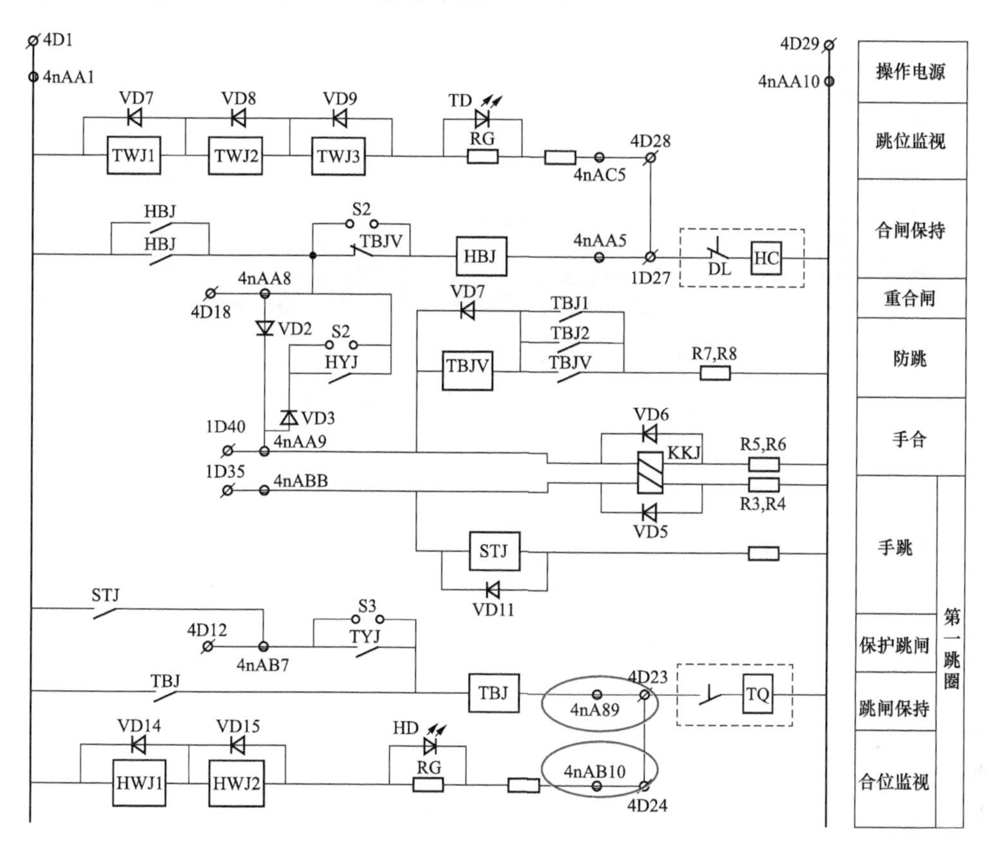

图3-27 2号变压器220kV断路器操作回路图

（3）加强设计选型准入管理。初期设计选型阶段选择可靠性较高的设备和厂家。对于可能存在家族缺陷的设备厂家，在采购阶段将其列入供应商评价考核中。

案例十四 断路器压力低闭锁继电器未双重化配置

一、排查项目

220kV断路器本体压力低闭锁跳闸继电器仅单套配置，当该继电器所接的直流电源失去时，可能导致断路器拒动。

二、案例分析

（一）排雷依据

《国家电网有限公司十八项电网重大反事故措施（修订版）》第15.2.2.3条："220kV及以上电压等级断路器的压力闭锁继电器应双重化配置，防止其中一组操作电源失去时，另一套保护和操作箱或智能终端无法跳闸出口。”

《线路保护及辅助装置标准化设计规范》（Q/GDW 1161—2014）第 11.1.3 条：“断路器跳、合闸压力异常闭锁功能应由断路器本体机构实现，应能提供两组完全独立的压力闭锁触点。”

（二）爆雷后果

当断路器的一组操作电源失去时，将可能导致断路器分闸回路的主、副分闸回路被压力闭锁继电器辅助触点断开，此时断路器将无法分闸，双重化配置的保护失去意义，实际发生故障时将导致断路器拒动，扩大事故范围。

（三）实例

某日检修人员对某变电站线路保护进行验收，在验证双重化配置的线路保护电源互相独立时，发现拉开第一组操作电源时，第二套保护无法出口跳闸。

经检修人员检查，该型号断路器的主、副分闸回路原理图如图 3-28 所示，该断路器仅有一只低气（油）压闭锁跳闸继电器，当断路器压力正常时，K1 励磁，辅助触点 K1 与 K1′闭合，断路器的主、副分闸回路均导通，当第一组操作电源失去时，K1 失磁，此时 K1 与 K1′触点打开，断路器的副分闸回路也断开，导致第二套保护无法跳闸出口。

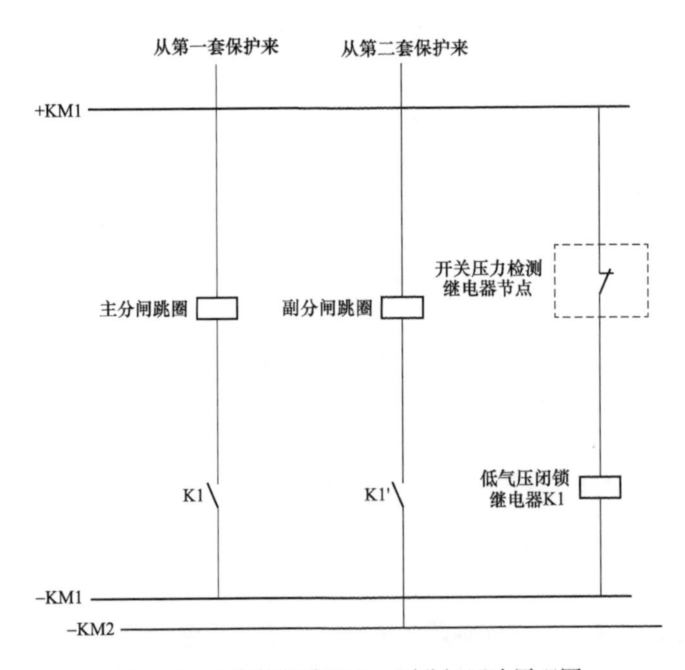

图 3-28　异常的断路器主、副分闸回路原理图

厂家现场增加了另一只低气压闭锁继电器 K2，接于第二组控制电源，用其动合触点替换 K1′后，断路器在任一路控制电源失电时，均能够正常分闸。整改后的断路器主、副分闸回路原理图如图 3-29 所示。

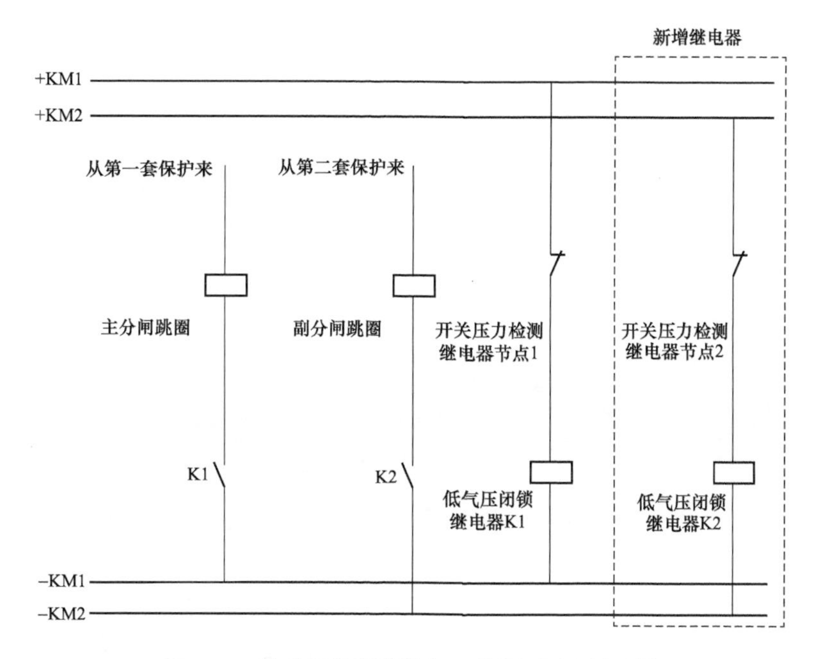

图 3-29　整改后的断路器主、副分闸回路原理图

三、排查及整改方法

（1）按照反措要求开展调试验收，落实源端管控。调试、验收人员应严格根据规程要求对保护双重化配置的断路器机构控制回路进行检查，可将Ⅰ段直流电源拉开后通过第二套保护对该断路器进行出口传动（注意重合闸此时无法动作），再将Ⅱ段直流电源拉开，通过第一套保护对该断路器进行出口传动，出现异常立即排查跳闸回路。

（2）结合计划检修，对存量设备开展检查。检查时，可将一套保护相关的所有直流电源拉开后，通过另一套保护对该断路器进行跳闸出口传动试验，对跳闸回路异常的断路器进行检查。

案例十五　备自投装置闭锁回路接线错误

一、排查项目

排查内桥接线备自投装置闭锁开入回路原理错误，变压器保护动作误接入总闭锁，造成备自投装置闭锁逻辑混乱，导致进线跳闸后备自投装置拒动引发全站失电。

二、案例分析

（一）排雷依据

《10kV～110（66）kV 线路保护及辅助装置标准化设计规范》（Q/GDW 10766—2015）第 8.1.2.1.2 条：“当备自投装置用于内桥接线方式，变压器保护动作闭锁备自投动作逻辑。”

（二）爆雷后果

内桥接线备自投装置闭锁开入回路原理错误，造成备自投装置闭锁逻辑混乱，将引起一条进线带两台变压器运行的方式下，变压器保护动作时进线备自投装置误闭锁，最终导致变电站全站失电。

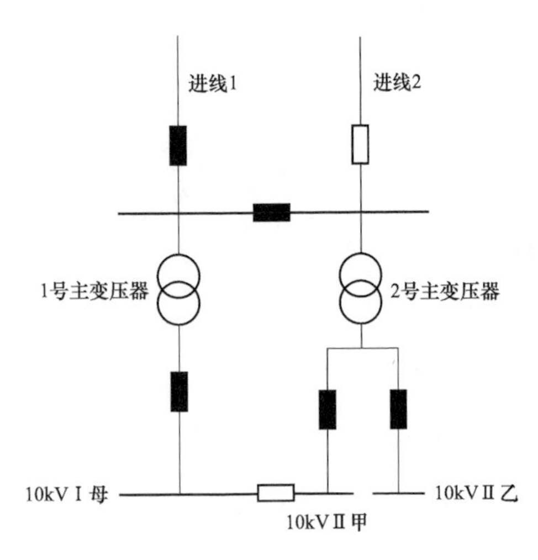

图3-30 变电站主接线图

（三）实例

110kV某常规变电站运行方式为进线1带两台变压器运行，进线2热备用，如图3-30所示。110kV备自投装置为进线备方式（方式1），充电已完成。某日该变电站1号变压器区内发生故障，1号变压器差动保护动作后跳开三侧断路器，但后续110kV备自投装置未及时动作，导致该变电站全站失电。

检修人员现场排查后发现，110kV备自投装置面板充电灯灭，初步检查其采样回路、出口回路原理及实际接线均正确。核查图纸后发现，110kV备自投装置闭锁回路设计有误，1号（2号）变压器差动、高后备、非电量保护动作触点均误接至备自投装置总闭锁开入，如图3-31所示。现场实际接线与图纸一致。

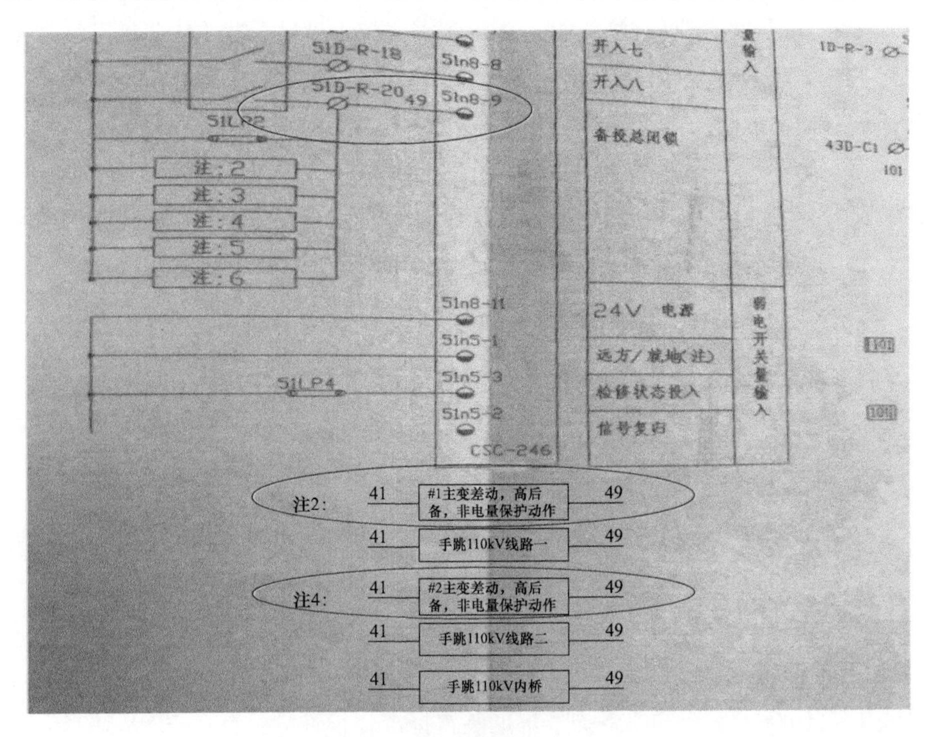

图3-31 备自投装置闭锁开入图

在本次事件中，1号变压器保护动作跳开进线1断路器后，110kVⅠ、Ⅱ母同时失压，110kV备自投装置满足动作条件应经延时跳进线1断路器，合进线2断路器，使2

号变压器及 10kV 系统恢复供电。但由于“1 号变压器差动”动作触点误接至 110kV 备自投装置总闭锁回路，在该变电站 1 号变压器差动保护动作后，110kV 备自投装置接收到总闭锁信号将进线备自投（方式 1）放电，导致 110kV 备自投装置无法正确动作，进而造成全站失电。根据原图设计，若高后备保护、非电量保护动作，同样会误闭锁进线备自投装置。

三、排查及整改方法

（1）加强变电站备自投装置闭锁回路的源头管控。常规变电站要加强图纸审查，将备自投装置闭锁回路列入图纸交底审查要点，强调 110kV 内桥接线方式的变压器差动、非电量、高压侧后备（对应跳桥断路器时限）保护动作不应接入总闭锁。智能变电站要在基建调试过程中加强 SCD 文件备自投装置闭锁虚端子的核查，重点关注“变压器保护动作”是否误接入至 110kV 备自投“总闭锁”。

（2）提高变电站备自投装置闭锁回路的验收质量。细化变电站备自投装置闭锁回路的验收步骤，在 110kV 备自投进线方式（方式 1、2）充电完成后进行变压器保护传动试验，当变压器保护动作时确认 110kV 备自投装置开入量中无进线方式（方式 1、2）闭锁和总闭锁开入，同时装置面板的充电灯未熄灭。

（3）加强变电站备自投装置闭锁回路正确性的核查。目前备自投装置闭锁开入有三种模式，一种为“闭锁备自投方式 X”，即外部信号开入时只闭锁对应方式下的备自投装置；另一种为“#X 主变保护动作”，即外部信号开入时，闭锁几种方式下的备自投装置，如“九统一”后的装置，“1 号变压器保护动作”即闭锁方式 2、3、4；第三种为备自投装置接收闭锁开入后，可通过内部定值整定所需要闭锁的方式。对于已投运变电站，应设立专项工作或结合专业化巡视，全面核查备自投装置闭锁回路的图纸及 SCD 虚端子连接方式。若在闭锁原理上存在错误，应立即安排人员进行现场检查确认。如确认有误及时整改，整改前可考虑先将运行方式更改为两台变压器分列运行方式。

案例十六　备自投装置断路器位置触点引用不合理

一、排查项目

进线断路器配置线路保护并投入重合闸时，备自投装置断路器位置触点采用 TWJ 接点。当断路器机构使用弹簧机构时，若进线发生永久性故障，在进线断路器刚完成跳闸—重合—跳闸过程时，可能进线断路器尚处于储能状态，导致 TWJ 信号无法及时提供给备自投装置，造成备自投装置拒动。

二、案例分析

（一）排雷依据

《智能变电站继电保护通用技术条件》（Q/GDW 1808—2012）第 4.5.2 条：“继电保护应具备完善的自检功能，应具有能反应被保护设备各种故障及异常状态的保护功能。”

（二）爆雷后果

线路故障重合闸失败后，储能过程中存在 TWJ 未及时动作，可能导致备自投拒动。

（三）实例

某内桥接线的 110kV 变电站主接线如图 3-32 所示，该站 10kV 侧接有小电源。该站 110kV 线路 1、线路 2 均配置线路保护，110kV 侧配置 110kV 备自投。

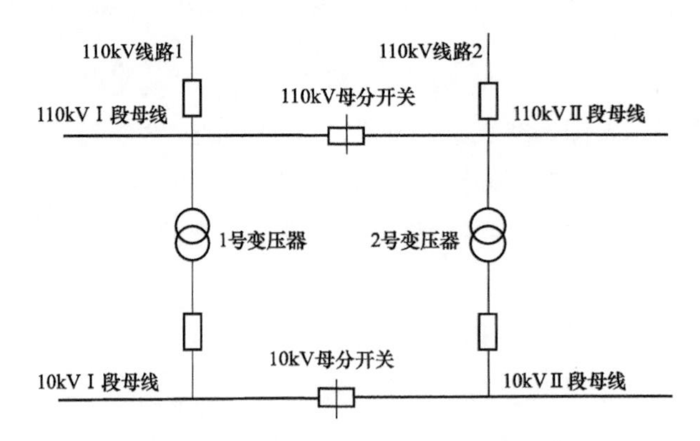

图 3-32　110kV 变电站主接线图

某日，110kV 线路 1 发生永久性接地故障，送电侧线路保护及本侧线路保护均动作，送电侧断路器跳闸—重合—跳闸的同时，本侧 110kV 线路 1 断路器也跳闸—重合—跳闸。后 110kV 备自投装置未动作，该 110kV 变电站全站失电。

该事件发生后，对现场 110kV 备自投装置进行功能校验及传动试验，试验结果正确。在模拟实际故障时，将 110kV 备自投装置处于母分备投充电方式，用 110kV 线路保护模拟 110kV 线路 1 发生永久性接地故障时，第一次试验时 110kV 备自投装置正确动作，多次试验后发现 110kV 备自投装置确实存在拒动情况，初步判断此时 110kV 备自投装置动作条件未满足。后经检查发现，该 110kV 备自投装置 110kV 线路 1 断路器位置触点采用操作箱 TWJ 触点，在 110kV 线路 1 断路器完成跳闸—重合—跳闸后，有概率处于储能状态中，导致监视合闸回路的 TWJ 信号无法及时提供给 110kV 备自投装置，而 110kV 备自投装置检测到母线失压后延时动作重跳 110kV 线路 1 断路器后，需确认线路断路器在分闸位置才动作合上 110kV 母分断路器，因此 110kV 备自投装置合闸条件不满足而拒动。将 110kV 备自投装置断路器位置改接为断路器本体辅助触点提供后，110kV 备自投装置动作行为正确。

三、排查方法及整改方法

（1）严格把控基建施工质量。在基建过程中，施工单位应核查所施工的变电站是否满足上述问题存在的条件：①线路侧配有保护且重合闸投入；②安装有备自投装置，若满足该条件，应现场检查备自投断路器位置开入回路，检查其是否由操作箱 TWJ 接出，如果是需改接至断路器本体辅助触点。

（2）强化落实竣工质量监督。在竣工验收时，检修单位应详细核查备自投装置断路器位置开入回路，保障竣工验收质量，确保此类备自投装置断路器位置接入不合理问题不流入运维检修环节。

（3）加强隐患排查治理力度。专业管理部门应组织对该隐患进行集中排查，通过查阅图纸逐站排查，对可能有此问题的变电站进行现场摸排，确定备自投装置断路器位置开入回路是否存在该问题；对排查出的问题进行统计，并安排整改计划，将备自投装置断路器位置开入改接至断路器本体提供。

案例十七　变压器保护各出口跳闸端子紧密布置导致误跳闸

一、排查项目

变压器保护各出口跳闸回路间未使用空端子隔离，相邻端子使用的短接片存在毛刺，因毛刺间间隙过小被击穿，误跳运行断路器。

二、案例分析

（一）排雷依据

《国家能源局防止电力生产事故的二十五项重点要求》第 18.6.2 条：“继电保护及相关设备的端子排，宜按照功能进行分区、分段布置，正、负电源之间、跳（合）闸引出线之间以及跳（合）闸引出线与正电源之间、交流电源与直流电源回路之间等应至少采用一个空端子隔开。”

《电气装置安装工程质量检验及评定规程　第 8 部分：盘、柜及二次回路接线施工质量检验》（DL/T 5161.8—2018）表 4.0.2：“控制及保护盘柜安装：正负电源之间、正电源与合闸或跳闸的回路之间用空端子或绝缘隔板隔开。”

（二）爆雷后果

变压器保护各出口跳闸回路间未使用空端子隔离，且相邻端子使用带毛刺的短接片，使得不同设备的分闸回路相互导通，在操作时，导致关联断路器同时分闸，造成设备停电事故。

（三）实例

某日，在 220kV 某变电站后台对 110kV 2 号母分断路器进行遥控分操作，在 110kV 2 号母分断路器分闸的同时，发生 110kV 1 号母分断路器异常分闸事故。

事件发生后，运维人员立即至现场申请将 110kV 1 号母分断路器、110kV 2 号母分断路器同时停役进行检查，以重现两台断路器同时分闸的现象。按事故事件发生顺序，重新对 110kV 2 号母分断路器进行分闸遥控操作，110kV 1 号母分断路器再次同时分闸。此时，监控信息也显示 110kV 1 号母分断路器与 110kV 2 号母分断路器同时分闸，并报 110kV 1 号母分断路器间隔事故总信号与全站事故总信号，没有出现其他故障及保护动作信息。据此，着手检查 110kV 1 号母分断路器与 2 号母分断路器间的寄生回路。

拉开 110kV 1 号母分断路器控制电源，合上 110kV 2 号母分断路器控制电源，在

110kV 1号母分断路器分位时，经测量，其跳闸回路（R133）上存在正电。检查跳闸输入，110kV 1号母分断路器跳闸回路共有三根外部电缆，分别为1号变压器跳闸回路、2号变压器跳闸回路以及110kV母差保护跳闸回路，如图3-33所示。现场逐一分解、测量110kV 1号母分断路器跳闸回路正电来源，最终确认正电由2号变压器跳闸出口回路上串入。

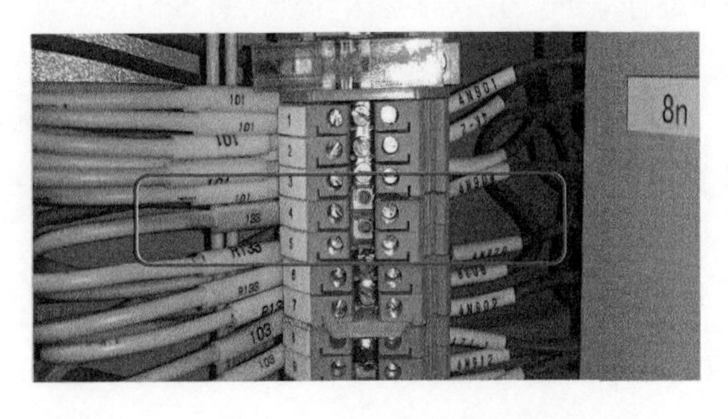

图3-33　110kV 1号母分断路器跳闸输入回路

检查2号变压器第一套保护装置屏后接线，跳110kV 1号母分断路器端子为1-1KD12、1-1KD13，跳110kV 2号母分断路器回路端子为1-1KD14、1-1KD15。1-1KD13与1-1KD14为紧密相邻端子，中间无空端子，也未加隔离片，情形如图3-34所示。1-1KD12与1-1KD13号端子间、1-1KD14与1-1KD15号端子间均采用短接片连接，该短接片由多位短接片剪切所成，剪口的金属裸露在外，存在较多毛刺，相邻短接片间也未采用错位增加间隙，其形状如图3-35所示。1-1KD13与1-1KD14号端子相邻，两端子上的短接片剪切口间隙很小，在长期运行中由于振动、积尘等原因最终被击穿，使得2号变压器第一套保护跳110kV 1号母分和110kV 2号母分回路间导通，在对任一断路器进行分闸操作时，均会触发另一台断路器同时分闸。

图3-34　2号变压器保护跳闸开出端子排

图3-35　连接片金属裸露示意图

随后，更换短接片，消除短接片间短路，并加入绝缘隔板，防止端子间短路。重新测量 110kV 1 号母分保护操作箱处分闸点电位，不再与 110kV 2 号母分控制电源互窜，分别进行 110kV 1 号母分与 110kV 2 号母分断路器遥控分闸试验，再无同时分闸情况。

三、排查及整改方法

（1）加强对二次回路端子接线质量的源头管控。基建和改造项目施工期间，建设单位应重点关注现场二次端子排上的布置规范性和连接片使用的规范性，对于正负电源之间、正电源与合闸或跳闸回路之间的隔离要求进行检查，及时整改使用不规范连接片、中间未加空端子且没有加装隔离片的回路布置情况。

（2）细致做好二次回路的竣工验收工作。验收时，检修单位应对二次回路接线按规范性要求进行验收，重点关注正电源与分、合闸回路上的相邻端子间是否加装隔片或者空端子，是否规范使用两侧经绝缘化处理过的预制短接片，防止回路互窜。

（3）认真开展定期校验时的二次回路规范性检查整改工作。定期检验时，将二次回路上使用的绝缘不合格短接片更换为标准化整体绝缘的预制式产品；在正负电源之间、正电源与合闸或跳闸的回路之间补充空端子或绝缘隔板，将回路隔开。

案例十八　交流电压公共切换并列回路配置不当

一、排查项目

交流电压公共切换并列回路的重动继电器及直流电源配置不当，可能造成异常情况下全站交流电压失去，影响保护正常运行甚至导致不正确动作。

二、案例分析

（一）排雷依据

《国家电网十八项电网重大反事故措施（修订版）》（国家电网设备〔2018〕979 号）第 15.1.5 条："当保护采用双重化配置时，其电压切换箱（回路）隔离断路器辅助触点应采用单位置输入方式。单套配置保护的电压切换箱（回路）隔离断路器辅助触点应采用双位置输入方式。电压切换直流电源与对应保护装置直流电源取自同一段直流母线且共用直流空气开关。"

（二）爆雷后果

（1）若重动回路采用普通中间继电器、单直流电源，继电器损坏、闸刀辅助触点接触不良或直流电源消失都将导致全站交流电压失去。

（2）重动回路采用双位置继电器、单直流电源，直流电源消失时交流电压保持正常，但在一组 TV 检修，电压回路并列拉开 TV 闸刀时，可能造成反充电，使运行 TV 空气开关跳开造成全站交流电压失去。

（3）重动回路采用普通双中间继电器、单直流供电，这种方式重动回路及切换回路已实现双重化，一组继电器损坏，该组交流电压不会失去；但在直流电源消失时，将造成全站交流电压失去。

上述情况可能导致备自投、重合闸、距离保护、故障解列装置等不正确动作。

（三）实例一

某220kV变电站110kV母线及B线路同时故障，110kV母差保护及B线路保护动作，有关保护动作后驱动中央信号光字牌回路，由于光字牌端子设备老化，回路绝缘击穿，使得本路信号小开关（10A）及分路屏的上级空气开关（16A）同时跳闸；由于该直流分路同时提供220kV母线电压公共切换回路电源，分路断路器的跳闸造成电压切换重动继电器直流消失、触点返回，使220kV四段母线所有交流电压失去。此时220kV线路保护均在启动状态，失压造成距离保护动作跳闸。该站交直流回路示意图如图3-36所示。

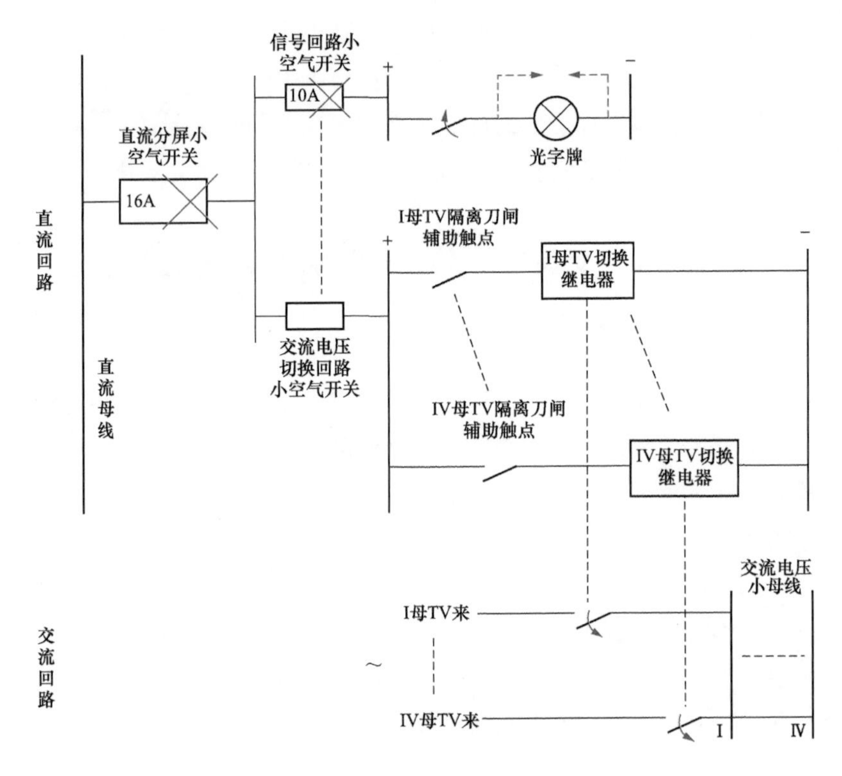

图3-36　交直流回路

本次事故主要原因有以下几点：

（1）中央信号光字牌设备老化，回路绝缘击穿，引起直流短路，造成空气开关跳闸。

（2）直流回路空气开关上、下级差配合不满足要求，按国家电网公司“十八项”反措要求，直流空气开关上、下级差配合应满足2～4个级差，而实际只有一个级差。

（3）交流电压公共切换回路的直流电源没有独立，而与中央信号回路共用直流分路。

（4）交流电压公共切换回路存在原理缺陷，在一路直流电源消失时造成全站交流电压失去，重动回路及电源均未实现双重化。

针对交流电压公共切换回路缺陷，分析如下：

220kV 系统交流电压一般采用母线 TV 方式，在双母线接线方式下（见图 3-37）存在交流电压公共切换回路。正常情况下，交流电压回路通过 TV 隔离闸刀辅助触点重动回路接入交流小母线，其目的是实现隔离、防止反充电，同时通过母联断路器及其隔离断路器的辅助触点的重动回路实现两段母线电压并列，如图 3-38 所示。

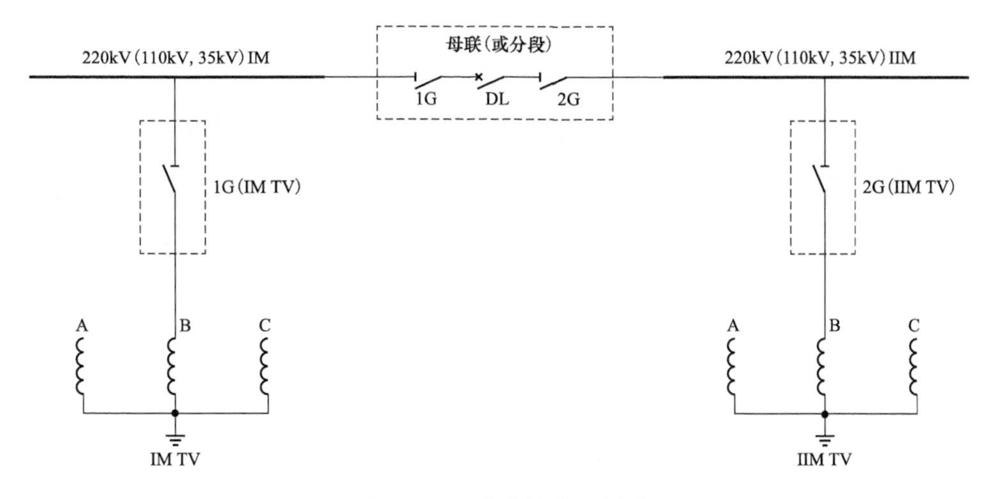

图 3-37 一次主接线示意图

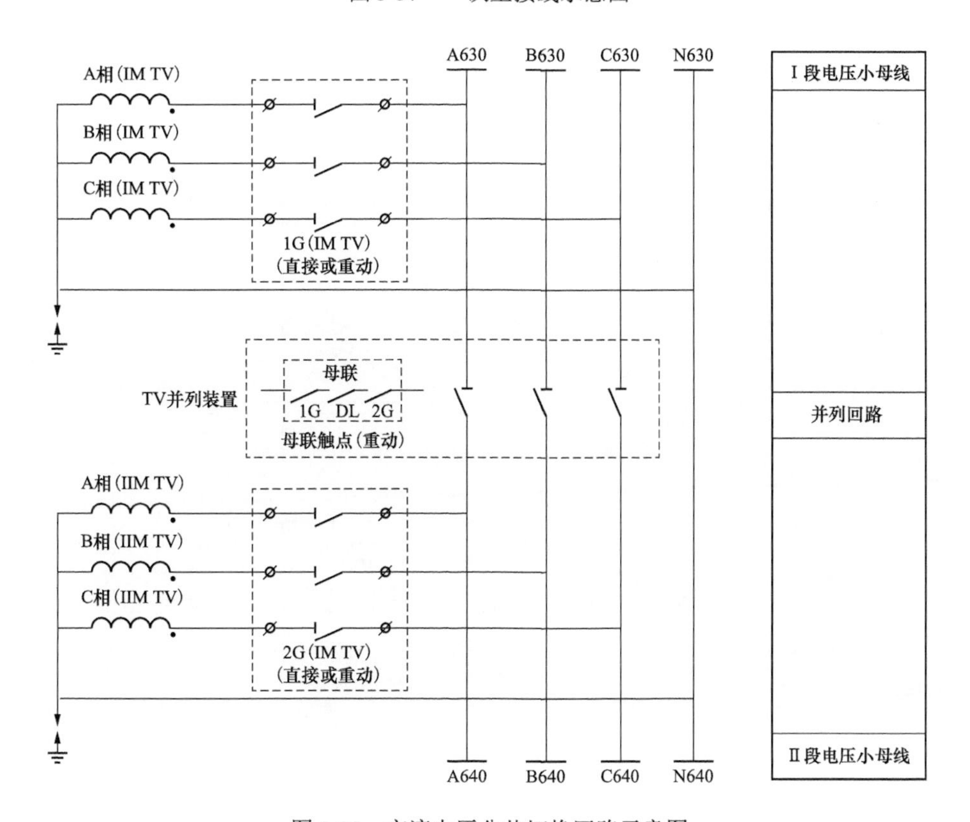

图 3-38 交流电压公共切换回路示意图

交流电压公共切换回路通过辅助触点的重动回路实现，大致有以下五种方案：

方案 1：采用普通中间继电器，单直流供电

如图 3-39 所示，这种方式采用单路直流供电，重动采用普通的中间继电器，如一组重动继电器损坏，该组交流电压将失去；在直流电源消失时，将造成全站交流电压失去。上述案例就是该情况。

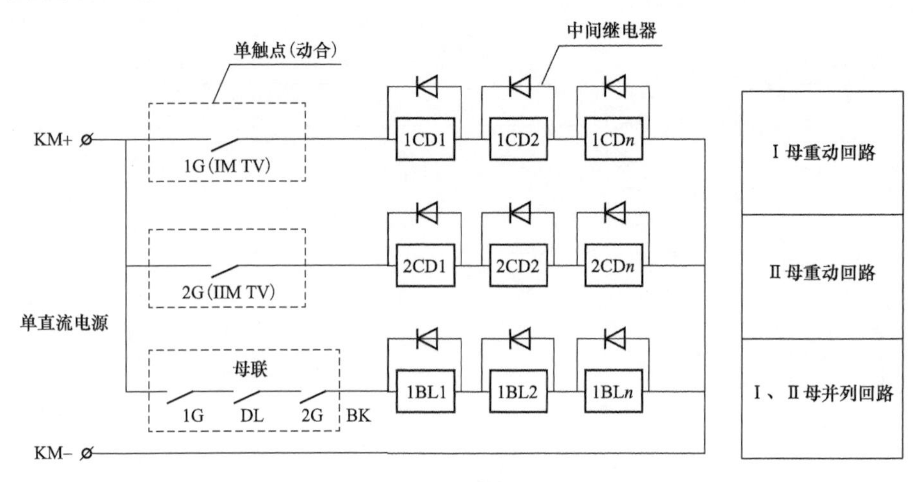

图 3-39　普通中间继电器，单直流供电

方案 2：采用双位置继电器，单直流供电

如图 3-40 所示，这种方式采用单路直流供电，重动采用双位置继电器，在直流电源

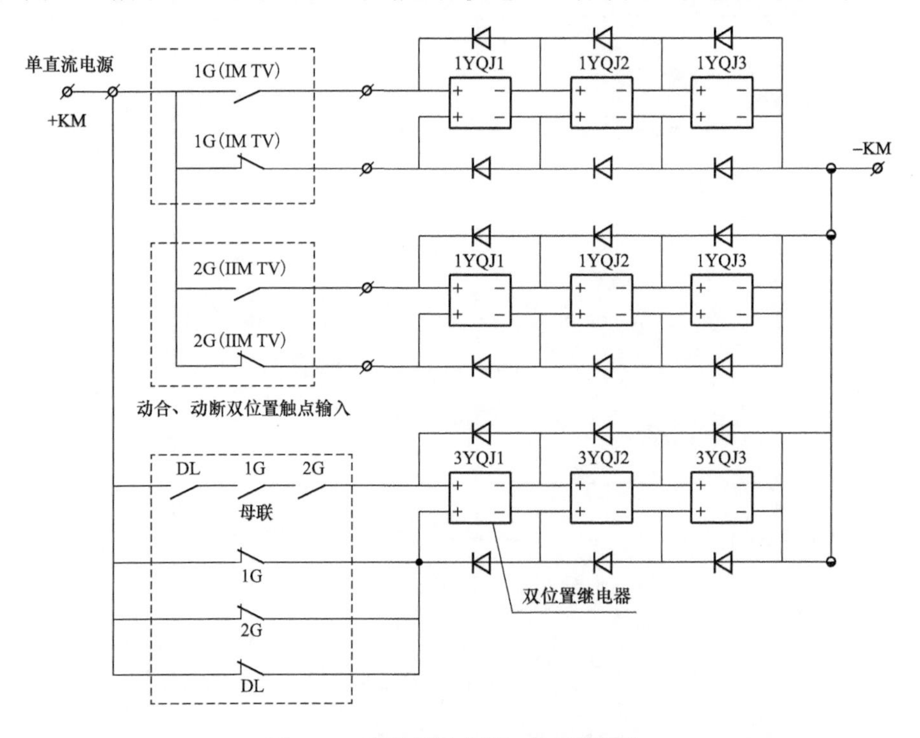

图 3-40　双位置继电器，单直流供电

消失时，双位置继电器触点可以保持原来状态，交流电压可正常接入。但在一组 TV 检修，电压回路并列拉开 TV 闸刀时，可能造成反充电，使运行 TV 空气开关跳开造成全所交流电压失去。

方案 3：采用普通双中间继电器，单直流供电

如图 3-41 所示，这种方式重动回路及切换回路已实现双重化，但重动继电器的直流电源还采用单路供电，如一组继电器损坏，该组交流电压不会失去；但在直流电源消失时，将造成全站交流电压失去。

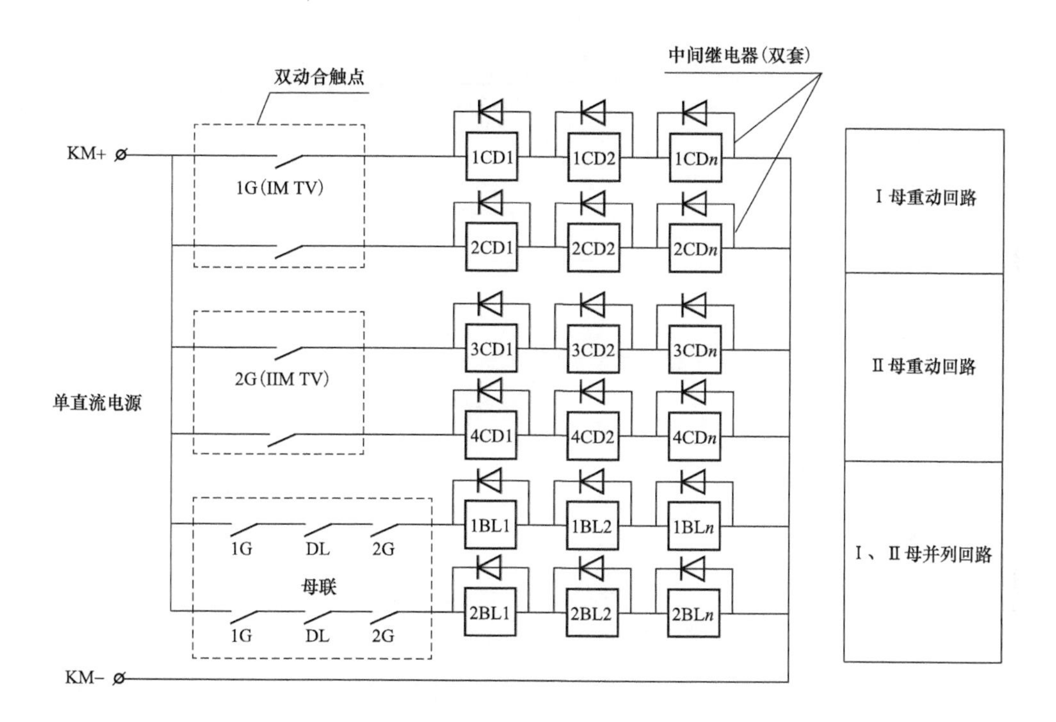

图 3-41 普通双中间继电器，单直流供电

方案 4：采用普通双中间继电器，双直流供电

如图 3-42 所示，这种方式直流电源、重动回路及切换回路均已实现双重化，满足交流电压回路可靠性的要求。

方案 5：采用普通中间继电器，三路直流供电

如图 3-43 所示，这种方式两个重动及并列回路分别由一路直流电源供电。这种方式在一路重动直流电源消失时，将失去对应的该段交流母线电压，但另一段交流母线电压仍存在，不会造成全站交流电压失去。

综合比较，方案 4 相对可靠性较高，且能避免反充电问题，宜作为推荐方案。110kV 及以下也可采用方案 2，但运行检修时应注意避免反充电。

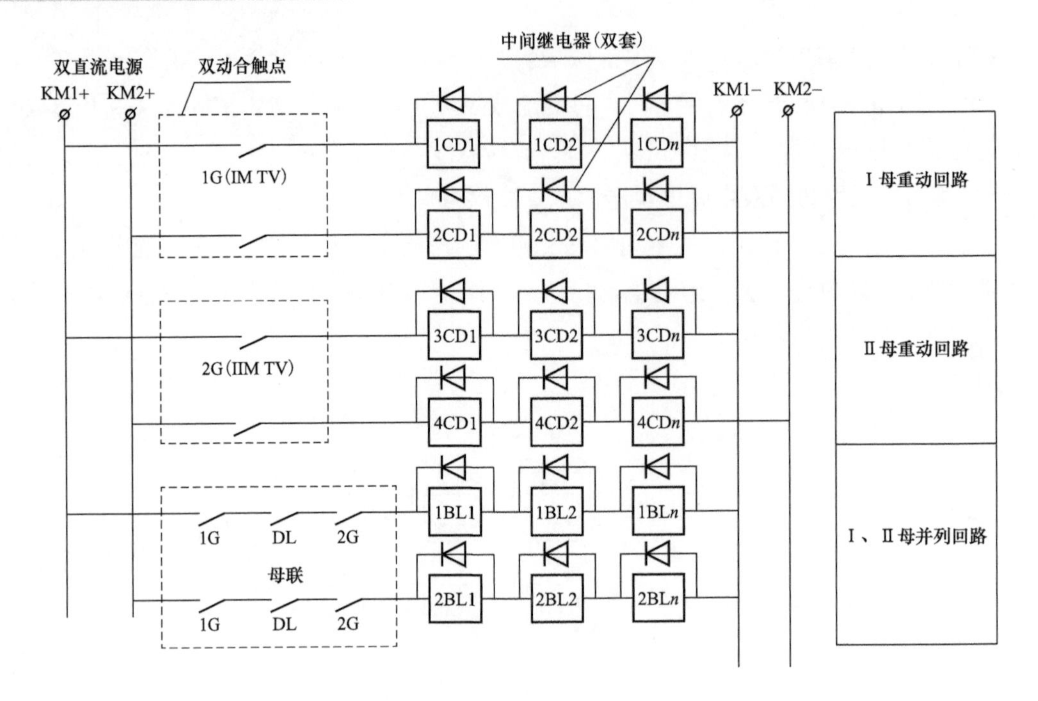

图 3-42 普通双中间继电器，双直流供电

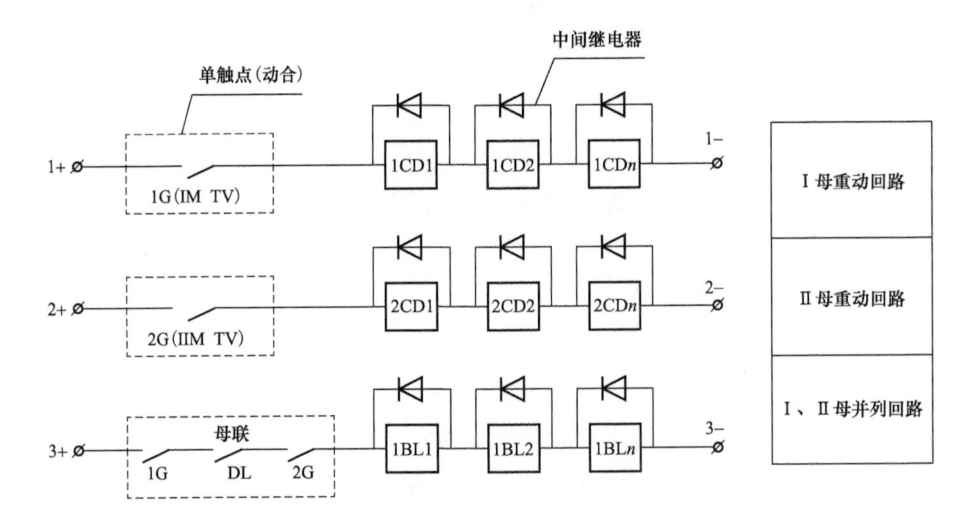

图 3-43 普通中间继电器，三路直流供电

（四）实例二

某日，110kV 某变电站“110kV Ⅰ 母失压、110kV 线路一线路保护 TV 断线”等信号动作。

该 110kV 变电站为内桥接线，主接线如图 3-44 所示，当天 110kV Ⅰ 母 TV 因缺陷检修，站内合上 110kV 母分断路器后，将Ⅰ母电压与Ⅱ母电压二次并列。

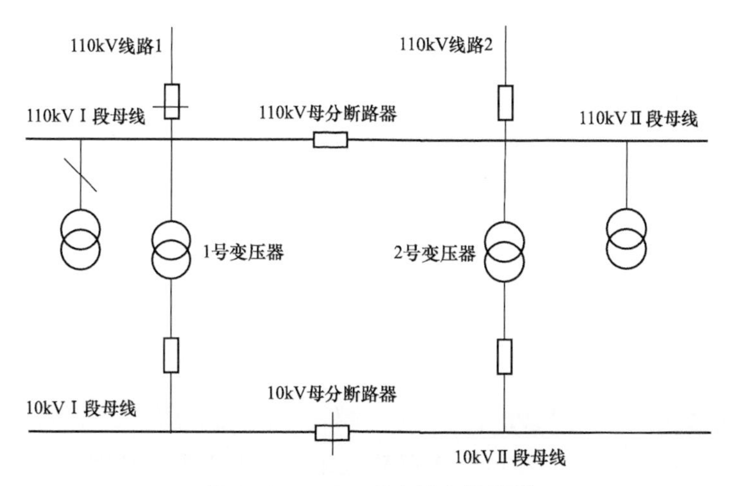

图 3-44 110kV 变电站主接线图

检修人员检查现场保护装置三相交流电压为 0，后台显示 110kV Ⅰ母三相电压为零，初步判断电压并列回路存在异常。经检查发现，110kV 电压并列装置直流电源空气开关跳开，并列回路失电，且该并列回路继电器采用单位置继电器，当直流电源失去时，电压并列继电器失电，从而导致 110kV Ⅰ母失压。更换直流电源空气开关后缺陷恢复。后续将单位置继电器更换为带自保持功能的双位置继电器，从根源上消除此缺陷。

三、排查及整改方法

（1）严格落实相关设计规范。对于新建及技改变电站，交流电压公共切换回路的重动并列回路宜采用方案 4（普通双中间继电器，双直流供电），且直流电源分别直接从不同直流母线段引接，保证电压回路的可靠性。110kV 及以下也可采用方案 2（双位置继电器，单直流供电）。

（2）加强隐患排查治理力度。对于运行中的变电站，专业管理部门应组织核查交流电压公共切换回路图纸：方案 4（普通双中间继电器，双直流供电）满足要求；方案 2（双位置继电器，单直流供电）基本满足要求，但现场运行操作时要采取防止反充电的措施；对采用方案 1（普通中间继电器，单直流供电）、3（普通双中间继电器，单直流供电）和 5（普通中间继电器，三路直流供电）变电站进行整改。

案例十九 间隔电压切换并列告警回路设计不完善

一、排查项目

间隔电压切换回路采用双位置继电器，而电压并列“切换继电器同时动作”告警回路采用单位置继电器触点，未能正确反应电压异常并列。

二、案例分析

（一）排雷依据

《国家电网有限公司十八项电网重大反事故措施（修订版）》（国家电网设备〔2018〕

979 号）第 15.1.5 条："当保护采用双重化配置时，其电压切换箱（回路）隔离开关辅助触点应采用单位置输入方式。单套配置保护的电压切换箱（回路）隔离开关辅助触点应采用双位置输入方式。电压切换直流电源与对应保护装置直流电源取自同一段直流母线且共用直流空气开关。"

（二）爆雷后果

电压并列告警信号无法全面正确地反映切换继电器同时动作情况，电压异常并列时未能及时发信，可能导致反充电。

（三）实例

某日，220kV 某变电站 220k Ⅰ、Ⅲ母分段断路器间隔电流互感器爆炸，母差正确动作切除Ⅰ、Ⅲ母线；因运行在Ⅰ母的 220kV 线路 1 电压切换箱内Ⅱ母隔离刀闸分位电阻开路，相应电压切换继电器未能复归，使得Ⅰ、Ⅱ母电压切换回路二次误并列，造成Ⅱ母电压互感器对Ⅰ母电压互感器二次反充电，Ⅱ母电压互感器总空气开关跳闸，使得已进入故障处理程序的 220kV 线路 2、220kV 线路 3 线路保护距离Ⅲ段动作，造成全站失压。故障导致 220kV 某铁路牵引站及 110kV 某变电站失压，损失负荷 2.8 万 kW。

电压切换箱内电阻金属膜开裂造成开路（图 3-45 中 R7），使得二次电压切换继电器状态与一次隔离开关状态不一致。而电压切换回路采用双位置继电器，二次电压并列告警信号却仅采用单位置继电器，两者不一致造成二次电压并列告警信号不能真实反映二次电压切换状态，导致运行中无法及时发现二次电压异常并列的情况。

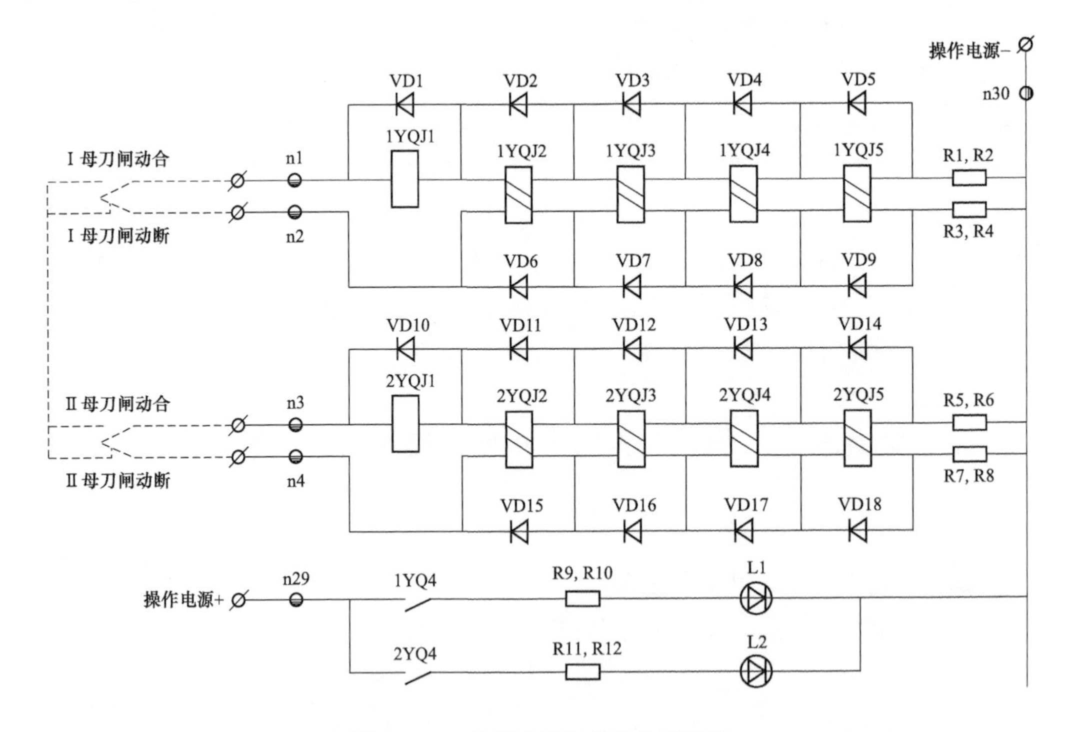

图 3-45　双位置电压切换插件回路图

三、排查方法及整改方法

（1）当间隔电压切换继电器采用双位置继电器时，电压并列（切换继电器同时动作）告警回路应在原单位置继电器动合触点串联回路上再并联双位置继电器的动合触点串联回路，使一次隔离开关辅助触点异常情况下也能发信报警。

（2）运维单位应重视日常运行监视、巡视中发现的母线电压并列告警信号，对二次状态与一次设备实际状态不对应的异常情况应进行详细的检查分析，确保及时消除缺陷。

（3）对新、改建间隔，应严格执行相关反措要求，当保护采用双重化配置时，其电压切换箱（回路）隔离开关辅助触点应采用单位置输入方式。

案例二十　瓦斯保护回路接线错误

一、排查项目

变压器本体瓦斯保护信号回路和跳闸回路交叉，造成轻瓦斯保护动作时变压器三侧断路器误跳闸。

二、案例分析

（一）排雷依据

《继电保护及二次回路安装及验收规范》（GB/T 50976—2014）第 5.1.3 条：“应对二次回路所有接线，包括屏柜内部各部件与端子排之间的连接线的正确性和电缆、电缆芯及屏内导线标号的正确性进行检查，并检查电缆清册记录的正确性。”

（二）爆雷后果

变压器出现轻微异常时，本体气体继电器轻瓦斯发信触点闭合，由于该气体继电器触点错连至重瓦斯跳闸回路，导致本体重瓦斯保护误动作跳开运行变压器三侧断路器。

（三）实例

某新建变电站进行投产前验收，现场检修人员进行 1 号变压器间隔非电量保护本体气体继电器回路验证时，检修人员按压本体气体继电器试验顶针模拟气体继电器动作，出现按半程本体重瓦斯保护动作和按全程轻、重瓦斯保护同时动作的现象。二次作业人员怀疑 1 号变压器非电量保护本体气体继电器二次回路存在接线错误的情况，经现场排查发现在本体气体继电器接线盒内二次触点引出至本体端子箱时，轻、重瓦斯触点接线存在交叉错接。如图 3-46 所示，左侧一对为轻瓦斯动作触点，右侧两对为重瓦斯动作触点。而在变压器本体端子箱内，实际如图 3-46 方框内两对触点并联接到本体重瓦斯动作开入，而下面的一对重瓦斯触点错接到轻瓦斯动作开入，导致现场模拟本体继电器轻瓦斯动作实际非电量保护却显示重瓦斯保护动作的现象。

后续检修人员在本体端子箱内将接线改正后，再次模拟本体气体继电器动作，试验结果正确。

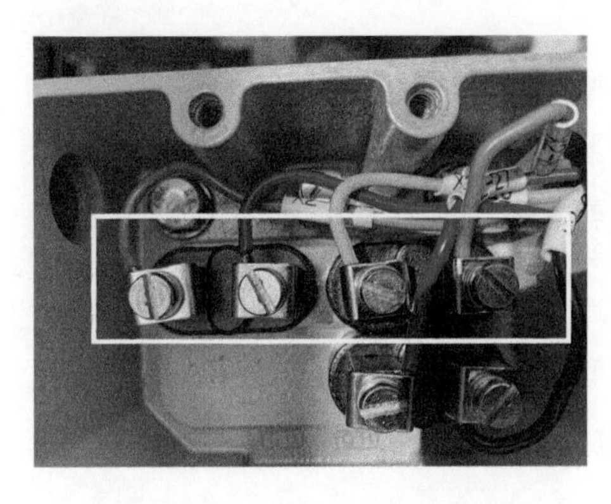

图 3-46　本体气体继电器接线盒

三、排查及整改方法

（1）加强现场图纸核对，保证图实相符。对保护屏、变压器本体端子箱、气体继电器接线盒回路接线进行检查，确保接线与图纸一致，保证连接线、电缆、电缆芯及导线标号的正确性，并对比接线两侧电缆线芯是否一致。

（2）加强基建验收管控，定期检修试验验证。基建过程中，施工单位应按图施工，确保回路正确性，施工调试应严格按照作业指导书，试验报告内容应正确完整。在基建验收或停电检修时，采用源端模拟进行非电量保护发信和传动试验，验证回路正确性，不应通过短接端子箱触点等方式验证。验收单位应严格按照规程要求进行验收，具体操作为：采用源端模拟进行非电量保护发信和传动试验，对变压器非电量保护进行回路校验，尤其针对气体继电器，通过按压顶针等方法依次模拟轻瓦斯动作发信和重瓦斯动作跳闸检查，并指派专人在保护装置及后台检查信号或动作情况是否正确。对于不同型号的气体继电器，与厂家明确模拟轻重瓦斯动作及复归的操作方法，确保非电量保护信号回路与跳闸回路不存在交叉。

案例二十一　户外变压器非电量保护防水措施不当

一、排查项目

户外变压器的气体继电器（本体、有载开关）、油流速动继电器、压力释放阀、温度计防水措施不当，造成二次接线盒进水锈蚀引起误动、误告警。

二、案例分析

（一）排雷依据

《国家电网公司变电验收管理规定（试行）第 1 分册：油浸式变压器（电抗器）验收细则》第 A.3 条：“户外变压器的气体继电器（本体、有载开关）、油流速动继电器、温度计均应装设防雨罩，继电器本体及二次电缆进线 50mm 应被遮蔽，45°向下雨水不能直淋。”

《继电保护及二次回路安装及验收规范》（GB/T 50976—2014）第 5.7.2 条：“变压器、电抗器本体非电量保护回路应防雨、防油渗漏、密封性好、绝缘良好。气体继电器应安装防雨罩，安装应结实牢固且应罩住电缆穿线孔。”

《国家电网有限公司十八项电网重大反事故措施》第 9.3.2.1 条：“户外布置变压器的气体继电器、油流速动继电器、温度计、油位表应加装防雨罩，并加强与其相连的二次电缆结合部的防雨措施，二次电缆应采取防止雨水顺电缆倒灌的措施（如反水弯）。”

（二）爆雷后果

防水措施不当导致户外变压器非电量二次回路绝缘不良，造成触点间短路，引起非电量保护误动作、误告警动作，造成变压器三侧断路器跳开。

防水措施不当导致户外变压器非电量二次回路绝缘不良，造成回路接地，引起站内直流接地，若站内恰有第二个接地点，可能造成保护、断路器误动或拒动，或站内直流电源空气开关跳开。

（三）实例

某110kV变电站，故障发生前2号变压器处运行状态，保护相关压板正常投入。某日，2号变压器有载重瓦斯动作，跳开2号变压器三侧断路器。10kV备自投动作合上10kV分段断路器，负荷未损失。

在2号变压器改检修状态下，检修人员检查发现2号变压器本体并无异常情况，有载重瓦斯触点一直在导通状态，将有载气体继电器盖子打开，发现继电器触点浸泡于水中（见图3-47），测试绝缘接近于0。

判断故障原因为2号变压器有载瓦斯继电器接线盒内积水造成重瓦斯动作触点导通，导致2号变压器有载重瓦斯误动出口。检查接线盒，发现进水原因为防雨罩尺寸偏小，未覆盖二次电缆入口，二次电缆穿孔处密封失效（见图3-48），导致雨水沿着二次电缆渗入接线盒。现场对该接线盒内部进行了干燥处理，对二次电缆穿孔处进行玻璃胶封堵，并重新调整了防雨罩安装位置。

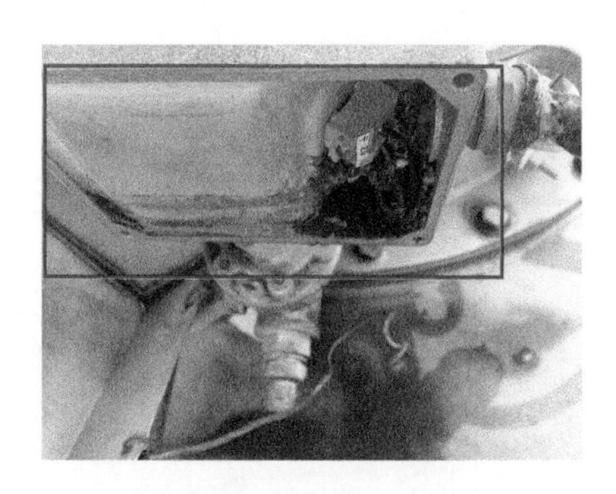

图3-47 继电器接线盒内积水情况

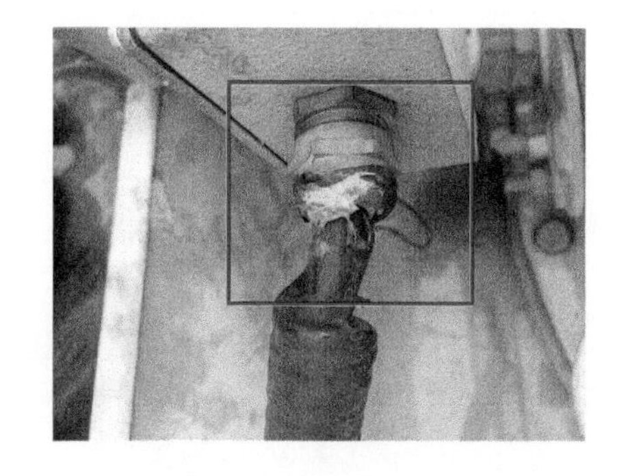

图3-48 二次电缆穿孔情况

三、排查及整改方法

（1）加强对变压器非电量保护防水性能的源头管控。将非电量保护防雨性能列入设计联络会审查要点，强调非电量保护应满足防雨要求，并在验收过程中重点对非电量保护防雨性能进行检查。

（2）验收及检修工作中，严格按照规范要求检查非电量保护功能相关防雨罩的装设情况并完善防雨防水措施，继电器本体及二次电缆进线50mm应被遮蔽，45°向下雨水不能直淋。二次电缆进线应采用格兰头进行密封，或采用封堵材料有效封堵；对封堵措施不合格的设备，应完善封堵措施。

（3）加强户外变压器非电量保护回路绝缘性能检查。停电工作时，二次检修人员应使用绝缘测试仪，分别检查各非电量保护回路对地绝缘性能以及非电量保护回路之间绝缘性能，并如实记录试验数据；若绝缘不合格，则要通过断开回路并分别对各部分回路进行绝缘测试，来查找回路中的绝缘薄弱点，并采取相应措施提高二次回路绝缘性能。

（4）加强运维巡视。运维单位应结合巡视要求，仔细巡查运行变压器防雨罩安装情况，二次电缆防止雨水顺电缆倒灌措施（如反水弯）的实施情况，及时上报未满足要求设备，纳入整改计划。

案例二十二　非电量直跳继电器启动功率不合格

一、排查项目

非电量保护跳闸重动继电器启动功率过低，造成因二次回路干扰误动作。

二、案例分析

（一）排雷依据

《变压器、高压并联电抗器和母线保护及辅助装置标准化设计规范》（Q/GDW 1175—2013）第 5.2.7.C 条："用于非电量跳闸的直跳继电器，启动功率应大于 5W，动作电压在额定直流电源电压的 55%～70%范围内，额定直流电源电压下动作时间为 10ms～35ms，应具有抗 220V 工频干扰电压的能力。"

（二）爆雷后果

（1）直流回路接地时，由于分布电容等影响，跳闸重动继电器误动作。

（2）交流电串入直流回路时，跳闸重动继电器误动作。

（三）实例

某 110kV 变电站大修时，按检修作业包要求需测试变压器非电量跳闸重动继电器动作功率，动作功率要求大于 5W。1 号变压器非电量保护跳闸重动继电器动作功率测试值：本体重瓦斯动作功率为 3.22W，有载重瓦斯动作功率为 1.518W，压力释放动作功率为 1.564W。

继电器功率均小于 5W，不满足要求。该非电量装置投产时间为 2005 年，当时还没有非电量跳闸重动继电器动作功率大于 5W 的要求。现在要求非电量继电器与直跳回路一样，具备抗 220V 工频交流干扰的能力，启动功率要大于 5W。在不允许增加电气量防误措施的条件下，对装置动作功率要求较高，可以防止非电量保护误动。

现场检修人员立即对不符合要求的非电量跳闸重动继电器进行更换。经整改后，变压器非电量保护各项功能完好，试验结果正确。

三、排查及整改方法

（1）安排检修摸排整改。开展非电量直跳继电器动作功率、动作电压、动作时间排查工作。核查检修记录和反措台账，对未记录过的变压器，结合停役进行试验确认。对于不符合动作功率、动作电压、动作时间的直跳继电器，要求尽快结合停役进行整改。

（2）继电器功率的测试方法：用继电保护测试仪或者直流试验电源提供控制电源给继电器，回路中串入电流表测量电流；从 0V 开始逐渐提高输入继电器的电源电压，当听到继电器动作触点吸合的声音时，记录此时的直流输出电压和电流大小；将电流与电压相乘得到继电器的动作功率。为求准确，可重复多次试验取平均值。

案例二十三　变压器冷却器全停保护二次回路不完善

一、排查项目

变压器冷却器全停而油温正常时仍可继续运行，其运行时间和温度根据变压器本身特性有相关要求，若未串温度触点则存在误跳风险，若时间整定不合适则保护无选择性，需对冷却器全停保护二次回路中的温度触点和时间触点进行排查，确保相关回路正确无误。

二、案例分析

（一）排雷依据

《继电保护及安全自动装置验收规范》（Q/GDW 1914—2013）表 C.8：“变压器（电抗器）保护装置系统功能验收内容及要求：二次回路逻辑功能，冷却器全停跳闸逻辑：油温、电流闭锁逻辑回路正确，跳闸逻辑及信号回路正确。”

《110（66）kV～500kV 油浸式变压器（电抗器）运行规范》（国家电网公司输变电设备技术管理规范）第十一条：“变压器保护装置运行维护，（三）油温保护：（3）对于无人值班变电站，冷却装置启停应结合油温、负荷、冷却方式来确定。”

《电力变压器运行规程》（DL/T 572—2020）第 6.3.2 条：“强油循环风冷和强油循环水冷变压器，在运行中，当冷却系统发生故障切除全部冷却器时，变压器在额定负载下运行时间不小于 20min。当油面温度尚未到 75℃时，允许上升到 75℃，但冷却器全停的最长运行时间不得超过 1h。对于同时具有多种冷却方式（如 ONAN、ONAF 或 OFAF），变压器应按制造厂规定执行。”

（二）爆雷后果

变压器冷却器全停后，可继续运行多长时间是由设备制造厂决定的，目前冷却器全停后考虑变压器的运行温度，两者统一考虑才出口跳闸。

若冷却系统全停保护未串接油面温度触点，将导致冷却器一失电就经时间继电器动作出口，跳开变压器三侧运行断路器，造成事故停电。

（三）实例

某 220kV 新建变电站启动时，在站用电拆搭接（外接电源改为 1 号、2 号所用电）过程中 1、2 号变压器非电量保护（冷控失电）动作，跳开 1 号变压器三侧断路器、2 号变压器 220kV 侧和 35kV 侧断路器（110kV 断路器跳闸前分位）。事件造成一条 110kV

线路失电，对侧变电站 110kV 备自投装置动作，负荷没有损失。

调取后台 SOE 动作时序，整理出事故发生时动作情况，见表 3-2。从中可以看出，在 1 号变压器和 2 号变压器交流电源故障告警、风机全停瞬时报警后，延时 20min 冷控失电保护动作出口，跳开 1 号变压器和 2 号变压器三侧断路器。

表 3-2　　后台 SOE 动作时序

时间	SOE 报文时序
14:00:35	1 号变压器本体间隔 1 号变压器交流电源故障告警
14:00:35	1 号变压器本体间隔 2 号变压器交流电源故障告警
14:00:35	1 号变压器本体间隔风机全停瞬时报警告警
14:00:35	2 号变压器本体间隔 1 号变压器交流电源故障告警
14:00:35	2 号变压器本体间隔 2 号变压器交流电源故障告警
14:00:35	2 号变压器本体间隔风机全停瞬时报警告警
14:22:11	1 号变压器本体间隔冷控失电动作告警
14:22:11	1 号变压器 220kV 间隔 1 号变压器 220kV 断路器 A 相分位动作
14:22:11	1 号变压器 220kV 间隔 1 号变压器 220kV 断路器 B 相分位动作
14:22:11	1 号变压器 220kV 间隔 1 号变压器 220kV 断路器 C 相分位动作
14:22:11	1 号变压器 110kV 间隔 1 号变压器 110kV 断路器分闸
14:22:11	1 号变压器 35kV 间隔 1 号变压器 35kV 断路器分闸
14:23:24	2 号变压器本体间隔冷控失电动作告警
14:23:24	2 号变压器 220kV 间隔 2 号变压器 220kV 断路器 A 相分闸
14:23:24	2 号变压器 220kV 间隔 2 号变压器 220kV 断路器 B 相分闸
14:23:24	2 号变压器 220kV 间隔 2 号变压器 220kV 断路器 C 相分闸
14:23:24	2 号变压器 35kV 间隔断路器分位由分到合

检修人员现场核查变压器冷控失电回路图（见图 3-49），发现“冷控失电跳闸回路”中首先串接了冷却器两路电源的动断触点，随后并联接入两个时间继电器，其动作逻辑为：①1KT 动断触点在延时 20min 后导通，并串接 K3 油温高闭锁触点后启动非电量保护“冷控失电”动作，跳开变压器三侧断路器。②2KT 动断触点是延时 60min 后导通，不经过油温闭锁直接去启动变压器非电量保护“冷控失电”动作，跳开变压器三侧断路器。

1 号和 2 号变压器冷却器全停端子排接线图和实物图如图 3-50 和图 3-51 所示。

图 3-52 冷却器失电保护逻辑图中详细地将动作逻辑展现出来，其中 t_1=60min，t_2=20min。根据 SOE 动作报文可知，冷却器失电后 20min，变压器非电量保护即出口跳闸。但经后台查看，变压器跳闸时油温为 45℃，未到达整定单要求的 100℃，逻辑上冷控失电保护不应跳闸出口。

+KM
1KM
2KM
1KT
2KT
-KM
2KT (60min)
15 18
01
015
K3
015′
1KT (20min)
15 18

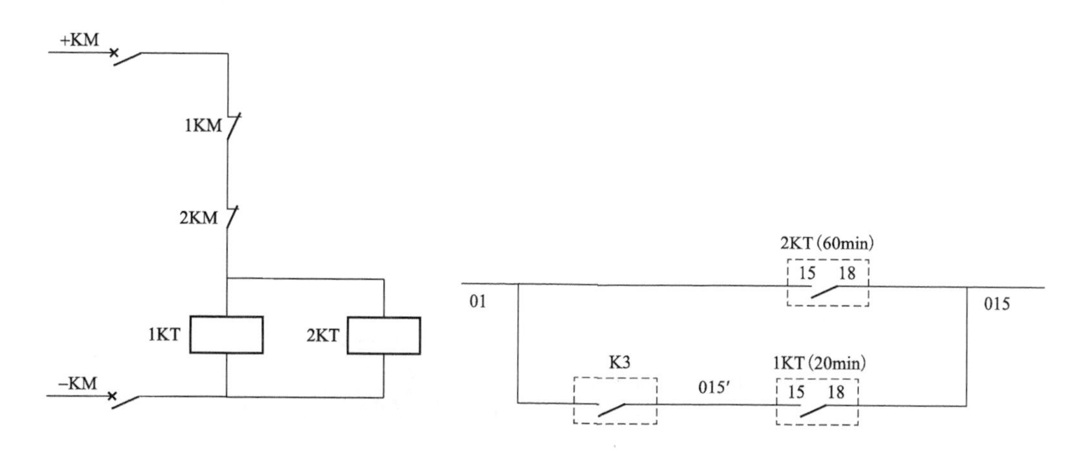

图 3-49 冷控失电启动回路原理图及二次接线图（K3 油温触点）

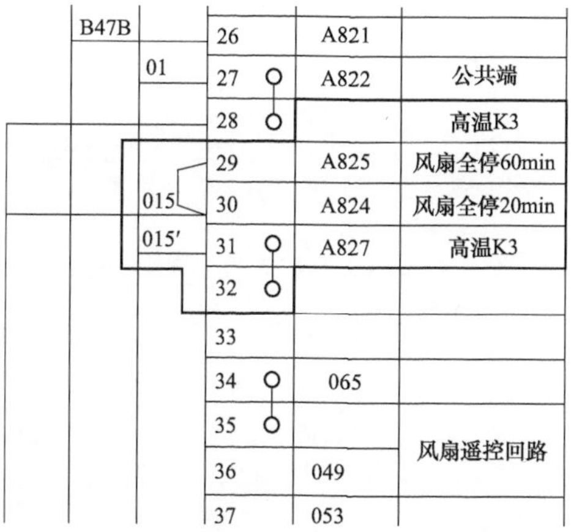

B47B
01
015
015′
26 A821
27 A822 公共端
28 高温K3
29 A825 风扇全停60min
30 A824 风扇全停20min
31 A827 高温K3
32
33
34 065
35
36 049
风扇遥控回路
37 053

图 3-50 1 号和 2 号变压器冷却器全停端子排接线图

A821
A825
A824
A827
065
049
053

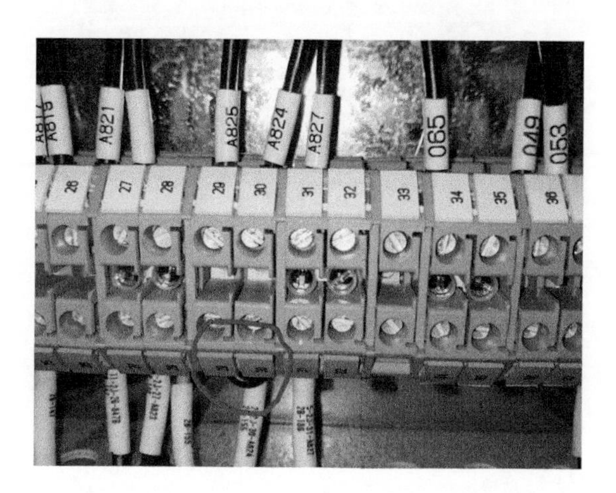

图 3-51 1 号和 2 号变压器冷却器全停端子排接线实物图

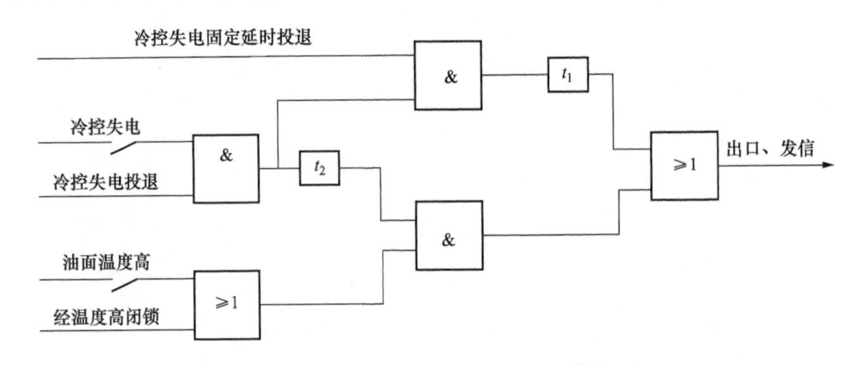

图 3-52　冷却器失电保护逻辑原理图

进一步核查现场实际回路接线，发现两路时间继电器（1KT、2KT）设定值和设计图纸要求刚好相反，2KT 现场实际设定值为 20min，1KT 现场实际设定值为 60min，如图 3-53 所示。根据两路时间继电器现场实际设定值初步推断，在两路站用电全部失去，经过 20min 后，两台变压器冷控失电保护动作，1 号变压器三侧断路器跳闸，2 号变压器高压和低压侧断路器跳闸。

图 3-53　两路时间继电器实际整定值

检修人员对现场施工情况进行调查后发现，施工调试人员在定值整定工作中误将 1KT 的设定值整定为 60min，将 2KT 的设定值整定为 20min。为了避免冷却器回路再次发生故障，检修人员责令施工方按照定值单进行时间继电器整定，并经过试验正常后，变压器重新投入运行。

三、排查及整改方法

（1）加强冷却系统全停保护的施工质量。在基建过程中，施工单位应按施工作业要求对变压器冷却器全停保护进行试验，根据整定单对相关时间继电器进行整定，并将试验报告和核对后的整定单留底。对于存在问题的非电量回路和整定单，应及时上报基建管理部门及专业管理部门，工作票终结前应与运维人员核对继电器整定值，时间继电器应用标签注明功能。

（2）加强冷却系统全停保护的竣工验收。在竣工验收时，检修单位应重点审查设计图纸，将冷却器全停回路是否串接温度触点作为关键验收点；与一次专业人员配合模拟冷却器失电带断路器进行整组传动。试验方法：现场由一次人员断开冷却器两组电源模拟冷却器失电状况，二次人员通过拨动温度计指针或者短接温度触点的方法满足温度触点要求，并按照整定单的要求，保证试验在温度触点及整定时间分别满足与不满足两种情况下，实际冷却器全停保护是否出口跳闸，若温度触点或者整定时间有一项不满足仍可出口跳闸，则该二次回路存在重大安全隐患，需立即整改。

（3）加强冷却系统全停保护的运维检修核查。在日常运维时，运维单位应严格执行运行巡视制度，仔细核查冷却器时间继电器整定情况，及时上报异常情况；检修单位应在综合检修时，按综合检修试验要求进行全面试验，确定变压器冷却器全停回路正常。

（4）加强专业部门变压器非电量保护的技术管理。专业管理部门应针对此类问题进行专题分析，认真组织问题排查，如集中排查带冷却器回路的变压器非电量保护定值、现场时间继电器整定情况、变压器非电量保护二次回路图等，对不符合要求的变压器及时安排停电整改计划，并经现场试验合格后方能重新投入运行。加强施工及检修人员对冷控失电跳闸回路的学习，杜绝该类事故的再次发生。

案例二十四 硬压板断裂

一、排查项目

保护硬压板断裂或由于接线柱塑料壳老化导致的断裂，影响保护装置正常运行，严重时导致保护无法出口，扩大事故范围。

二、案例分析

（一）排雷依据

《防止电力生产事故的二十五项重点要求》（国能安全〔2014〕161 号）第 18.9.2 条：“新建、扩、改建工程除完成各项规定的分步试验外，还必须进行所有保护整组检查，模拟故障检查保护连接片的唯一对应关系，模拟闭锁触点动作或断开来检查其唯一对应关系，避免有任何寄生回路存在。”

（二）爆雷后果

硬压板存在断裂风险，断裂后可能导致保护装置功能异常，造成保护装置拒动或无法出口跳闸，造成越级跳闸，扩大事故停电范围。

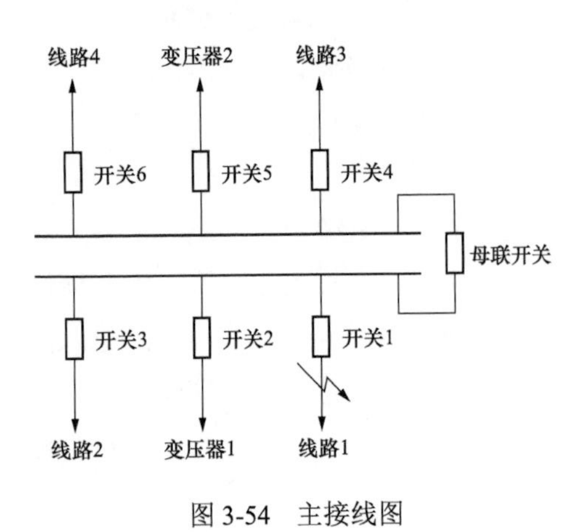

图 3-54 主接线图

（三）实例

某日 13 点 33 分，雷雨天气，某 220kV 变电站某 220kV 线路 1 发生 B 相故障（见图 3-54），该线路第一套保护装置未正确动作出口，故障由第二套保护装置动作出口切除。经检修人员检查，故障时刻该线路第一套保护装置动作，但第一套保护操作箱未出口动作。后续对该线路第一套保护装置进行补充校验，发现保护装置功能正常；在出口传动时，B 相无法正常出口。在断路器合位时测量该压板上下端子电压异极性，拉开电源测量该压板上下端子发现不能导通。经检查，发现 B 相跳闸出口压板断裂，导致保护不能出口动作，更换该压板后再次进行试验则保护正确出口。

保护装置硬压板一般可分为功能压板和出口压板两大类。

功能压板决定保护功能是否投入。如果功能压板断裂，保护装置对应的保护功能被取消，可能导致继电保护装置无法反应故障，保护失去选择性；投远方/就地压板断裂，将导致调度部门无法远程监视控制保护装置的健康状况和动作行为。

出口压板决定保护动作的结果。根据保护动作出口作用的对象不同，出口压板可分为跳合闸出口压板和启动压板。如果跳闸出口压板断裂的话，保护装置动作但无法出口跳开断路器，将由其他保护动作切除故障，可能扩大事故影响范围；如果重合闸压板出现断裂，当线路发生瞬时性故障保护跳开故障相后，重合闸命令无法通过重合闸压板出口，后续断路器三相不一致保护动作，降低输电线路供电可靠性；如果启动压板（启失灵、解复压、失灵联跳、闭锁备自投等）断裂，不同间隔的保护功能无法相互配合（母差保护与线路保护、变压器保护的配合，110kV 变电站备自投与线路保护、变压器保护配合）。

三、排查及整改方法

（1）严格落实竣工质量验收。要求基建部门对压板螺栓进行紧固并抽查紧固情况；验收时应对所有压板进行检查，查看功能压板开入情况，出口压板依次验证是否正确出口，防止带缺陷投运。

（2）加强日常巡视排查，梳理完善保护台账。日常运维时，制定定期检查制度，确定检查内容，明确周期检查的时间、增加巡视（全面巡视和专业巡视）的安排。应全面检查压板的外观，包括压板的连接片和端口等金属结构表面是否有腐蚀。对于存在问题的硬压板，运维人员要记录备案并及时上报管理部门，管理部门根据严重程度安排检修计划及时予以替换。

（3）严格执行运维检修核查，加强隐患排查治理力度。综合检修或者技改时，检修人员应仔细检查各个硬压板外观并验证各硬压板（功能压板、出口压板）的正确性，保证相关压板退出后，不存在不经控制的迂回回路，且当相关压板投入后，保护动作逻辑应当正确无误。

（4）完善保护压板状态智能管控功能，消除硬压板监测盲区，提升继电保护安全运行管控能力，避免因压板误投退导致的继电保护不正确动作。

案例二十五　保护小室等电位接地网未可靠接地

一、排查项目

保护小室等电位接地网的接地情况不良、接地电缆截面不足或存在多点接地等，将导致保护装置损坏或不正确动作。

二、案例分析

（一）排雷依据

《国家电网十八项电网重大反事故措施（修订版）》（国家电网设备〔2018〕979 号）第 14.1.1.10 条：“变电站控制室及保护小室应独立敷设与主接地网单点连接的二次等电位接地网，二次等电位接地点应有明显标志。”

（二）爆雷后果

等电位接地网未可靠接地，二次接地网屏蔽失效，在系统操作或发生故障时会产生高频电磁干扰，可能导致保护装置损坏或不正确动作。

（三）实例

某日某变电站 A 线第一套保护通信中断，装置运行灯闪烁，告警灯亮，液晶面板显示初始化频繁。检修人员检查发现保护装置母板上的电源插件和交流插件的屏蔽地线被烧断，如图 3-55 和图 3-56 所示。在更换母板、面板 CPU 板和电源板之后，恢复正常。

图 3-55　交流插件屏蔽地线烧断

图 3-56　电源插件屏蔽地线烧断

次日该站 B 线第一套保护频繁通信中断、复归。

几日后该站 C 线第一套保护光纤通道异常，保护装置面板显示“通道延时不稳定动作”“差动数据通道失效动作”“差动数据通道中断动作”和“通道延时过长动作”等告警信号。而对侧保护未出现通道中断的情况，检修人员初步认定是本侧保护的 CPU1 板发生故障。在更换保护的 CPU1 板之后，恢复正常。此外值班人员告知当天 14:00 进行过 C 线闸刀操作，14:45 发生通道异常缺陷。更换 CPU 板和电源板之后，保护恢复正常。

经分析，三套保护装置均安装于继保二小室，当一次设备进行停送电操作后，出现保护通信异常、元件损坏的情况，初步判断是继保二小室电缆层二次接地网接地情况不良导致。检修人员对继保二小室电缆层的二次接地网进行仔细检查，发现电缆层的三个电缆竖井接地铜网位均未接地（属基建遗留问题，如图 3-57 所示）。将接地铜网用 4 根 $50mm^2$ 铜缆引至 220kV 电缆竖井处接地，如图 3-58 所示，整改后未发生类似事件。

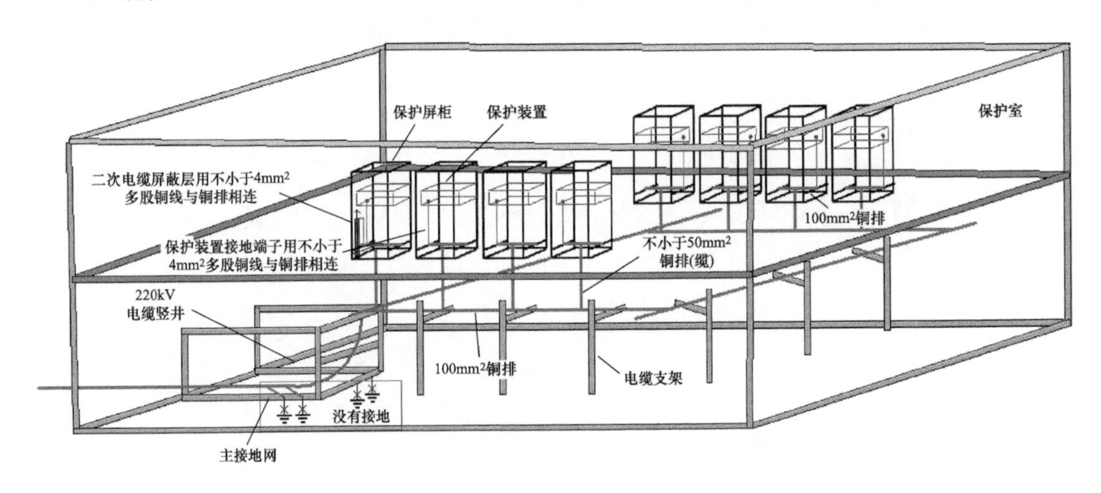

图 3-57　某变电站继保二小室二次接地网敷设图

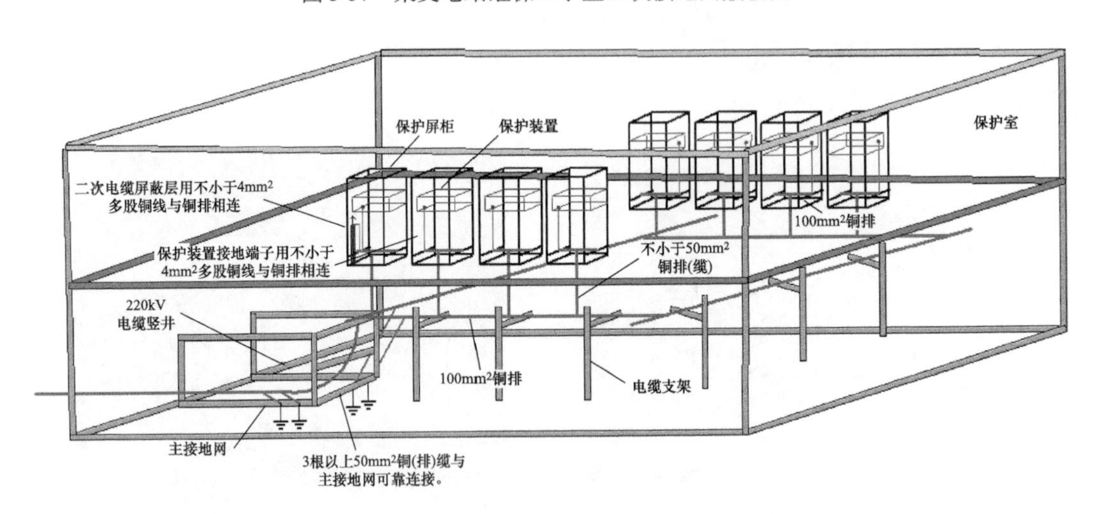

图 3-58　某变电站继保二小室二次接地网敷设图（整改后）

三、排查及整改方法

（1）严格把控基建施工质量。在基建过程中，施工单位应按要求敷设保护小室等电位接地网：主控室和保护小室内的等电位接地网与主接地网的连接只有一个连接点，位于电缆竖井处（或电缆沟入口处），在该处用不少于4根铜排（缆）共点密集布置与主地网可靠连接，且接地网的接地点应有明显标示，便于检查维护，电缆层接地铜牌的接地点应牢固连接。

（2）强化竣工质量监督。在竣工验收时，验收单位应按照标准详细核查等电位接地网接地工况，同时仔细检查装置屏蔽接地情况，做好装置抗干扰措施。

第四章

直流电源隐患

直流系统为变电站内继电保护及安全自动装置、故障录波器、测量控制装置等二次设备提供工作电源，也为断路器、隔离开关等一次设备操动机构提供控制电源，其主要由充电装置、蓄电池、绝缘监测装置、熔断器、空气开关及相关二次回路等组成。直流系统“牵一发而动全身”，重要性不言而喻。若变电站失去直流系统，站内的保护、控制、信号将全部失灵，变电站将处于失控状态，极易造成全停甚至大面积停电事故。因此，直流系统隐患排查工作对提高全站继电保护可靠性有重要意义。在电网实际运行中，继电保护直流电源系统可能存在的隐患有双重化保护装置电源与控制电源交叉接入、两组直流电源跨接或共用一个绝缘监测装置、直流回路采用交流空气开关、直流空气开关上下级配合不当、交直流回路混用同一根电缆、控制电源与信号电源存在寄生回路、蓄电池内阻偏大等。本章选取10个典型案例，介绍常见的继电保护直流电源隐患和相应的排查及整改方法。

案例一　直流回路采用交流空气开关

一、排查项目

保护屏柜、测控屏柜、开关柜二次仓、智能汇控柜等直流回路电源的空气开关是否存在采用交流空气开关的异常情况。

二、案例分析

（一）排雷依据

《继电保护及二次回路安装及验收规范》（GB/T 50976—2014）第5.2.5条：“信号回路应由专用直流空气开关供电，不应与其他回路混用”；第5.2.6条：“各类保护装置的电源和断路器控制电源应可靠分开，并应分别由专用的直流空气开关供电”。

《国家电网有限公司关于印发十八项电网重大反事故措施》（国家电网设备〔2018〕979号）第15.6.9.1条：“对于按近后备原则双重化配置的保护装置，每套保护装置应由不同的电源供电，并分别设有专用的直流空气开关。”

（二）爆雷后果

交流空气开关或交直流两用断路器无法准确断开直流短路电流，可能引起上一级空气开关越级跳闸等相关故障。

交流空气开关灭弧装置的灭弧能力比直流空气开关低。由于直流电流的大小和方向不随着时间而变化，故而分断的时候产生的电弧更大。相同电压等级的交流空气开关在断开直流时的灭弧能力明显不足，一旦过载跳闸，交流空气开关不能有效灭弧（直流电弧），即不能有效断电，不仅会烧毁空气开关，还会损坏蓄电池及相关二次设备。

（三）实例

某供电公司变电检修中心对某220kV变电站进行综合性检修工作。二次检修人员根据工作内容对220kV线路保护进行C级检修。在拉合第一套线路保护控制电源过程中，检修人员发现控制电源空气开关1DK开断电源有较明显火花，怀疑为空气开关老化导致灭弧能力不足。进行检查后，发现该空气开关采用交流C6型空气开关（见图4-1），违反了直流回路中严禁使用交流空气开关的要求。

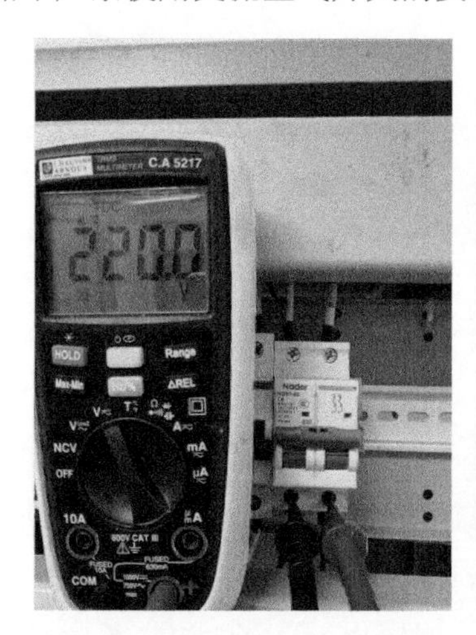

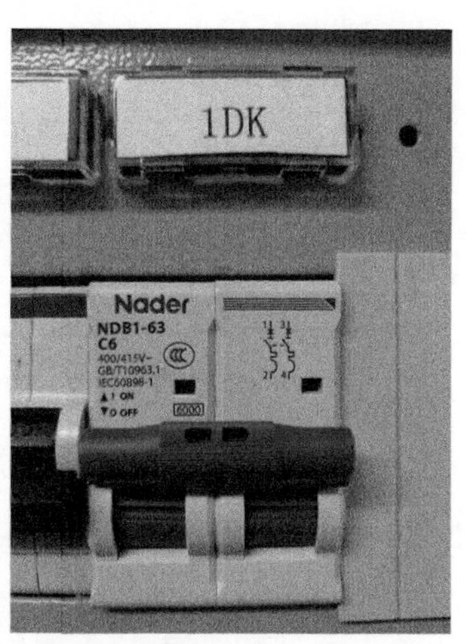

图4-1　直流回路错用交流空气开关

检修人员根据空气开关的级差要求，及时更换了专用的直流空气开关，并对该站的所有空气开关进行了检查，确保所有直流回路均采用了符合要求的专用直流空气开关。

三、排查及整改方法

（1）加强对二次回路空气开关的源头管控。将二次回路空气开关列入设计联络会审查要点，强调直流回路空气开关必须使用专用直流空气开关，并且满足级差要求。施工单位应对设计图纸及屏柜配置的空气开关类型进行核查，确保使用合格的空气开关。根据最新设计要求，上下级之间额定电流需满足级差配合公式的要求，且要求：①对于集中辐射式，馈线断路器额定电流不宜大于63A，终端断路器宜选用B型，额定电流不宜大于10A；②对于分层辐射式，分电柜馈线断路器宜选用二段式微型断路器，当不满足选择性配合要求时，可采用带短延时保护的微型断路器，终端断路器选用B型，额定电流不宜大于6A，一般在电力工程中直流空气开关上下级差选择为4级。

（2）加强二次回路空气开关的竣工质量监督。在竣工验收时，将保护屏柜、测控屏柜、数据网关机屏柜、智能汇控柜、开关柜二次仓等屏柜的空气开关进行重点验收，逐一对每一空气开关的型号进行核实，保障竣工验收质量，确保基建问题不流入运维检修环节。

（3）加强二次回路空气开关的运维检修核查。运维单位应针对每个变电站编制交直流回路配置图，核实每一级空气开关的容量及型号；检修单位应结合专业巡视和综合检修，对二次屏柜直流供电空气开关进行重点排查，逐一核实空气开关的型号和容量，及时对老化、不满足要求的空气开关进行更换。

案例二　寄生回路导致二次系统交直流互窜

一、排查项目

二次系统接线存在寄生回路，导致二次系统交流量串入直流系统造成影响，使交流量偏移、直流系统接地，甚至误动跳闸。

二、案例分析

（一）排雷依据

《继电保护及二次回路安装及验收规范》（GB/T 50976—2014）第5.1.3条："应对二次回路所有接线，包括屏柜内部各部件与端子排之间的连接线的正确性和电缆、电缆芯及屏内导线标号的正确性进行检查，并检查电缆清册记录的正确性。"

《国家电网有限公司十八项电网重大反事故措施》第15.6.7条："外部开入直接启动，不经闭锁便可直接跳闸（如变压器和电抗器的非电量保护、不经就地判别的远方跳闸等），或虽经有限闭锁条件限制，但一旦跳闸影响较大（如失灵启动等）的重要回路，应在启动开入端采用动作电压在额定直流电源电压的55%～70%范围以内的中间继电器，并要求其动作功率不低于5W。"

（二）爆雷后果

（1）交直流回路是两个相互独立的系统，直流回路是绝缘系统，而交流回路是接地系统，交直流电源互窜，将降低直流回路绝缘性。

（2）交流窜入直流，可能使断路器误动、拒动，事故时扩大事故影响范围；或监控系统频繁告警发信。

（3）直流窜入交流，可能使保护采样不准确引发误动作，损坏装置电源模块，降低运行可靠性。

（三）实例

某变电站1号变压器复役时，操作到1号变压器冷却器投运步骤时，220kV副母分段断路器跳闸，"220kV直流Ⅰ段绝缘故障""220kV直流Ⅰ段系统故障""事故音响信号”光字牌亮。直流Ⅰ段屏“绝缘监测发生故障”“控母Ⅰ段电压负极接地故障”告警灯亮。检修人员测量直流母线电压，发现有 220V 交流电源串入。220kV 副母分段断路器保护屏时间继电器动作。

拉开 1 号变压器冷却器电源（交流），直流母线电压恢复正常，220kV 副母分段断路器保护屏时间继电器返回，确认 220kV 副母分段断路器跳闸是由于交流电源串入直流回路引起。

检修人员检查 1 号变压器冷却器回路及 1 号变压器本体端子箱，核对信号回路（直流）和冷却器相关控制回路（交流），如图 4-2、图 4-3 所示，发现现场回路存在错接。

事故原因为：冷却器相关控制回路 [704]（交流）和中性点闸刀辅助触点的 704（直流）均引到 1 号变压器端子箱，因现场人员打印接线导线标号时，打印设备使用不熟练，故将 [704] 忽略为 704，接线人员在接线过程中，将同标号的 704 回路均接至直流信号回路里，导致出现错接线。当操作到 1 号变压器冷却器投运步骤时，交流由 704 窜入直流回路，导致直流接地、220kV 副母分段断路器误跳闸。

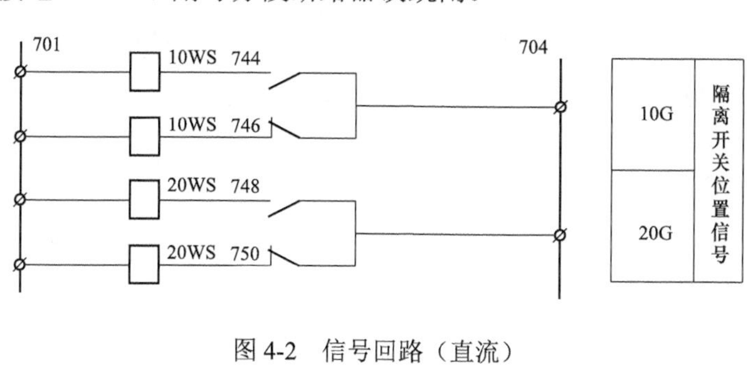

图 4-2 信号回路（直流）

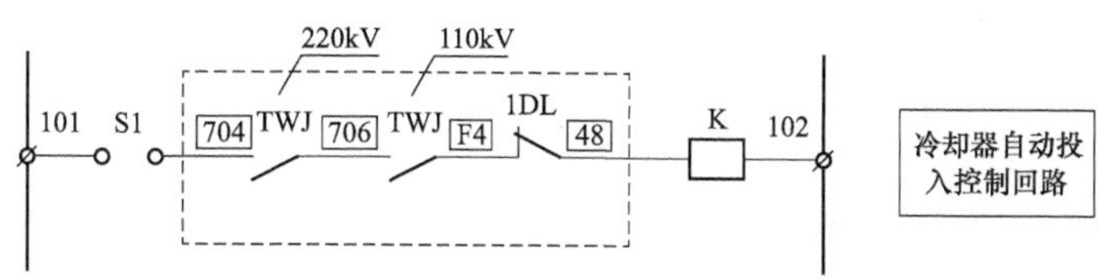

图 4-3 冷却器相关控制回路（交流）

后续检修人员通过对线确认实际接线后修改导线标号，并将回路进行改正，更换动作继电器。

三、排查及整改方法

（1）检修过程中，注意检查保护屏、断路器端子箱、断路器机构箱跳闸回路接线，确保接线与图纸一致；检查连接线、电缆、电缆芯及导线标号的正确性，并对比接线两侧电缆线芯是否一致。同时通过拉开直流电源空气开关，用万用表检查直流回路是否存在其他寄生回路，如果有寄生回路应立刻整改。

（2）施工基建阶段，应注意交流电流和交流电压回路、不同交流电压回路、交流和直流回路、强电和弱电回路、来自电压互感器二次的四根引入线和电压互感器开口三角绕组的两根引入线均应使用各自独立的电缆，对不满足要求的回路需进行整改。施工人员应强化对安全工器具、打印机、标签机等设备的使用，严格按照设计图施工，不随意更改。

（3）提升装置可靠性。对直跳开入采取防误措施，主要有软件和硬件两种。

1）软件防误措施：在有直跳开入时，需经 50ms 的固定延时确认，同时还需灵敏的、不需整定的启动元件动作。

2）硬件防误措施：对直跳回路加装大功率抗干扰继电器，继电器的启动功率应大于 5W，动作电压在额定直流电源电压的 55%～70%范围内，额定直流电源电压下动作时间为 10～35ms，应具有抗 220V 工频电压干扰的能力。

直流正接地时，继电器两端瞬间感受到的最高电压是 50%额定电压的暂态电压，并按时间常数衰减，动作电压下限设为 55%，可躲过直流系统接地时继电器承受的暂态电压。

50Hz 交流系统半个周波的时间是 10ms，而直流继电器一般仅单向动作，在 1 个周波内承受的正向有效启动电压小于 10ms，继电器的启动时间大于 10ms，可有效躲过交流电源干扰串入的能力。

测量方法：在继电器线圈两端施加直流电压并测量线圈电流，对继电器动合触点进行监测，逐步提高直流电压至动合触点闭合，此时的直流电压即继电器动作电压，并通过电压电流计算动作功率。在继电器线圈两端施加 1.2 倍动作电压，测量继电器动作时间。

案例三　交、直流电缆共沟隐患

一、排查项目

站用交流动力电缆与直流电缆共沟，沟内存在火灾隐患，电缆材质和防火措施未满足要求，导致交流电缆失火危及直流电缆，引起站内设备失去保护。

二、案例分析

（一）排雷依据

《国家电网公司十八项电网重大反事故措施（修订版）》（国家电设备〔2018〕979 号）第 13.2.1.3 条："110（66）kV 及以上电压等级电缆在隧道、电缆沟、变电站内、桥梁内应选用阻燃电缆，其成束阻燃性能应不低于 C 级。与电力电缆同通道敷设的低压电缆、通信光缆等应穿入阻燃管，或采取其他防火隔离措施。应开展阻燃电缆阻燃性能到货抽检试验，以及阻燃防火材料（防火槽盒、防火隔板、阻燃管）防火性能到货抽检试验，并向运维单位提供抽检报告。"

（二）爆雷后果

站用交流动力电缆与直流电缆共沟易引发火灾，并引起控制电缆失火，全站设备失去保护，造成大面积失电。

（三）实例

某 500kV 变电站内 1 号站用变压器交流动力电缆在电缆沟转角处（见图 4-4）因电缆绝缘不良引起短路起火，同时波及了同沟较多的二次直流电缆及光缆，造成了站用电及 UPS 交流电源均失去，三台 500kV 变压器风机及油泵无法启动，四条 500kV 线路和七条 220kV 线路保护通道中断，交流充电电源中断，该变电站直流系统仅由蓄电池供电。

经查发现，1 号站用变压器低压侧交流动力电缆采用的是单相电缆，由奥斯特电流磁效应可知在电缆铠装层周围存在磁场，电缆铠装层易产生涡流发热。而该电缆在转角处敷设时转弯半径过小，也加剧了电缆的发热。

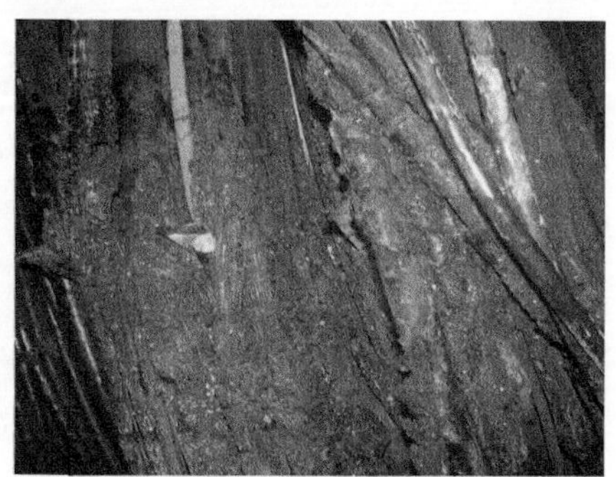

图 4-4 烧损点（主沟转角处）

经检查统计，可能涉及的电缆共有 203 根。这部分电缆烧损存在以下安全风险：

（1）保护直流控制电缆烧损，存在 500kV 变压器及 35kV 设备拒动、误动的风险，还存在变压器 220kV 断路器失灵保护误动跳 220kV 母线的风险。

（2）保护、测控、计量用交流电压、电流回路电缆烧损，存在 TA 开路、TV 短路风险。

（3）监控用电缆烧损，将造成设备无法操作、漏报误报变压器本体及变压器 220kV 断路器等相关设备的状态信号，如漏报断路器 SF_6 低压告警、变压器冷控失电告警等重要信号，存在设备安全风险。

（4）防误用电缆烧损，将造成全站闭锁逻辑混乱不可用，无法进行正常操作，存在运行操作风险。

后续将所用电缆更换为不锈钢材质铠装的三相电缆，并将经过该电缆沟的所有二次电缆、光缆全部更换。

三、排查及整改方法

（1）加强对电缆敷设的源头管控。设计单位在土建设计过程中应关注电缆沟布置是否合理，并在图纸交底时将交、直流电缆敷设要求列入审查要点。若条件允许，尽量满足交、直流电缆分沟敷设；对于不具备独立敷设条件的，应保证电缆沟具备足够的宽度和深度，便于采取加装防火隔板、喷涂防火涂料、修缮防火墙、填充防火沙等隔离措施。同时应避免站用变压器低压侧电缆引线过长，可考虑采用短母排连接。

（2）加强变电站内电缆沟防火措施核查。基建验收过程中应检查电缆沟内电缆是否为阻燃电缆，非阻燃电缆应涂防火涂料或包绕防火包带。同时检查沟内防火隔板、封堵是否完善，沟内是否整洁、无杂物积油，若不符合要求应及时整改。

（3）完善变电站站用变压器保护配置。基建验收和综合检修过程中应检查变电站站用变压器保护配置情况，站用变压器一般配置两段高压侧过流，低电阻接地系统配置两段零序过流保护。高压侧 TA 变比选择应合理，避免保护定值对低压侧母线故障灵敏度不足导致保护拒动；低压侧可配置框架断路器。

案例四　保护与智能终端装置直流电源取自不同母线

一、排查项目

双重化配置的保护装置与智能终端直流电源交叉取自不同直流母线，导致一段直流电源异常对两套保护功能同时产生影响。

二、案例分析

（一）引用标准

《国家电网有限公司十八项电网重大反事故措施》（国家电网设备〔2018〕979 号文）第 15.2.2.2 条："两套保护装置的直流电源应取自不同蓄电池组连接的直流母线段。每套保护装置与其相关设备（电子式互感器、合并单元、智能终端、网络设备、操作箱、跳闸线圈等）的直流电源均应取自与同一蓄电池组相连的直流母线，避免因一组站用直流电源异常对两套保护功能同时产生影响而导致的保护拒动。"

《继电保护及安全自动装置验收规范》（Q/GDW 1914—2014）第 5.5.2 条："应对保护装置直流电源相对独立性进行检查，装置的直流自动开关配置满足有关规程、规定，不同装置的直流逻辑回路间不能有任何电的联系；对于双重化配置的保护装置，当任意一段直流母线失电时，应保证运行在正常直流母线的保护装置能跳开相应断路器。"

（二）爆雷后果

变电站Ⅰ段或Ⅱ段直流母线因故障失电后，双重化配置的保护和智能终端中，均存在一台设备失去电源的情况，导致两套保护功能均失效，运行设备失去保护。

（三）实例

对某 220kV 变电站直流系统进行验收，在拉开直流Ⅰ段母线总开关过程中，后台发现某 220kV 线路第一套保护故障光字牌、第二套保护装置异常光字牌同时点亮，表明该线路同时失去两套保护。随即对保护所涉设备的电源回路进行检查，发现该线路双套保护装置与智能终端装置的直流电源存在交叉使用情况，具体如下：

线路第一套保护装置电源取自Ⅰ段直流母线，第一套智能终端装置电源取自Ⅱ段直流母线；

线路第二套保护装置电源取自Ⅱ段直流母线，第二套智能终端装置电源取自Ⅰ段直流母线。

在此情况下，当任意一段直流母线失电时，该线路双套保护均将无法正确动作出口跳闸，使线路失去保护。

随后，安排对该220kV线路保护所属设备的直流电源进行整改，将线路第一套保护与第一套智能终端装置的电源均接至Ⅰ段直流母线，线路第二套保护与第二套智能终端装置的电源接至Ⅱ段直流母线，使得保护装置与智能终端的电源相对应。

三、排查及整改方法

（1）加强双重化配置保护设备电源的源头管理。工程项目在设计、安装、调试、验收、投运各阶段均明确双重化保护设备与其相关设备的电源独立要求，同一套保护相关联的操作箱、合并单元、智能终端等均应使用同一段直流母线的电源，确保双重化配置保护与其相关设备构成的动作链路在直流电源异常时不会出现保护拒动。

（2）加强项目设计管理。在设计联络会中，强调双重化保护设备与其对应设备的直流电源接入直流母线一致性的要求，并在施工图纸中明确各设备在直流段中的接入位置。在图纸交底时，重点检查直流电源分配情况，发现问题及时整改，确保施工正确。

（3）加强工程验收和检修管理。工程验收过程中，重点关注双重化保护设备与其相关设备的按图施工情况和一一对应情况，直接采用模拟直流各段母线相继失电的方法，通过观察双重化配置保护装置的运行指示情况判断直流电源接入的正确性。试验方法如下：

1）Ⅰ段直流失压试验：断开直流Ⅰ段输出总开关，观察各设备运行情况，第一套保护、第一套智能终端运行指示灯应为全灭状态，第二套保护、第二套智能终端运行指示灯应为全亮状态，部分无法通过指示灯判别运行情况的回路，可通过万用表测量电压进行判别。第一套保护传动断路器试验正常。

2）Ⅱ段直流失压试验：断开直流Ⅱ段输出总开关，观察各设备运行情况，第二套保护、第二套智能终端运行指示灯应为全灭状态，第一套保护、第一套智能终端运行指示灯应为全亮状态，部分无法通过指示灯判别运行情况的回路，可通过万用表测量电压进行判别。第二套保护传动断路器试验正常。

案例五　保护电源和控制电源交叉引接

一、排查项目

每套保护装置及其相关设备的直流电源是否取自同一直流母线，双重化配置的两套保护装置直流电源是否取自不同直流母线段。

二、案例分析

（一）排雷依据

《国家电网有限公司十八项电网重大反事故措施（修订版）》（国家电网设备〔2018〕979号）第15.2.2.2条："两套保护装置的直流电源应取自不同蓄电池组连接的直流母线段。每套保护装置与其相关设备（电子式互感器、合并单元、智能终端、网络设备、操作箱、跳闸线圈等）的直流电源均应取自与同一蓄电池组相连的直流母线，避免因一组站用直流电源异常对两套保护功能同时产生影响而导致的保护拒动。"

（二）爆雷后果

若保护电源和对应的操作电源取自不同直流母线段，则站内一组直流电源异常导致保护或者操作箱功能失去，一次设备失去保护，若此时发生故障，将严重威胁电网安全稳定运行。

（三）实例

某公司二次检修人员在某220kV变电站对扩建的110kV扩建1线、2线的二次设备进行验收时发现，扩建1线、2线的保护电源取自直流Ⅰ段分屏，扩建1线、2线的操作电源取自直流Ⅱ段分屏。查看施工图发现，施工图只标注电缆对侧去直流分屏，直流分屏对侧未设计相关接口图纸，如图4-5所示。

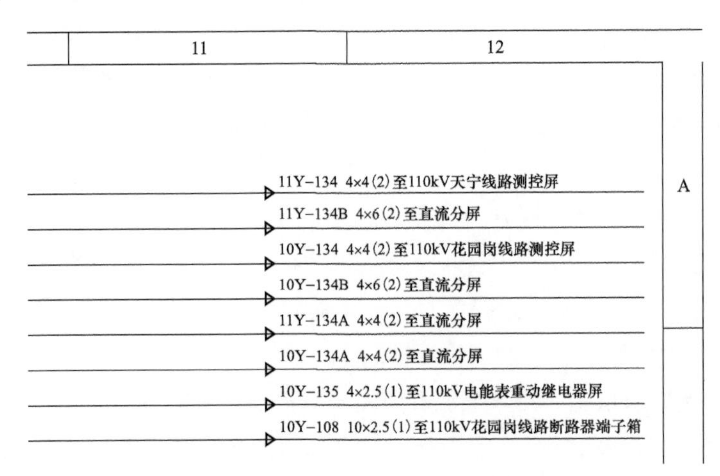

图4-5 施工图只标明去直流分屏

本次隐患的源头在于施工图纸设计不规范，本侧图纸电缆走向未标注准确，需要接口的对侧直流屏柜未设计图纸。现场施工人员对相关规范掌握不全，在有问题存在时未和设计人员沟通，以为直流电源电缆敷设没有要求，施工存在随意性、盲目性。

检修人员在综合检修过程中发现了该隐患，结合停电计划对回路进行了调整，确保单套保护及其操作箱电源取自一段直流母线。

三、排查及整改方法

（1）加强设计阶段的图纸审查。基建、技改工程的图纸交底会上，关注接口图纸是否齐全，关注直流电源接入是否满足相关规范要求。

（2）加强新设备投产前接口和验收。在新设备投产前接口时，检修人员应当关注直流电源接入是否满足规范要求。在新设备投产前验收时，应当对新设备的电源进行拉路检查，确保直流电源接入规范。

（3）结合巡检开展直流接入隐患专项排查。对于变电站中运行间隔，可通过查看直流分屏的空气开关标签、电缆走向，排查直流电源接入是否规范。要求每套保护的保护电源和操作电源在同一直流母线。对于双重化的保护，两套保护的直流电源应取自不同直流母线段。

（4）分类施策，尽快整改到位。对于不满足要求的保护装置，应作为二次设备运行隐患记录到“一站一库”。若近期有检修停电机会，可结合检修重新敷设电缆接入电源；若近期没有停电机会的情况下，可短时互联两段直流母线带电整改。

（5）直流分屏空气开关在设计时，直流Ⅰ段空气开关与直流空气开关建议分层分段设计，应有较明显的特征区分直流Ⅰ段与直流Ⅱ段空气开关。

案例六　站内直流系统两点接地

一、排查项目

检查二次控制回路的对地绝缘情况，要求直流控制回路对地绝缘电阻的绝缘测试值应不小于1MΩ，确保不因直流接地导致设备误动和拒动。

二、案例分析

（一）排雷依据

《国家电网有限公司十八项电网重大反事故措施》（国家电网设备〔2018〕979号文）第15.6.11条：“在运行和检修中应加强对直流系统的管理，严格执行有关规程、规定及反事故措施，防止直流系统故障，特别要防止交流串入直流回路，造成电网事故”；第15.6.8条：“对经长电缆跳闸的回路，应采取防止长电缆分布电容影响和防止出口继电器误动的措施。”

（二）爆雷后果

直流回路接地时，由于分布电容等影响，可能造成跳闸重动继电器误动作，误跳运行断路器。

交流电串入直流回路时，可能造成跳闸重动继电器误动作。

（三）实例

某日13时53分，含110kV子变电站的某220kV母变电站报第一套直流系统故障，随后多次反复复归、动作。20min后，站内报第二套直流系统电压绝缘故障。运维人员到现场测量直流负母对地电压为0V，直流正母对地电压为+220V，如图4-6所示。

检修人员随后到达现场，检查发现直流绝缘监测模块显示直流控母Ⅱ段上“底层控制母线（一）直流Ⅱ段电源空气开关”“底层保护直流Ⅱ段电源空气开关”“底层直流母线（三）Ⅰ、Ⅱ段直流电源空气开关”馈线支路绝缘电阻降低，如图4-7所示。汇报调度后，检修人员与运维人员一同进行试拉，在切除上述3只空气开关后，直流控母Ⅱ段电压恢复正常，但控母Ⅰ段仍为负接地。

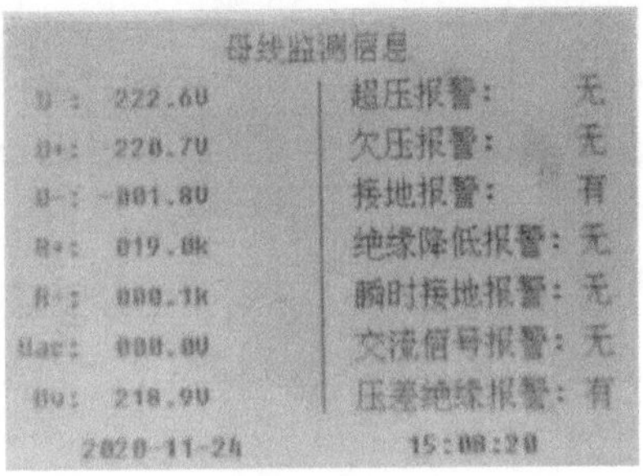

图4-6　直流系统负接地显示图

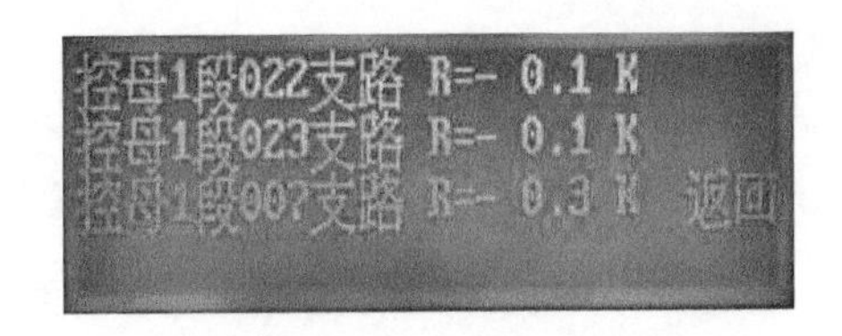

图4-7　直流Ⅱ段绝缘监测装置显示3条支路绝缘电阻降低图

对比直流系统级差图，发现直流控母Ⅰ段上“底层控制母线断路器（三）1K112”“底层保护装置直流1K122”“底层控制母线一1K109”与直流控母Ⅱ段上试拉的3只空气开关为环网对侧空气开关，随后继续对该3只空气开关进行试拉。

在接地查找过程中，该站供110kV子变电站的110kV线路断路器跳开，随即子变电站10kV备自投正确动作，10kV母线未失电。现场无保护动作信息，初步判断为直流接地所致，继续进行直流接地查找工作。线路断路器跳闸后，220kV母变电站内两段直流系统均报正接地，经测量直流正对地为0V，负对地为220V。

继续对直流回路进行试拉，拉开至220kV第一套母差保护电源时，直流系统正接地告警消失。将220kV第一套母差保护改信号后，对设备回路进行检查，发现220kV母联断路器端子箱至220kV第一套母差保护内的断路器位置公共端绝缘不良，随后更换了绝缘良好的电缆备用芯，测试绝缘电阻正常。

对跳闸的110kV线路断路器控制回路进行绝缘检查，发现该断路器操作箱至110kV子变电站内1号变压器保护屏的电缆跳闸回路芯线绝缘异常，经测试绝缘电阻在上下波动。随后更换了该电缆备用芯线，经绝缘测试正常，回路联动正确后投入运行。

综合处置结果分析，子母变电站内直流两点接地最终导致了断路器的事故分闸。子变电站1号变压器保护屏至母变电站110kV线路断路器控制电缆线芯绝缘异常，导致直流负接地，且为间断发生。母变电站内220kV第一套母差保护至220kV母联断路器位置公共端线芯绝缘降低，导致直流正接地，最终，子母变电站内形成直流系统两点接地，通过站内等电位铜排导通，母变电站110kV线路断路器跳闸回路形成通路，如图4-8所示，最终导致断路器跳闸。

三、排查及整改方法

（1）加强二次回路绝缘的源头管控。定期检修中，设备运维单位应全面细致对直流控制回路、直流信号回路开展绝缘检查，其测试值不小于 1MΩ，并与上次试验测试值进行对比。对于绝缘电阻值有下降趋势的，应对回路、元件逐一进行绝缘电阻测试，查明并消除绝缘异常点后，方能结束工作，将设备投运。

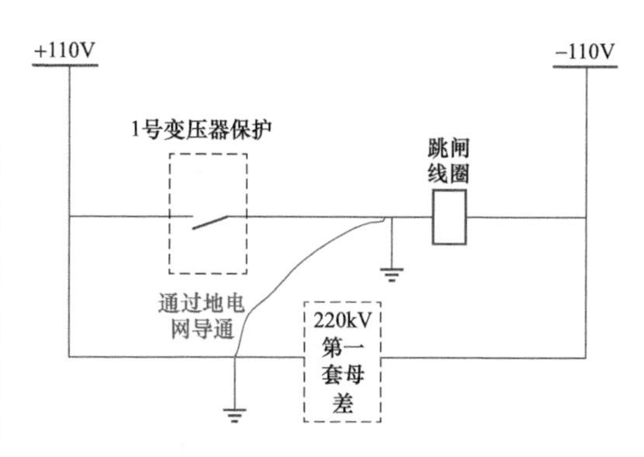

图 4-8　直流系统两点接地造成断路器误动原理

（2）认真做好回路绝缘日常检查工作。结合定期巡视，运维人员应仔细核查站内直流系统运行情况，当站内直流系统出现异常时，应详细记录现场直流接地、支路绝缘异常等告警信息情况，并及时通知检修单位进行处置。

（3）强化运维检修人员的专业技能学习。各单位应组织开展二次回路绝缘专题学习活动，通过案例、反措、规范学习，将直流接地的监测要求与处置步骤宣贯至每一位运维人员，提升运维人员直流绝缘异常处置能力，提高直流接地故障处置规范性。

案例七　保护装置直流正负极混接

一、排查项目

同一套保护装置的直流电源正负极是否取自同一段直流母线，是否取自同一直流电源空气开关。

二、案例分析

（一）排雷依据

《国家电网有限公司十八项电网重大反事故措施（修订版）》（国家电网设备〔2018〕979 号）第 15.2.2.2 条："两套保护装置的直流电源应取自不同蓄电池组连接的直流母线段。每套保护装置与其相关设备（电子式互感器、合并单元、智能终端、网络设备、操作箱、跳闸线圈等）的直流电源均应取自与同一蓄电池组相连的直流母线，避免因一组站用直流电源异常对两套保护功能同时产生影响而导致的保护拒动。"

（二）爆雷后果

（1）正常运行时直流系统无法分列运行，在一组直流电源失去的情况下造成双套保护均失电，失去保护双重化配置意义。

（2）正常运行时两组直流系统负载不均衡，检测到不平衡电流而发直流接地告警，导致直流系统运行异常。

（三）实例

某新建220kV变电站在验收过程发现，断开直流馈线屏内某线路A套保护装置电源后该线路两套保护装置电源均失去，保护装置无法启动。现场对保护装置的直流电源回路进行逐级排查，发现该线路的A、B套保护直流电源的正负极交叉，即同一套保护装置的正负电源取自不同的直流母线段，如图4-9所示。

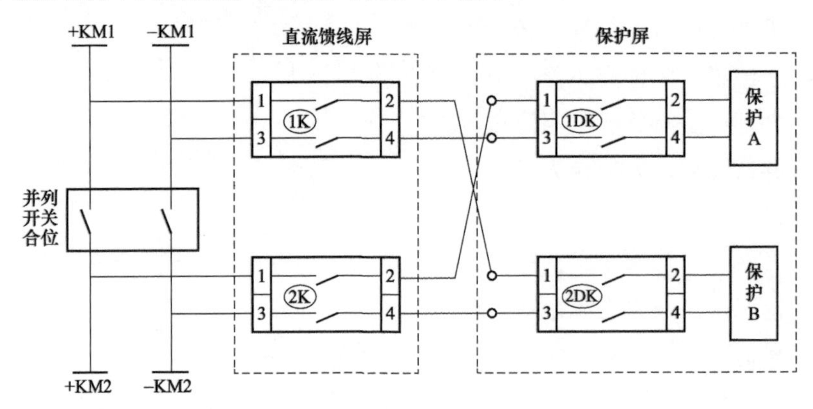

图4-9　保护装置直流正负极混接

在直流母线并列运行的情况下，该隐患不会影响正常运行，也不会有相应的告警信号。变电站内两段直流母线一旦分列运行，在该模式下，这种混接的方式就会导致双套保护同时失电，失去了保护双重化的意义，是一个较为严重的隐患。

三、排查及整改方法

（1）细致做好保护装置直流电源的工程验收工作。检查采取对装置和操作电源逐一进行检查的方式，通过拉路法在直流馈线屏内对改造或基建间隔保护的直流电源逐个拉开，每拉开一路电源的同时测量对应保护装置电源端子是否还存在直流电压，并检查其余保护装置是否存在异常失电情况。如发现存在该隐患，应检查装置直流电源回路并进行电缆改接。

（2）基建现场应加强直流回路调试工作，严格按照作业指导书开展直流寄生回路检查，间隔内寄生回路检查应从直流分屏源头开展。

案例八　两组直流电源共用一个绝缘监测装置

一、排查项目

直流电源双重化配置的220kV及以上变电站，若绝缘监测装置仍单套配置，对两组直流母线的绝缘监测涉及电桥电阻投切配合，存在两段直流母线直流互串的隐患。

二、案例分析

（一）排雷依据

绝缘监测装置切换配合不当时，将导致两组直流电源跨接，严重时会引起直流异常。

（二）爆雷后果

（1）由于绝缘监测装置切换导致两组直流电跨接时，直流电源检测系统将间歇性报两组直流电接地告警、告警返回，给二次人员消缺带来困扰。

（2）两组直流电跨接将使得站内继电保护系统工况变得恶劣，可能导致保护装置或继电器误动，造成事故。

（三）实例

某日某变电站多次报直流Ⅰ段正极接地，直流Ⅱ段负极接地，二次人员至现场后均发现接地告警已复归。故障录波显示，接地告警时刻装置录波均如图 4-10 所示，Ⅰ段的正极与Ⅱ段的负极电压明显下降。

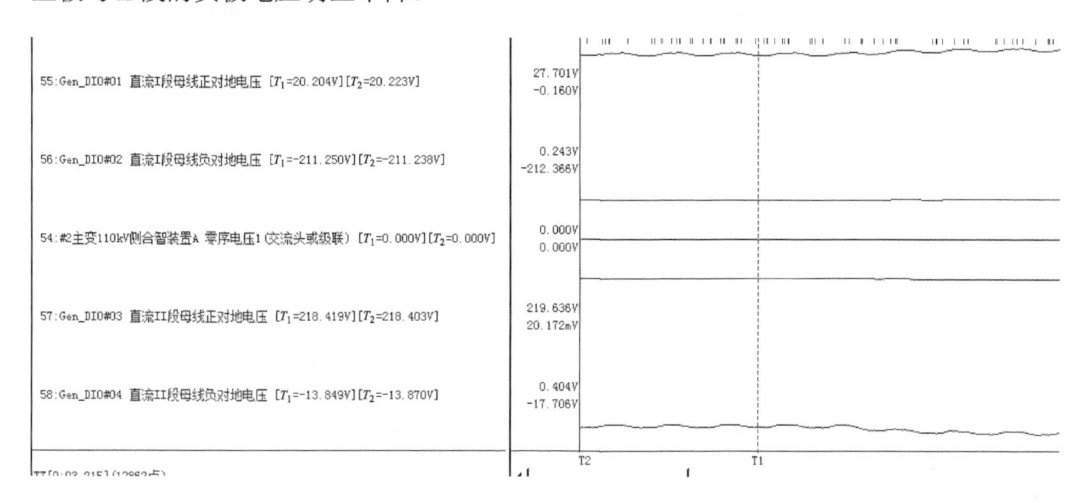

图 4-10　告警时刻直流故障录波

由于该站的绝缘监测装置同时接入两段直流母线，二次人员首先对该监测装置进行检查。该监测装置通过不平衡桥法监测直流母线绝缘（见图 4-11），两组母线分别以一定频率通过电阻主动接地进行绝缘监测。二次人员发现，当 K1 与 K4 同时闭合时，相当于Ⅰ段母线的直流正极与Ⅱ段母线的直流负极跨接，与实际情况接近。

经厂家检查，发现该装置两组母线的绝缘监测频率配合不合理，每隔一段时间 K1 与 K4 将同时闭合，引发装置告警。经厂家临时修复，两组母线的绝缘检测时间不再发生重叠，二次人员将该情况反馈直流专业，通过技改新增了另一套绝缘监测设备。

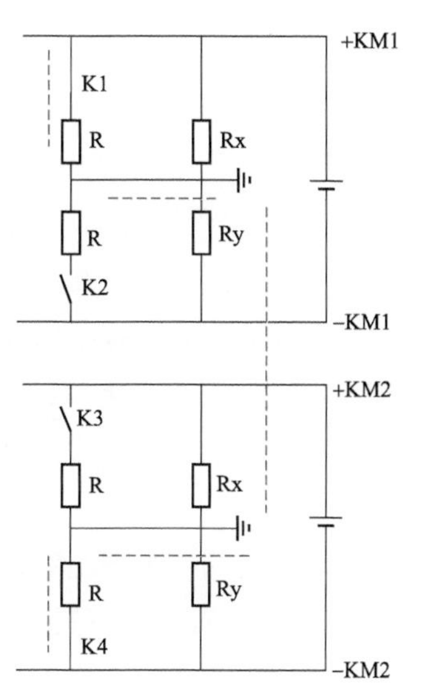

图 4-11　绝缘监测装置原理图

三、排查及整改方法

（1）加强直流绝缘监测装置的基建调试及验收，做好源端把控，确保两组直流电源分别接入不同的绝缘监测装置。

（2）对存量设备进行排查整改。对仅有一套绝缘监测装置的变电站，应上报技改计划增设另一套绝缘监测装置。在完成改造前，运维人员应对该绝缘监测装置加强巡视，避免异常信号“错监”与“漏监”；检修人员可定期通过接入直流母线电压的故障录波，核查不平衡电桥切换频率，检查是否存在直流互串隐患。

案例九　智能终端控制电源与信号电源存在寄生回路

一、排查项目

智能终端控制电源与信号电源之间存在寄生回路，可能影响控制回路与信号回路绝缘，严重时造成断路器误分合。

二、案例分析

（一）排雷依据

《国家电网有限公司十八项电网重大反事故措施》（国家电网设备〔2018〕979 号文）第 15.6.1 条：“严格执行有关规程、规定及反事故措施，防止二次寄生回路的形成。”

《国家电网有限公司十八项电网重大反事故措施》（国家电网设备〔2018〕979 号文）第 15.6.1 条：“严格执行有关规程、规定及反事故措施，防止二次寄生回路的形成。”

《电气装置安装工程质量检验及评定规程　第 8 部分：盘、柜及二次回路接线施工质量检验》（DL/T 5161.8—2018）第 4 条：“控制及保护盘柜安装：端子排安装检查，正负电源之间、正电源与合闸或跳闸回路的回路之间用空端子或绝缘隔板隔开。”

（二）爆雷后果

智能终端控制电源与信号电源之间存在寄生回路，影响控制回路与信号回路绝缘情况，严重时造成断路器误分合。

（三）实例

某智能变电站开展 1 号母联间隔检修工作。检修人员检查 1 号母联断路器控制电源双重化时，发现拉开第一组控制电源后（其余电源空气开关均合上），第一组控制电源仍带电，第一组控制回路存在异常。

检修人员通过拉路法确认 1 号母联断路器第一套控制电源与遥信电源存在跨接，通过图实核对与检查电位的方式，进一步确认 1 号母联断路器第一套智能终端“远方/就地”操作把手 1-4ZK 中两副分别接入遥信回路和第一组控制回路触点的正电源公共头接反，如图 4-12 所示。

当第一路控制电源断开而遥信电源未断开时，信号回路直流电源通过 1-4GD1 串入第一组控制回路，使得第一组控制回路带电。

当 1 号母联第一套智能终端信号回路绝缘异常时，因控制回路与信号回路互窜，将导致第一组控制回路绝缘异常。若控制回路发生直流接地，可能导致母联断路器误分（合）闸。当 1 号母联断路器运行，断开第一组控制电源开展工作时，因遥信电源串入第一组控制回路，控制回路实际带电，增加了误跳 1 号母联断路器的风险。

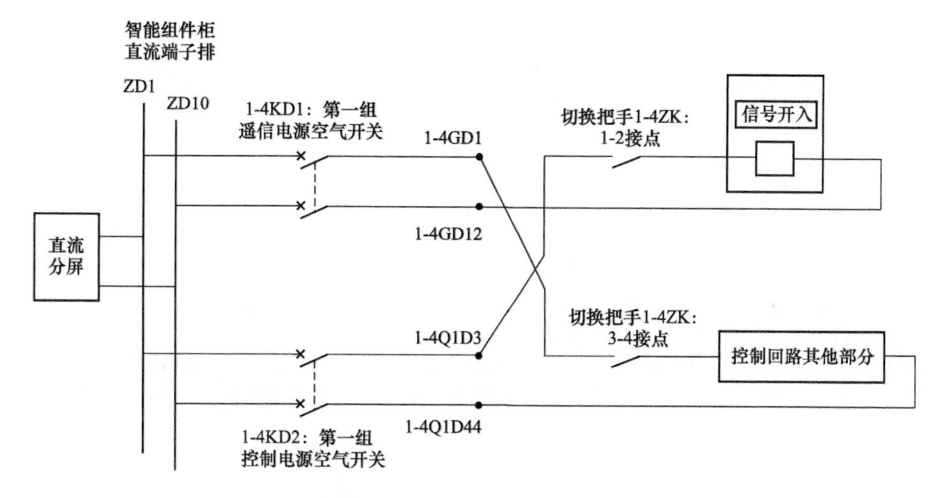

图 4-12 智能终端接线示意图

三、排查及整改方法

（1）严格把关基建施工质量。基建施工过程中，施工单位应按施工作业要求严格施工，图实核对。直流寄生回路试验时，应从直流分屏源端开始，间隔内每一个直流空气开关均应拉开，然后用万用表检查是否存在寄生回路，如有电压，需进一步检查以消除寄生回路。

（2）强化电源互窜检查及验收。验收时应检查寄生回路，确保不同直流电源相互独立。利用拉路法对两直流系统是否存在跨接进行排查，断开直流电源空气开关，若本组回路中仍存在直流电压，则可认为两组直流电源存在跨接，需进一步检查以消除寄生回路。

案例十 蓄电池内阻偏大

一、排查项目

蓄电池内阻偏大，造成全站直流系统异常，可能导致保护和安全自动装置不正确动作。

二、案例分析

（一）排雷依据

《变电站直流电源系统技术标准》（Q/GDW 11310—2014）第 5.11 条："设备在正常运行时，交流电源突然中断，直流母线应连续供电，其直流母线电压波动瞬间的电压不得低于直流标称电压的 90%。"

（二）爆雷后果

（1）蓄电池内阻偏大，蓄电池组存在开路现象，造成全站直流系统异常。

（2）保护装置异常或者失电，故障发生后保护不能正确动作隔离故障，导致越级跳闸，故障范围扩大，影响系统安全稳定运行。

（3）安全自动装置异常或者失电，不能正确动作，甚至导致全站失电，导致负荷损失。

（三）实例

某 220kV 变电站某 110kV 线路保护动作，断路器跳闸，重合失败。该 110kV 线路为对侧 110kV 变电站的电源进线。110kV 变电站的 110kV 备自投装置此时应动作跳进线断路器，合备用线路断路器。但实际上 110kV 备自投装置未动作。经现场检查，发现该 110kV 变电站的蓄电池组存在开路现象，造成全站直流电源异常，备自投装置未动作，最终全站失电。

事件发生后直流检修专业人员到现场检查，此时 110kV 变电站已通过进线 2 供电恢复，直流充电电源已恢复运行。通过对全组蓄电池组单体电压与内阻检测，发现 1 号蓄电池呈明显开路状态，端电压 3.93V，远超正常浮充电压 2.25V；内阻 89300μΩ，为正常蓄电池内阻的 100 多倍（正常 300AH 铅酸蓄电池单体内阻一般为 500～800μΩ），另有 5、12、39、41 号电池的内阻超 1000μΩ，存在开路风险（见图 4-13），且多只电池亦接近或超过正常范围上限值。

蓄电池电压、内阻测量记录

变电所：________　　测量日期 2020 年 8 月 19 日　　室内温度 25 ℃

序号	端电压(V)	内阻(μΩ)	序号	端电压(V)	内阻(μΩ)	序号	端电压(V)	内阻(μΩ)
1	3.930	89.3mΩ	21	2.219	785	41	2.207	1289
2	2.207	784	22	2.205	572	42	2.206	734
3	2.208	531	23	2.203	540	43	2.209	784
4	2.211	534	24	2.209	639	44	2.211	624
5	2.201	1035	25	2.202	566	45	2.208	664
6	2.201	506	26	2.206	710	46	2.211	555
7	2.212	523	27	2.200	674	47	2.194	824
8	2.207	574	28	2.201	806	48	2.201	617
9	2.208	636	29	2.206	562	49	2.214	460
10	2.206	566	30	2.201	540	50	2.212	823
11	2.205	729	31	2.198	558	51	2.213	637
12	2.202	1238	32	2.196	621	52	2.211	660
13	2.219	774	33	2.212	575	53	2.214	598
14	2.206	624	34	2.207	588	54	2.212	729
15	2.209	764	35	2.208	913	55	2.209	647
16	2.209	711	36	2.208	578	56	2.208	487
17	2.202	543	37	2.198	740	57	/	/
18	2.203	586	38	2.209	868	58		
19	2.202	657	39	2.209	1146	59		
20	2.204	729	40	2.207	498	60		

图 4-13　当日蓄电池组电压、电阻测量记录

检修人员通过对与问题蓄电池同厂家、同批次的蓄电池开展全面内阻检测，及时更换了内阻有增长趋势或电压偏高的蓄电池。

三、排查及整改方法

（1）基建过程中加强对蓄电池的质量把控。施工单位应加强对蓄电池厂家的厂内监造及验收。对同批次电池，在入网前送电科院抽检，强化蓄电池投运前的质量把控。根据《电力用固定型阀控式铅酸蓄电池》（DL/T 637—2019），AGM 蓄电池的内阻不宜超出表 4-1 的规定，板式胶体蓄电池的内阻不宜超出表 4-2 的规定，管式胶体蓄电池的内阻不宜超出表 4-3 的规定。

表 4-1　　AGM 蓄电池的内阻上限

额定容量（Ah）	标称电压（V）	内阻上限（mΩ）
100	12	8.0
200	2	1.0
300	2	0.8
500	2	0.6

表 4-2　　板式胶体蓄电池的内阻上限

额定容量（Ah）	标称电压（V）	内阻上限（mΩ）
100	12	10.0
200	2	1.20
300	2	1.00
500	2	0.75

表 4-3　　管式胶体蓄电池的内阻上限

额定容量（Ah）	标称电压（V）	内阻上限（mΩ）
100	12	12.0
200	2	1.50
300	2	1.40
500	2	1.25

（2）提升蓄电池监测能力。检修部门应加强和完善蓄电池的例行充放电试验，同时各运维单位应提升蓄电池组常规检测能力，作为检修部门年度例行试验的有效补充。遇到异常情况时，及时上报并通知检修人员。对存在开路风险的电池组，建议尽快整组更换。

（3）跟踪关注问题产品。对同厂家的同类产品进行跟踪关注，对其他变电站内的同厂家同类蓄电池进行排查，谨防再次出现此类事故。

（4）规范蓄电池信号上送。蓄电池作为变电站内重要设备，所有异常信号均应上送远方监控，发现异常信号应第一时间安排检修人员进行消缺，排除隐患。

第五章

网络和通信隐患

高压线路保护通过光纤、载波等通信通道交换两侧电气量信号，构成差动、纵联等主保护功能，实现线路故障全线快速动作切除。智能变电站继电保护通过网络联系不同的智能电子设备，交互数据和联、闭锁信号，构成完整的保护系统。网络和通信设备已成为现代变电站继电保护系统中的重要组成环节，是实现保护功能的前提，也是实现智能化的基础，其隐患直接影响继电保护运行可靠性。消除继电保护网络和通信系统隐患的关键是不同设备之间的数据应实时交互并自检监测。在电网实际运行中，继电保护网络和通信系统易发的隐患有光缆受外力破坏损坏、双重化保护通信通道不满足“双设备、双路由、双通道”要求、平行线路光纤通道交叉、载波通道设备绝缘受损等。本章选取5个典型案例，介绍易发的继电保护网络通信隐患和相应的排查及整改方法。

案例一　站内光缆缺少防护措施

一、排查项目

智能变电站站内光缆缺少防护被小动物咬断，导致站内通信中断，甚至造成保护装置的不正确动作。

二、案例分析

（一）排雷依据

《智能变电站预制光缆技术规范》（Q/GDW 11155—2014）第6.3.1条：“用于户外敷设的室外光缆应选用防潮耐湿、防鼠咬、抗压、抗拉光缆。非金属铠装光缆宜采用玻璃纤维纱铠装方式，玻纱应沿圆周均布，玻纱密度应能保证满足光缆的拉伸性能，可防鼠咬。金属铠装光缆宜采用涂塑铝带或涂塑钢带作为防鼠咬加强部件。”

（二）爆雷后果

（1）智能变电站网络通信中断，导致相关装置信号无法被及时获取和监视，站内装置将处于异常运行状态。

（2）保护装置与智能终端之间的通信中断，造成保护功能异常，事故发生时，无法故障切除。

（3）测控装置与智能终端之间的通信中断，造成运行及调度人员远方无法操作。

（4）保护装置与合并单元之间的通信中断，造成保护交流电流、电压量失去，保护闭锁，或者造成闭锁量失去，保护误动。

（三）实例

某220kV智能变电站在运行过程中，运行人员发现220kV过程层网络通信频繁中断，问题涉及多个间隔多套设备。检修人员在消缺工作时，测量通信中断光纤的光功率，发现光功率异常，更换备用光纤后通信恢复。因此排除设备本身原因导致的通信中断，鉴于光缆频繁中断，初步怀疑是站内光缆防护不到位，被小动物咬断。

某日，"1号变压器第一套保护装置异常，1号变压器第一套保护装置通信中断；1号变压器第二套保护装置异常，1号变压器第二套保护装置通信中断"信号动作。检查发现1号变压器户外光缆断线，疑似被小动物啃咬，如图5-1～图5-3所示，造成部分纤芯断裂。该纤芯为1号变压器本体合并单元至变压器保护涉及零序采样的纤芯（正常1号变压器零序保护处信号状态），将1号变压器保护软压板中"中性点SV接收"退出，并将高压侧零序TA一次值置"0"后，重启1号变压器第一、第二套保护后告警恢复。

图5-1　1号变压器光缆排管入口上层状态

图5-2　鹅卵石扒开后光缆排管入口

检修人员对该站220kV光缆（除GPS部分光缆外）、110kV个别间隔光缆备用纤芯进行光损测试，发现有11根220kV光缆的备用纤芯测试合格数小于2，需要新增敷设，其余测试光缆的备用纤芯光损均合格。

检修人员进一步检查中断光缆，发现其外护套硬度不符合防鼠咬的要求。同时站内防小动物措施不到位，导致多条光缆有动物咬断痕迹。

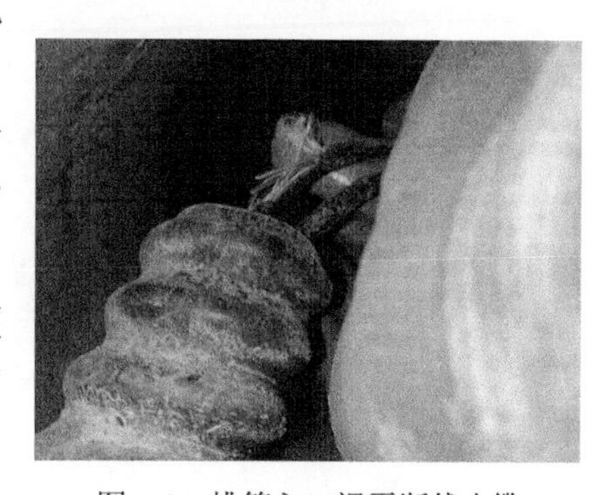

图5-3　排管入口裸露断线光缆

另外，检修人员在检查中发现施工人员在光缆施工过程中存在不规范现象，并未对图 5-2 所示排管进行密封处理，仅用鹅卵石将入口堵住，致使老鼠能够从缝隙处进入排管，又因为排管光缆外套管在电缆排管入口又有一段未包裹段，遗留了隐患。部分光缆在穿墙处并未采用穿墙防护管，导致光缆过度磨损，光损偏大甚至通信中断。同时光缆槽盒与主控室防火墙的连接处以及槽盒有明显缝隙，密封性不佳。

三、排查及整改方法

（1）优化设计源头光缆选型。严格控制设计源头准入，在设计选型阶段，应严格要求设计单位对用于户外敷设的室外光缆选用非金属铠装、阻燃、防潮耐湿、防鼠咬、抗压、抗拉光缆。

（2）加强基建施工监管。严格把关基建施工质量，施工单位应按要求做好光缆的防护措施，加强槽盒密封性，确保槽盒无缝连接、密封良好。在中间验收及竣工验收时，应重点对光缆防护情况进行验收。要求施工单位提供隐蔽工程施工的项目图片，确保户外光缆防护措施到位。后期扩建间隔施工时，由于新增光缆穿管困难或监管环节存在盲点等因素，容易忽视对光缆进行防护，项目管理单位及专业管理部门应加强对其管理。

（3）加强日常管理和定期排查。强化运行部门防小动物措施，结合施工单位施工，组织全面排查。对无防护点采用防护措施，如封堵不严处加堵泥、光缆无防护处加 PVC 护管防护。确保电缆沟道内无小动物，并在电缆沟道适当位置放置老鼠夹。工程验收完成后，由运行人员每隔一个月（连续检查三次）对光缆槽盒进出口处以及放置防鼠夹处进行一次检查，若发现有小动物明显活动痕迹应进行全面排查，并将检查情况汇报专业管理部门。若三次检查无异常，后续每年迎峰度夏前，由变电运维室进行一次常规检查。

案例二　平行双回线路光纤纵联保护通道交叉

一、排查项目

平行双回线路均配置光纤纵联保护时，保护光纤通道在光配架上往往邻近布置，两线保护光纤通道容易交叉接错。

二、案例分析

（一）排雷依据

《国家电网有限公司十八项电网重大反事故措施（修订版）》第 15.1.6 条：“纵联保护在回路设计和调试过程中应采取有效措施防止双重化配置的线路保护或双回线的线路保护通道交叉使用。”

《线路保护及辅助装置标准化设计规范》（Q/GDW 1161—2014）第 5.2.2 条：“纵联电流差动保护技术原则如下：b）线路两侧纵联电流差动保护装置应互相传输可供用户整定的通道识别码，并对通道识别码进行校验，校验出错时告警并闭锁差动保护。”

（二）爆雷后果

系统故障工况下，保护动作行为异常，扩大事故影响范围；区外故障时，纵联保护将误动，引起双回线同时跳闸；而区内故障时，纵联保护可能拒动。

（三）实例

某 220kV 变电站通过 110kV 双回线 101 与 102 线与对侧 110kV 电厂联络，系统主接线如图 5-4 所示，101 线及 102 线各配置两套单通道光纤纵联保护，103 线未配置纵联保护。

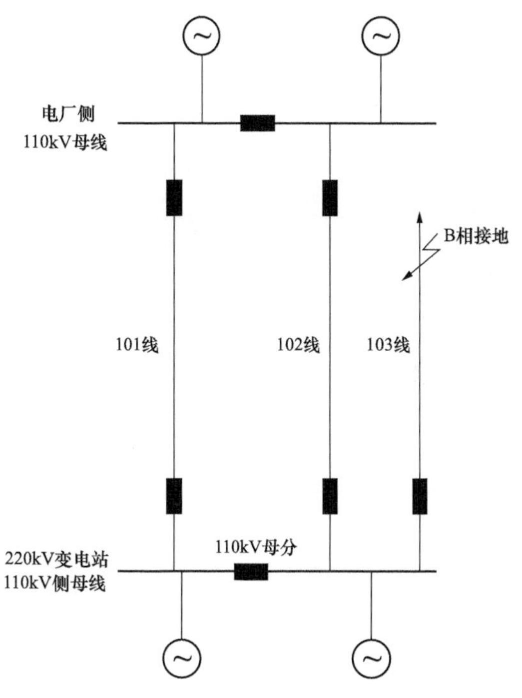

图 5-4 某 220kV 变电站系统主接线图

某日雷暴天气，系统发生故障，保护及断路器动作情况为：101 线变电站侧第一套纵联保护动作，断路器跳开，重合闸成功；102 线电厂侧第一套纵联保护动作，断路器跳开，重合闸成功；103 线保护接地距离Ⅱ段、零序过流Ⅱ段动作，断路器跳开，重合闸成功；变电站 110kV 母分保护过流Ⅰ段动作，断路器跳开，经事故特巡发现 103 线Ⅰ段保护范围外发生 B 相瞬时性接地故障。

由于 101 线与 102 线的纵联保护动作情况存疑，二次人员至现场开展事故调查，梳理保护及断路器动作情况如下（见图 5-5、图 5-6）：300ms，变电站侧 110kV 母分保护动作跳闸；388ms，变电站侧 101 线与电厂侧 102 线第一套保护动作并启动重合闸，变电站侧 101 线与电厂侧 102 线第二套保护判断断路器偷跳启动重合闸；568ms，103 线保护零序过流Ⅱ段、接地距离Ⅱ段动作跳闸并启动重合闸；1449ms，变电站 101 线与电厂侧 102 线第一套、第二套重合闸动作，重合成功；1652ms，变电站侧 103 线重合闸动作，重合成功。

从动作时间来分析，101 线与 102 线的第一套纵联保护在 388ms 动作存在疑点。通过录波图可知，该时刻系统中仅 110kV 母分断路器跳闸，因此对 110kV 母分断路器跳开对系统的影响进行分析。通过拓扑与录波（见图 5-7）可知，母分断路器分闸后，流经 101 线故障电流方向突变，原本 101 线变电站侧功率为反方向，母分断路器跳开后变为正方向，而 102 线电厂侧功率始终为正方向，二次人员怀疑第一套纵联通道存在交叉问题误动，考虑第二套纵联保护动作行为正确。

101 线与 102 线第一套纵联保护改信号后，关闭电厂侧 102 线第一套保护收发信机，发现变电站侧 101 线第一套保护收发信机告警；关闭电厂侧 101 线第一套保护收发信机，发现变电站侧 102 线第一套保护收发信机告警；说明 101 线与 102 线的第一套纵联保护存在通道交叉问题。

动作序号	322	启动绝对时间	
序　　号	动作相	动作相对时间	动　作　元　件
01 02		00388MS 01449MS	纵联零序方向 重合闸动作
故障测距结果 故　障　相　别 故障相电流值 故障零序电流		0048.0kM B 002.60A 005.09A	

图 5-5　变电站侧 101 线第一套保护装置报告

动作序号	966	启动绝对时间	
序　　号	动作相	动作相对时间	动　作　元　件
01 02 03		00393MS 00393MS 01451MS	纵联距离动作 纵联零序方向 重合闸动作
故障测距结果 故　障　相　别 故障相电流值 故障零序电流		0023.9km B 020.67A 027.45A	

图 5-6　电厂侧 102 线第一套保护装置报告

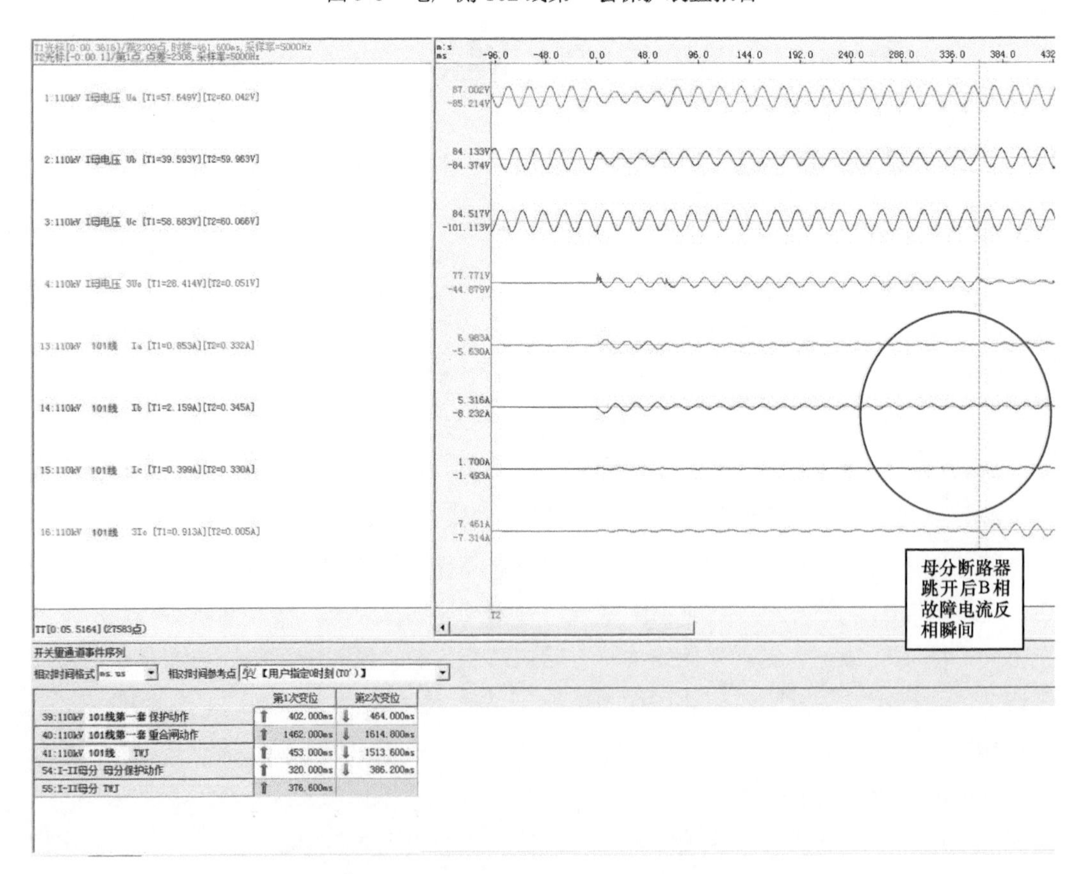

图 5-7　故障时变电站侧 101 线录波

经深入调查，发现电厂侧信通检修人员在上一次保护通道检修时，未通知二次人员配合进行相应试验。因该线路配置的纵联保护无纵联码，且双回线正常方式下负荷电流几乎一致，纵联保护在正常方式下无任何告警信号，导致该问题长期未被发现。

三、排查及整改方法

（1）检修人员应梳理排查运维区域内的纵联保护，对于不具备纵联码等防交叉措施的保护进行专项排查。在线路保护改为信号状态后，通过关闭通道设备、拔通道线等方式，若同一回线路两侧装置同时告警，则说明通道正常，否则应从线路保护背板至光配架逐级检查。

（2）运维人员在日常差流巡视时，应注重与上一次差流记录的对比，发现异常，尤其在通道工作后发现保护差流明显增大，应及时汇报检修人员进行检查。

（3）信通检修人员在进行涉及保护通道业务的工作时，应及时与检修人员沟通，评估是否应在工作完毕后进行保护联调试验。

（4）对具备纵联码定值的纵联保护，检修人员可结合“继电保护三核对”工作，对纵联码唯一性开展核查。

（5）一旦发现通道交叉，应及时通知信通检修人员，共同沿保护—通道设备—通道进行核查，找出交叉点并更正；更正后注意检查保护装置，并按《继电保护光纤通道检验规程要求》（DL/T 1651—2016）进行相应试验。

案例三　光纤弯折半径不足导致光纤回路中断

一、排查项目

光纤弯折半径不足或扎带太紧，容易造成光纤损伤甚至纤芯断裂，导致光纤回路中断。

二、案例分析

（一）排雷依据

《智能变电站预制光缆技术规范》（Q/GDW 11155—2014）第7.1条：“布设光缆时，应注意光缆的弯曲半径，光缆的静态弯曲半径应不小于光缆外径的10倍，光缆的动态弯曲半径应不小于光缆外径的20倍。若光缆长度过长，需将光缆绕圈盘绕，严禁对折捆扎。若布线需要将光缆固定在柱、杆上时，要注意捆扎松紧度，不能捆扎过紧勒伤光缆，避免捆扎处挤伤纤芯造成光缆损耗变大情况。”

（二）爆雷后果

（1）光缆中断，导致保护交流电流、电压量失去，保护闭锁。

（2）光缆中断，导致闭锁量失去，可能会造成保护误动。

（三）实例

某日，110kV某变电站“2号变压器110kV Ⅲ段合智一体装置GOOSE链路中断告警”信号动作，后台显示 2 号变压器合智一体装置接收 2 号变压器 10kV Ⅲ段测控装置 GOOSE 链路中断。重启 2 号变压器 10kV Ⅲ段测控装置和合智一体装置，未能复归。

现场检查后初步判断为 2 号变压器 10kV Ⅲ段测控到 2 号变压器低压Ⅱ侧合智一体装置接收光纤断链。故利用便携式数字测试仪在合智一体装置侧测试接收光纤的光功率，测得结果如图 5-8 所示，损耗为–40dBm，链路中断。后又用便携式数字测试仪接收测控装置发出的 GOOSE，结果显示接收 GOOSE 正常。因此可以确定就是 2 号变压器 10kV Ⅲ段测控到 2 号变压器低压Ⅱ侧合智一体装置接收光纤在某处发生中断。

检修人员打开光纤链路槽板检查此根光纤，发现该光纤由于捆扎太紧，且弯折半径不足已折断，如图 5-9 所示。换上备用光纤后，链路中断恢复。

DM5000系列手持光数字测试仪

	光网口1	光网口2	光网口3
发送(当前)	22.6uW, -16.5dBm	20.4uW, -16.9dBm	21.8uW, -16.6dBm
发送(最小)	22.2uW, -16.5dBm	19.3uW, -17.1dBm	21.0uW, -16.8dBm
发送(最大)	22.6uW, -16.5dBm	20.4uW, -16.9dBm	21.8uW, -16.6dBm
接收(当前)	0.0uW	0.0uW	0.1uW, -40.0dBm
接收(最小)	0.0uW	0.0uW	0.0uW
接收(最大)	0.1uW, -40.0dBm	----	0.2uW, -37.0dBm
温度(℃)	40.4	39.8	39.3

截屏　重新统计

图 5-8　光功率测试结果

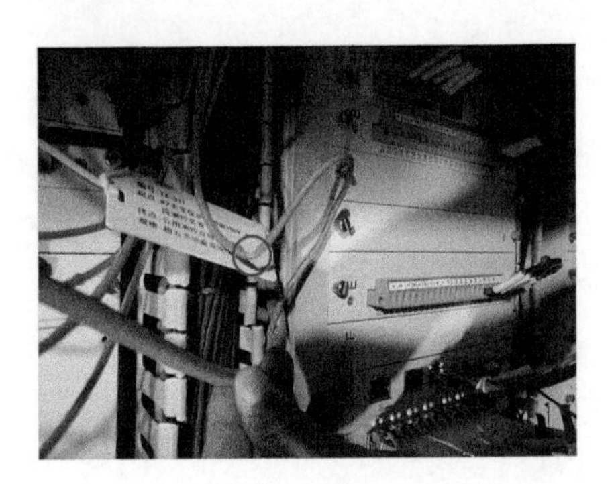

图 5-9　光纤折断情况

三、排查及整改方法

（1）重点核查扎带捆绑情况。结合日常巡视及检修工作，检查是否存在扎带捆绑过紧的情况。扎带宜刚好能固定光纤或使光纤略微宽松，不能捆扎过紧勒伤光缆，避免捆扎处挤伤纤芯造成光缆损耗变大情况，在进行保护调试拔下光纤时也应做好防护措施。

（2）同步核查光纤弯折情况。在检查扎带捆绑情况的同时，同步检查光纤弯折半径是否满足要求。若光缆长度过长，需将光缆绕圈盘绕，严禁对折捆扎，光缆的静态弯曲半径应不小于光缆外径的 10 倍，光缆的动态弯曲半径应不小于光缆外径的 20 倍。

（3）强化基建环节竣工验收。在竣工验收时，着重对光纤绑扎情况进行验收，同时也应加强放置于槽盒内的光纤回路检查，检查光纤回路是否存在绑扎过紧的情况，尤其要对尾纤进行查看。

案例四　高频通道收发信机频繁启信

一、排查项目

高频电缆屏蔽层两端未可靠接地，或接地线过细、接触不良，易导致收发信机因高频通道干扰频繁启信。

二、案例分析

（一）排雷依据

《继电保护及二次回路安装及验收规范》（GB/T 50976—2014）第4.6.2条："高频通道（保护专用通道、保护与通信复用通道）的接地应符合下列要求：1. 高频同轴电缆的屏蔽层应在两端分别接地，并应紧靠高频同轴电缆敷设截面面积不小于100mm² 且两端接地的铜导线，该铜导线可与等电位网铜排（缆）共用。2. 高频同轴电缆的屏蔽层，应在结合滤波器二次端子上用截面面积大于10mm² 的绝缘导线连通引下，焊接在等电位铜排（缆）上；收发信机或载波机侧电缆的屏蔽层应使用截面面积不小于4mm² 的多股铜质软导线可靠连接到保护屏接地铜排上；收发信机或载波机的接地端子应另行接地。3. 高频电缆芯线应直接接入收发信机或载波机端子，不应经端子排转接。4. 保护用结合滤波器的一、二次线圈间的接地连线应断开，二次电缆侧不应设置放电管"；第5.6.7条："高频通道各设备阻抗特性应匹配，专用收发信机的收发信电平和收信裕度应符合现行行业标准《继电保护专用电力线载波收发信机技术条件》（DL/T 524）的有关规定。"

（二）爆雷后果

高频电缆屏蔽层未按规范两端接地，高频通道的耦合电容器引下线过细（小于150mm²）、接触不良、过长，会产生不连续的放电现象、对高频通道产生杂音干扰，引起收发信机频繁启动。当本侧保护启动时，误收到收发信机开入信号，将导致纵联保护误动作。

（三）实例

受雷暴天气影响，某220kV线路第一套线路保护动作，三跳线路断路器，第二套线路保护未动作；对侧线路为热备用状态，第一套、第二套保护未动作。检修人员现场检查保护动作情况，动作时序如下：

14:49:40.3718　××线第一套线路保护收信；

14:49:40.3735　××线第一套线路保护启动发信；

14:49:40.3935　××线第一套线路保护启动；

14:49:40.4010　××线第一套线路保护停信；

14:49:40.4177　××线第一套线路保护三相动作、永跳动作。

第一套线路保护装置动作报文如图5-10所示，记录到14:49:40时刻，线路保护纵联弱馈停信，纵联保护出口，故障相别BC相，跳ABC相。

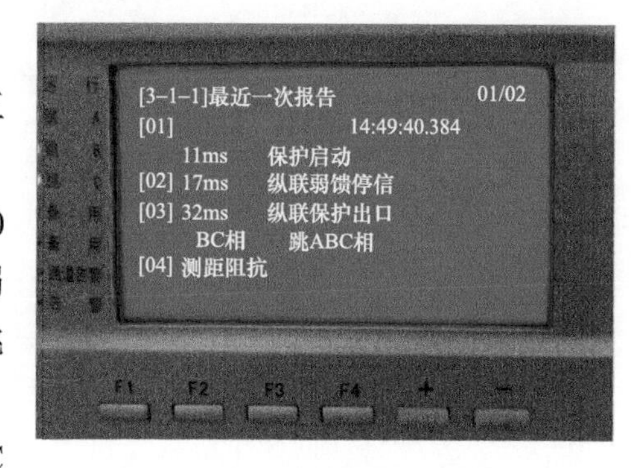

图5-10　第一套线路保护动作报文

调取第一套线路保护录波，动作时刻BC两相电压跌落，峰值20.8V左右，如图5-11所示；与此同时第一套线路保护收到收发信机收信开入，随后装置开始发信，20ms 后保护启动，7.5ms 后本侧停信，保护装置收信 37.5ms 后收发信机收信开入触点停信，装置动作出口，如图 5-12 所示。调取 220kV 故障录波器高频 01 通道录波情况，可见第一套收发信机首先收到一个峰值为 6.33V 的尖顶波，整体波形时间约在 7ms 左右，随后收到一个 30ms 展宽的峰值 18.07V 持续的收信电平，如图 5-13 所示。整体收信时间与保护收信时间一致。

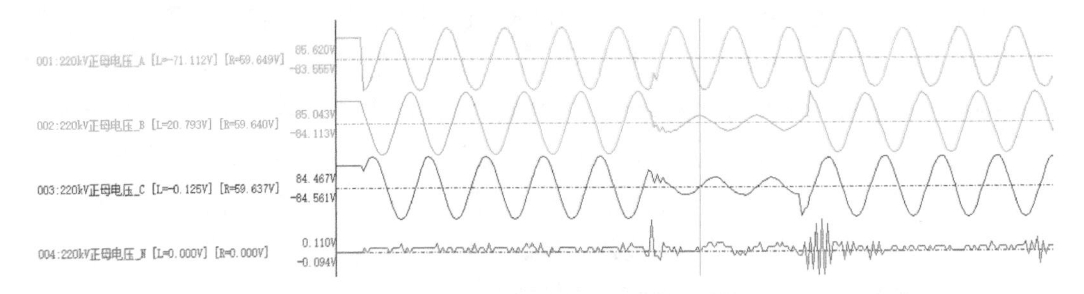

图 5-11　第一套线路保护电压录波图

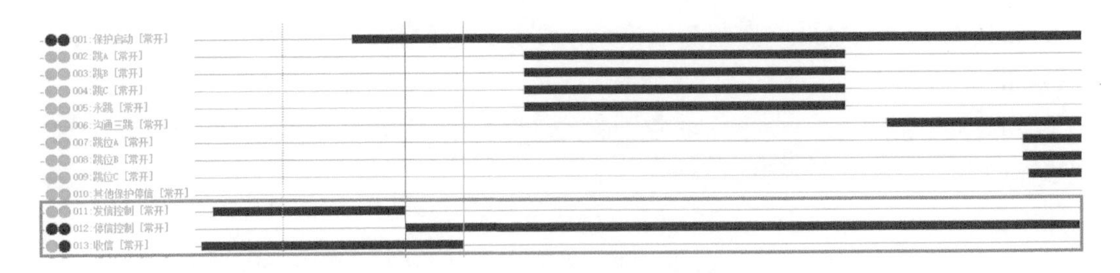

图 5-12　第一套线路保护收发信图

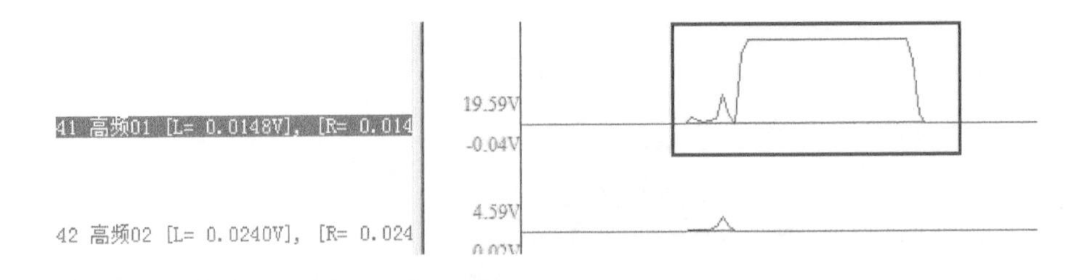

图 5-13　线路故障录波器高频通道录波图

检修人员查阅保护说明书，当弱电源保护功能投入时，如果在电流突变量元件不启动的情况下，保护满足以下条件，则弱电源侧保护也能启动：

1）电压低于 $0.5U_n$；

2）有收信信号（无论闭锁式还是允许式）。

如果弱电源侧的保护启动且同时满足下列条件，则闭锁式保护停发闭锁信号、允许式保护发允许信号，展宽 120ms，可以保证强电源侧保护快速跳闸：

1）至少有一相或相间电压低于 $0.5U_n$；

2）保护正方向和反方向元件均不动作；

3）启动时间小于200ms；

4）收到闭锁信号8ms或收到允许信号5ms。

弱电源侧的保护经对侧的闭锁或允许信号确认后就可以跳闸。

依据波形分析，保护电压小于$0.5U_n$且保护收信时间大于8ms满足了弱电源侧保护功能启动与动作的逻辑。调取对侧保护及故障录波信息，未发现故障时刻对侧的保护或收发信机有向本侧发信的记录。

为了查找收发信机异常收信原因，检修人员分别对高频通道进行通道交换试验、电平测试、电缆绝缘检测，测试结果正常；对第一套线路保护进行保护功能校验及传动试验，保护动作行为均正常。

检修人员进一步对高频阻波器、结合滤波器、高频电缆等通道加工设备分别进行检查试验，其中高频阻波器和结合滤波器试验正常。在脱开高频电缆两侧设备后，用振荡器在保护室对高频电缆进行衰耗检测试验（电平加在高频电缆芯跟高频电缆屏蔽层之间），结合滤波器侧测到的电平跟振荡器发出的电平相差20dB。随后用绝缘电阻表对高频电缆屏蔽层进行测试：

（1）将高频电缆屏蔽层在场地侧接地，在继保室绝缘电阻表500V档测量高频电缆屏蔽层对地绝缘电阻，阻值为154MΩ。

（2）将高频电缆屏蔽层在继保小室侧接地，在场地用绝缘电阻表500V档测量对地绝缘电阻，阻值为296MΩ。

（3）将高频电缆从电缆沟抽出，用绝缘电阻表两支表笔夹住屏蔽层两端，用500V档再次进行通断试验，电阻值为1.95GΩ。

绝缘检测表明该高频电缆屏蔽层受损中断。检修人员分析，由于在恶劣天气下变电站附近（根据雷电定位系统）发生雷电流为291.3kV的落雷（一般雷电流为100kA以内），导致站内开关场与保护小室间接地网产生高暂态地电位差，线路高频电缆屏蔽铜网流过大电流。受此影响高频电缆屏蔽铜网受损熔断，失去两端接地，无法屏蔽外部干扰电平。在收发信机收到扰动电平后启动发信，此时该线第一套线路保护由于电压跌落启动，在收信开入后弱馈保护动作出口。

检修人员对受损的高频电缆进行更换，经绝缘测试和通道测试正常后，保护恢复正常运行。

三、排查及整改方法

（1）加快推进高频通道光纤化改造。专业管理部门应加强现存高频通道的管控，对通道异常情况进行跟踪关注，对涉及高频通道的保护及时立项进行光纤化改造，从根本上提高纵联保护可靠性。

（2）严格执行高频通道运维检修核查。运维单位应严格执行运行巡视制度，对高频保护每天应定时自动测试或人工检查通道信号，并做好记录。无人值班变电站内不具备高频通道自动测试功能的220kV线路高频保护，仍需每天进行手动通道交换试验并做好记录。检修单位应及时处理通道异常情况，重点开展耦合电容器引下线绝缘、结合滤波器密封情况、高频电缆屏蔽层接地情况检查，在综合检修时，按综合检修试验要求进行全面通道试验。

案例五　高频通道绝缘异常

一、排查项目

结合滤波器受潮导致高频通道绝缘异常，区外故障时对侧保护误动作。

二、案例分析

（一）引用标准

《继电保护和电网安全自动装置检验规程》（DL/T 995—2016）第5.3.5.1条："测定载波通道传输衰耗，将接收电平与最近一次通道传输衰耗试验中所测量到的接收电平相比较。其差大于3dB时，则需进一步检查通道传输衰耗值变化的原因。"

《继电保护及二次回路安装及验收规范》（GB/T 50976—2014）第5.6.1条："纵联保护通道接线应正确可靠，设备应合格完好"；第5.6.7条："高频通道各设备阻抗特性应匹配，专用收发信机的收发信电平和收信裕度应符合现行行业标准《继电保护专用电力线载波收发信机技术条件》（DL/T 524）的有关规定。"

（二）爆雷后果

高频通道绝缘异常时，高频信号对地分流，导致对侧接收高频信号存在间断。极端情况下，造成高频线路保护误动或拒动。

（三）实例

某日受台风影响，220kV 3号变压器与220kV 4号变压器之间联络3线A相发生接地故障，两套保护正确动作，重合成功。同时，附近的2号变压器与1号变压器之间联络1线跳闸，1号变压器侧第一套CSC-101A高频保护动作，保护装置判断为AB相接地，三相跳闸，第二套RCS-901A高频保护未动作。2号变压器侧两套保护未动作，断路器未跳闸。

由系统接线示意图（见图5-14）可知，联络3线发生A相故障，故障点位于联络1线区外，属于1号变压器侧的正向、2号变压器侧的反向。

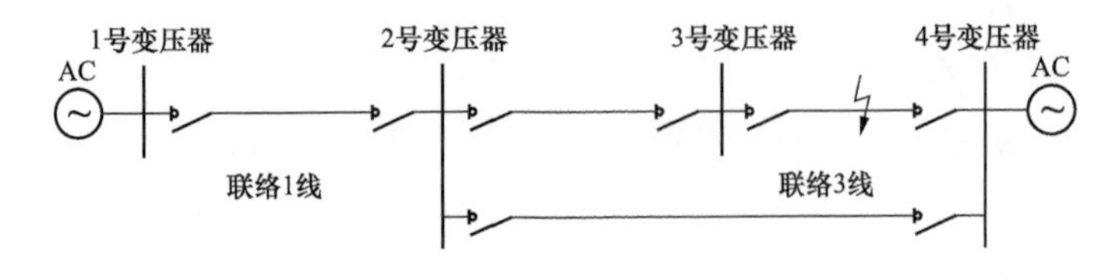

图5-14　系统接线示意图

当联络 3 线发生区内故障时，联络 1 线 1 号变压器侧高频收发信机应停止发信，2 号变压器侧应发闭锁信号，联络 1 线两侧保护均应不动作。

检查录波文件（见图 5-15）发现，联络 1 线 1 号变压器侧接收 2 号变压器侧所发的高频闭锁信号存在缺口，即未收到闭锁信号。62ms 时联络 1 线 1 号变压器侧因零序电流大于纵联零序电流定值，且保护未收到闭锁信号，纵联零序保护动作，跳开 1 号变压器侧断路器。

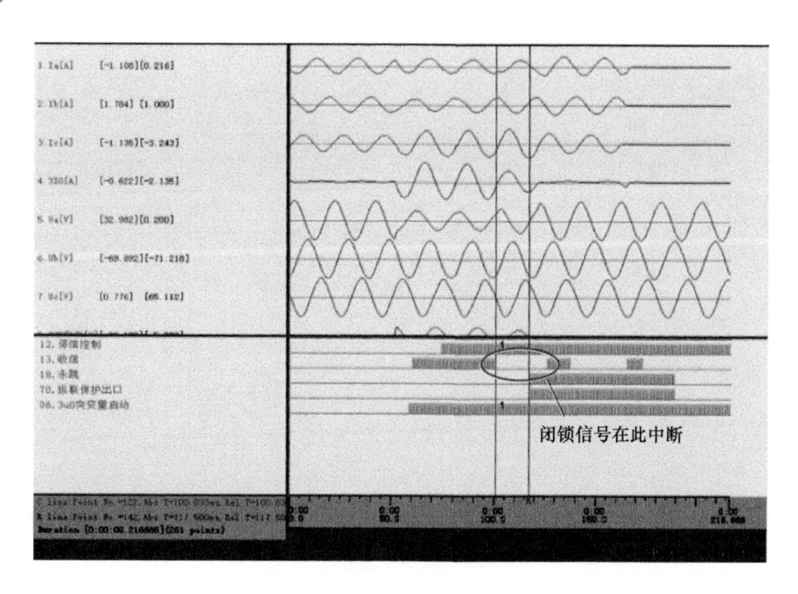

图 5-15 录波波形

进一步检查发现，联络 1 线 2 号变压器侧第一套保护高频通道结合滤波器箱存在密封圈脱落现象（见图 5-16），结合滤波器箱内底部存在进水痕迹，且高频电缆芯接头处及高频电缆屏蔽层接头处存在水渍痕迹。

图 5-16 现场结合滤波器

分析认为，由于联络 1 线 2 号变压器侧高频通道电缆绝缘问题，高频信号对地分流，导致联络 1 线 1 号变压器侧接收高频信号存在间断，且零序电流大于纵联零序电流定值，满足动作条件，1 号变压器侧第一套 CSC-101A 高频保护动作。

三、排查及整改方法

（1）加强户外箱体防潮检查。运维人员应定期开展设备巡视，并做好记录。台风前后，应仔细检查结合滤波器箱体受潮情况。检修人员检修时应对户外箱体进行开箱检查。若有进水迹象，可采用吹风机对接线盒内进行干燥处理，以提高防水性能。

（2）加强监控后台、故障录波器等异常告警信号排查分析。检查录波器中高频录波信号波形，两套保护高频录波信号电压波形应平稳、无缺口、无掉落。结合检修检查通道衰耗、高频电缆绝缘情况。

（3）加快保护光纤化改造进度。实施保护光纤化改造，彻底解决高频保护通道加工环节多、易受外部干扰影响等缺点。

（4）运维单位应严格执行运行巡视制度，对高频保护每天应定时自动测试或人工检查通道信号，并做好记录。无人值班变电站内不具备高频通道自动测试功能的220kV线路高频保护，仍需每天进行手动通道交换试验并做好记录。

第六章

变电运维检修隐患

继电保护设备投运后的可靠性主要靠科学准确的运维检修工作来保证。只有正确地运行操作，使一、二次系统方式协调一致，才能使继电保护正确发挥作用。只有科学合理地维护和检修，才能使继电保护保持健康的运行状况，及时发现和消除设备隐性缺陷，改善整体性能并延长使用寿命。而运维检修工作主要靠人完成，人既是现场安全生产作业的主体，同时也是安全管理的客体。在运行操作和检修作业过程中，由于人员技术技能水平、安全风险意识、工作责任心等原因，人可能成为其中的不安全因素。为杜绝人员责任事故，一方面应通过加强继电保护人员队伍建设，使现场作业人员具备必需的专业技术知识和合格的业务技能；另一方面应大力推行标准化作业，开展风险辨识与预控，提高智能运维检修手段，使现场工作过程中的人为环节尽可能减少。总结近几年国内电网运行经验，可能造成电网事故的继电保护运维检修隐患主要有运行操作内容漏项或操作次序不当、联跳回路搭接安全措施不到位、智能变电站SCD配置文件错误、安全工器具使用不当、检修结束后未及时核对恢复状态等。本章选取18个典型案例，介绍了常见的运维检修隐患以及相应的整改和防范措施。

案例一　旁路代线路断路器运行时母差保护对应出口压板未退出

一、排查项目

旁路代线路断路器运行，母差保护对应间隔出口压板未退出，造成母差保护动作时远跳线路对侧断路器。

二、案例分析

（一）排雷依据

《国家电网公司电力安全工作规程（变电部分）》（Q/GDW 1799.2—2013）第13.7条："现场工作开始前，应检查已做的安全措施是否符合要求，运行设备和检修设备之间的隔离措施是否正确完成，工作时还应仔细核对检修设备名称，严防走错位置。"

（二）爆雷后果

旁路代线路断路器运行，该线路实际已不在原母线段运行，若母差保护对应间隔出口压板未退出，当原母线段故障保护动作时，就会经压板回路发送远跳命令至线路保护，并使对侧断路器远方跳闸，造成负荷损失。

（三）实例

某 500kV 变电站 220kV Ⅲ段母线停电并开展改造工作，220kV 为双母双分段带旁母接线方式，按正常运行方式，若此时Ⅳ段母线跳闸将导致 A 站等多座 220kV 变电站失电，综合电网安全风险考虑，现场由旁母代 23 线运行于 220kV Ⅰ段母线（见图 6-1），若Ⅳ段母线跳闸，将由 23 线为 A 站等变电站供电。

工作开展期间某夜晚，该站 220kV Ⅳ段母线 AB 相间故障跳闸，Ⅳ母上所有间隔跳开，同时 23 线对侧保护“远方其他保护动作”跳闸导致 A 站等多座 220kV 变电站失电，造成负荷损失。

检修人员检查现场发现，220kV Ⅳ段母线 AB 相管母靠近 2 号母联间隔有放电灼烧痕迹，距放电现场 20m 范围内发现少许黑色燃烧灰烬残留，判断一次故障原因为异物飘入变电站造成 220kV Ⅳ段母线 AB 相管母短路放电。

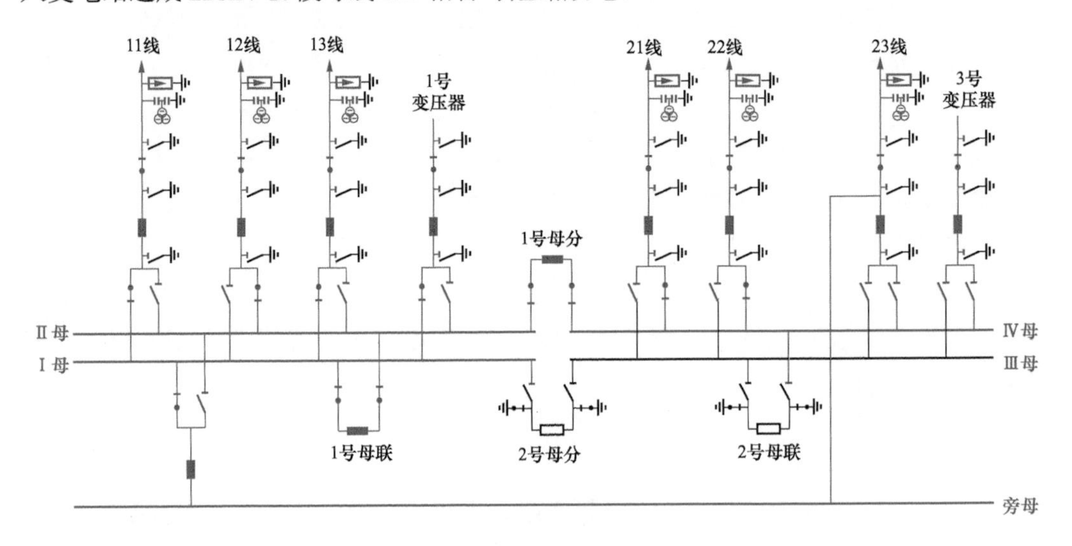

图 6-1　现场事故前运行方式

对于旁路断路器代 23 线运行方式，现场按运行规程调整保护运行方式，23 线第一套保护 RCS902 光纤距离保护切换至旁路 RCS902 光纤距离保护运行，并退出第二套保护两侧光纤差动主保护投入压板，但未退出 220kV 母差保护“跳 23 线断路器”出口压板（见图 6-2），造成第二套母差保护动作后通过该压板发送远跳命令至 23 线第二套保护，该命令不受差动主保护投入压板控制，对侧收到远跳命令且就地判据满足后出口跳闸，导致负荷损失。

后续检查发现，现场运行规程编审不严谨，错误删除旁路代线路时“应退出母差失灵保护启动线路跳闸出口压板”的要求，现场运维人员未发现规程纰漏，检修人员未发现安措布置不当，是造成事故扩大的主要原因。

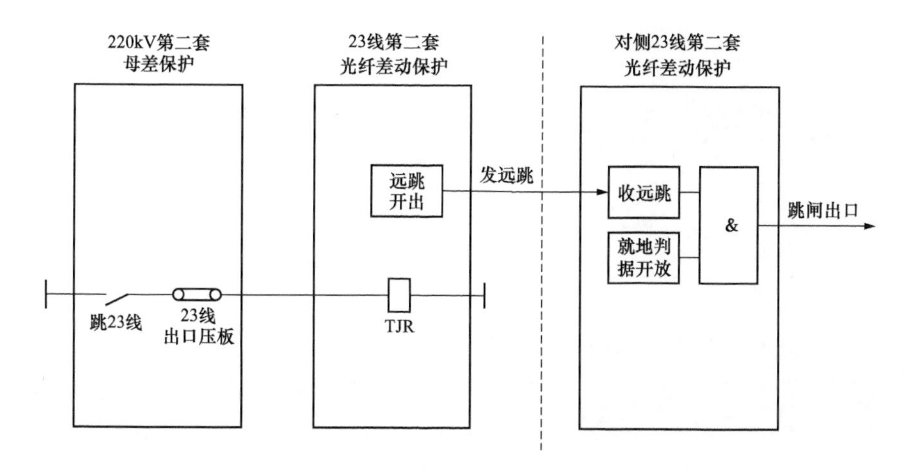

图 6-2　23 线第二套光纤差动保护远跳回路示意图

三、排查方法及整改方法

（1）加强现场运行规程编制审核。严格审核旁路代等特殊运行方式下保护压板投退操作是否正确合理。旁路代情况下，原线路断路器已退出运行，检查母差保护相应间隔跳闸出口压板全部取下，防止远方跳闸误动。

（2）检修人员应加强保护原理学习，如 BP-2B 等母差保护在动作时会跳相应母线间隔及空间隔（无闸刀位置无电流），以及线路保护远跳不经主保护压板控制等，注意甄别特殊运行方式下可能存在的风险点。

案例二　联跳回路搭接安全措施不正确

一、排查项目

在检修、改造等工作中如涉及与运行保护联跳回路搭接工作，或者改造屏内有运行间隔的，现场安全措施实施是否正确到位。

二、案例分析

（一）排雷依据

《继电保护和电网安全自动装置现场工作保安规定》（Q/GDW 267—2009）第 5.4 条：“在检验继电保护和电网安全自动装置时，凡与其他运行设备二次回路相连的压板和接线应有明显标记，应按安全措施票断开或短路有关回路，并做好记录”；第 5.6 条：“更换继电保护和电网安全自动装置柜（屏）或拆除旧柜（屏）前，应在有关回路对侧柜（屏）做好安全措施。”

（二）爆雷后果

（1）工作过程中造成误碰，导致运行设备误出口跳闸。

（2）工作中误拆、接线导致正常运行的保护装置异常告警。

图 6-3　未针对已运行间隔端子 1C5D 采取明显的隔离安全措施

（三）实例

某220kV变电站220kV母差保护改造过程中某运行220kV线路两侧跳闸。现场检查发现为该运行线路保护的TJR跳闸继电器动作，三跳闭锁重合闸并且远跳对侧。进一步检查发现为现场施工人员在核对接线时，误短接新母差保护屏内运行间隔出口跳闸端子，导致误出口引起。现场端子排布置如图6-3所示。图中1C5D端子为已运行间隔的出口端子，其中1C5D-1与1C5D-4为母差启动线路TJR跳闸的正负端子，因无明显的标识，接线人员在进行其余未接入间隔的对线工作时误短接1C5D-1与1C5D-4端子，导致误出口。

母差保护改造的间隔接入采用的是逐个接入的方法，在接入的过程中，部分间隔已恢复运行，但是现场安全措施未针对已恢复运行的间隔实施专门的安全措施，导致接线人员误碰出口回路端子误跳闸。

三、排查及整改方法

该隐患易产生于运行变电站部分设备改造或者检修的过程中，不同的改造设备和改造方案在安全措施的实施上有一定的区别。实施安全措施总体原则为：

（1）规范安全措施实施流程。涉及保护联跳回路搭接工作时，发包方检修人员在搭接完成后，应在联跳回路对侧（运行设备侧）做好安全措施后，方可允许外包施工单位工作；如果确实受现场运行设备条件限制而无法在运行设备侧实施安全措施，可以在未投运的设备上实施。发包方检修人员与外包施工人员应有交底记录和签名，并应设置明显的警示标识。

（2）完善安全措施实施方案。改造保护屏内有运行设备（端子）和改造设备共存时，应针对运行设备（端子）采取有针对性的明显的防误碰措施，如使用红色绝缘胶带封闭运行间隔电压、电流、跳闸端子，防止工作中误告警、误跳闸。

（3）施工现场注意要点。施工现场严格执行二次工作安全措施票，工作负责人每日开工前应对照安全措施票检查间隔内安全措施是否完善。搭接工作应严格按照接口清单进行，接口清单应注明接线端子，已完成接口的设备应做好记录。

案例三　检修设备至相关运行设备隔离措施落实不到位

一、排查项目

断路器（线路、变压器）改冷备用或检修，检修试验前，检修设备至相关运行设备的出口压板未取下，造成运行断路器误跳闸。

二、案例分析

（一）排雷依据

《国家电网公司电力安全工作规程（变电部分）》（Q/GDW 1799.2—2013）第 13.7 条："现场工作开始前，应检查已做的安全措施是否符合要求，运行设备和检修设备之间的隔离措施是否正确完成，工作时还应仔细核对检修设备名称，严防走错位置。"

（二）爆雷后果

（1）检修过程中，检修间隔保护动作引起母差保护启动失灵、解除复压闭锁误开入，增加母差保护误动风险。

（2）检修过程中，检修间隔保护动作造成运行断路器误跳（合）闸，造成负荷损失。

（三）实例

某 220kV 变电站，现场检修人员正进行 1 号变压器及其三侧断路器间隔相关维护及例行试验工作，现场 110kV 母联断路器一次合闸运行，检修人员在进行 1 号变压器第一套保护校验时，现场 110kV 母联断路器发生跳闸。

经现场核查，事故发生的主要原因为：二次人员正在进行 1 号变压器第一套保护中后备复压过流保护校验，现场保护屏上压板情况如图 6-4 所示，1 号变压器第一套保护在校验时，仅退出三侧断路器对应出口压板以及启动 220kV 第一套母差失灵保护及失灵解复压相关压板，保护跳 110kV 母联断路器、35kV 分段断路器、闭锁 35kV 备自投出口压板均未退出。中后备复压过流 1 时限动作后跳开 110kV 母联断路器，造成运行断路器误分闸。

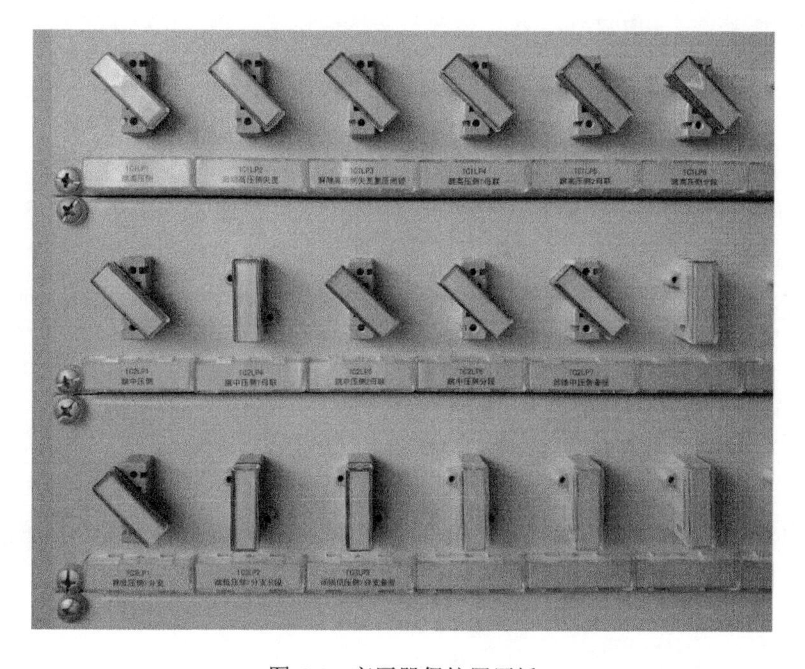

图 6-4　变压器保护屏压板

三、排查及整改方法

（1）完善变电站典型操作卡。运维人员严格检查、核实变电站典型操作卡的全面性、准确性，且符合现场检修工作安措要求。

（2）强化状态交接核对。工作票许可前，检修人员与运维人员应仔细核对安措是否布置到位，能否满足检修需求，是否严格按照典型操作卡取下本间隔与其他运行间隔相关压板，以及所有运行间隔相关出口压板、SD 端子等。如本案例中应取下 1 号变压器第一套、第二套保护启动 220kV 相应母差失灵保护压板、解除高压侧失灵复压闭锁压板、跳 110kV 母联断路器压板、35kV 分段断路器压板、闭锁 35kV 备自投出口压板，且取下 220kV 第一、二套母差保护跳 1 号变压器高压侧出口压板，断开 1 号变压器间隔 SD 端子并短接。

（3）加强现场安措布置。进行保护测控例行试验前，工作负责人应做好并检查二次安措是否到位，对间隔内与运行间隔相关压板除核对状态外，还应使用胶布做好隔离，防止工作过程中误合，可通过划开端子连片等方式进行二重安措布置。

（4）工作现场严格执行二次工作安全措施票，所有安全措施应体现在安全措施票中并经过签发人审核，安全措施应两人执行，同时工作负责人每日开工前应对照安措票再次检查间隔内安全措施是否被破坏。

案例四　多套保护共用的电流回路安全措施执行不到位

一、排查项目

多套保护共用一个电流互感器二次回路，将增加运行和检修时的安全风险，检修安全措施（简称安措）执行不到位将会造成保护装置误动作。

二、案例分析

（一）排雷依据

《国家电网有限公司十八项电网重大反事故措施》（国家电网设备〔2018〕979 号文）第 8.5.1.9 条：“电流互感器的选型配置及二次绕组的数量应能够满足直流控制、保护及相关继电保护装置的要求。相互冗余的控制、保护系统的二次回路应完全独立，不应共用回路。”

（二）爆雷后果

（1）当一套保护运行，另一套保护消缺、校验时，通流试验可能造成运行保护误动作。

（2）电流互感器单一绕组或二次回路故障可能导致多套保护装置的不正确动作，影响保护可靠性。

（三）实例

某 110kV 变电站检修作业，作业人员在 20kV 1 号母分备自投检修作业中，误碰安措短接线，造成电流开路，导致1号变压器零序Ⅰ、Ⅱ段保护动作，1号变压器20kVⅠ段母线断路器跳闸，20kVⅠ段母线失电。

该变电站1号变压器保护与20kV 1号母分备自投共用1号变压器20kV断路器TA的A相电流回路，二次回路如图6-5所示。在20kV 1号母分备自投校验前，对A相进行了短接并断开电流端子连接片，如图6-6所示。

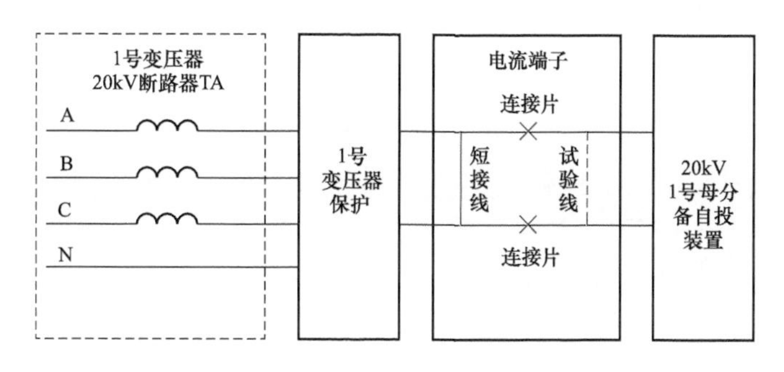

图6-5 多套保护共用一个电流互感器次级

现场作业人员在备自投装置校验结束后，拆除试验线的过程中，误碰了作为安全措施的短接线，造成A相电流回路开路，1号变压器保护零序电流上升为负荷电流，超过保护定值，造成零序Ⅰ段、Ⅱ段保护动作，1号变压器20kVⅠ段母线断路器跳闸，20kVⅠ段母线失电。

图6-6 电流回路安全措施

一方面，由于多套保护共用电流互感器同一二次回路，增加了检修负责人在检修工作时的危险点；另一方面，安措所用的试验线和试验用线未有明显区分，容易发生误动安措。

三、排查及整改方法

（1）加强源头设计管理。在设计阶段，保护装置的电流回路应相互独立，避免共用同一绕组。

（2）加强隐患记录。对于实际现场存在的多套保护共用电流互感器同一二次回路，应将其作为风险点列入隐患清单。

（3）加强安措执行的规范性。安措所用短接线要短接牢固，不能随意松动，必须有明显的二次安措标识，必须使用短接片或者和试验线有明显区分的短路线，严禁混用。

（4）加强作业现场的交底。对于重要风险点，应加强作业现场的交底，保证安措的执行和恢复顺序严格按照二次安全措施票执行。

案例五　检修间隔通流试验前未断开母差保护电流回路

一、排查项目

检修间隔电流回路工作前，未检查在运的母差保护对应间隔SD端子是否断开并短路接地，造成运行保护出现差流，差动保护误动作。

二、案例分析

（一）排雷依据

《国家电网公司电力安全工作规程（变电部分）》（Q/GDW 1799.2—2013）第13.7条："现场工作开始前，应检查已做的安全措施是否符合要求，运行设备和检修设备之间的隔离措施是否正确完成，工作时还应仔细核对检修设备名称，严防走错位置。"

（二）爆雷后果

通入的电流进入处于运行状态的母差保护，造成母差保护误动跳开运行设备。

（三）实例

某日，某500kV变电站500kV B线进行线路TA更换工作，更换完成后，检修人员在端子箱进行TA伏安特性测试，此时该变电站500kV Ⅱ母母差保护动作，跳开Ⅱ母上运行的所有断路器。该500kV变电站主接线为3/2接线，B线路边断路器近Ⅱ母。现场检查发现，该线路TA至母差保护间大电流端子未断开并短接接地（见图6-7），检修人员工作前未确认安措是否正确完善，导致所加测试电流流进母差保护产生差流，且达到差动保护动作定值，因母差保护没有复压闭锁，故母差保护达到差动定值后误动作跳闸。

图6-7　现场大电流端子情况

三、排查及整改方法

（1）完善变电站典型操作卡。运维人员严格检查、核实变电站典型操作卡的全面性、准确性，确认符合现场检修工作安措要求。

（2）强化状态交接核对。仔细检查断路器检修时，母差、变压器等保护屏上相关检修间隔大电流端子是否已取下并短路接地。检修人员与运维人员进行交接时，严格按照安措布置要求，逐条做好一、二次设备状态及安措等核对工作，并签字确认。对于不符合检修安全要求的状态，检修人员应及时向运维人员提出，并增加相应安全措施。

（3）加强安措布置核对。在电流回路上进行检修工作前，再次核对相关变压器或母差等多间隔保护屏上相关检修间隔大电流端子是否已取下并短路接地。

案例六 大电流试验端子操作顺序不正确

一、排查项目

常规站通过大电流试验端子退出相关保护电流回路时，操作顺序不正确，导致母差保护或者变压器差动保护误动作。

二、案例分析

（一）排雷依据

《国家电网有限公司十八项电网重大反事故措施》（国家电网设备〔2018〕979号文）第4.1.8条："对继电保护、安全自动装置等二次设备操作，应制订正确操作方法和防误操作措施。智能变电站保护装置投退应严格遵循规定的投退顺序。"

（二）爆雷后果

当母差或者变压器差动保护配置不典型（如进线电流和桥断路器电流端子采用保护侧端子硬连接取和电流的方式接入保护装置），有可能导致母差保护或者变压器差动保护动作，造成运行母线失电，负荷损失。

（三）实例

某110kV变电站2号变压器差动保护动作，跳开2号变压器三侧断路器，负荷损失。

事故前，1号变压器及110kV Ⅰ段母线检修，110kV桥断路器检修，110kV Ⅰ段母线TV检修；进线2线带2号变压器运行。

因检修工作需要，110kV桥断路器要做二次通流试验，需将2号变压器差动保护110kV桥断路器电流端子2SD脱离2号变压器差动回路。现场值班员根据现场典型操作票（先放上2号变压器差动保护110kV桥断路器电流端子2SD短接螺栓，后取下连接螺栓）进行补充安措。在短接2号变压器差动保护110kV桥断路器电流端子2SD A相时，2号变压器差动保护动作跳开三侧断路器。

事故跳闸分析，2号变压器保护屏内110kV进线2断路器电流端子、110kV桥断路器电流端子采用保护侧端子硬连接取和电流的方式接入保护装置（见图6-8），因进线2运行，当直接短接2号变压器110kV桥断路器电流端子A、B相，即短接了进线2电流互感器AB相，从而导致2号变压器差动保护A相出现差流，引起2号变压器差动保护动作。

事故原因为现场值班员根据现场典型操作票（先放上2号变压器差动保护110kV桥断路器电流端子2SD短接螺栓，后取下连接螺栓）进行补充安措时，未先退出2号变压器差动保护，而是直接放上110kV桥断路器电流端子2SD短接螺栓。运行人员对现场保护接线形式不熟悉，且不按调度管理规程操作，导致此次导致事故的发生。

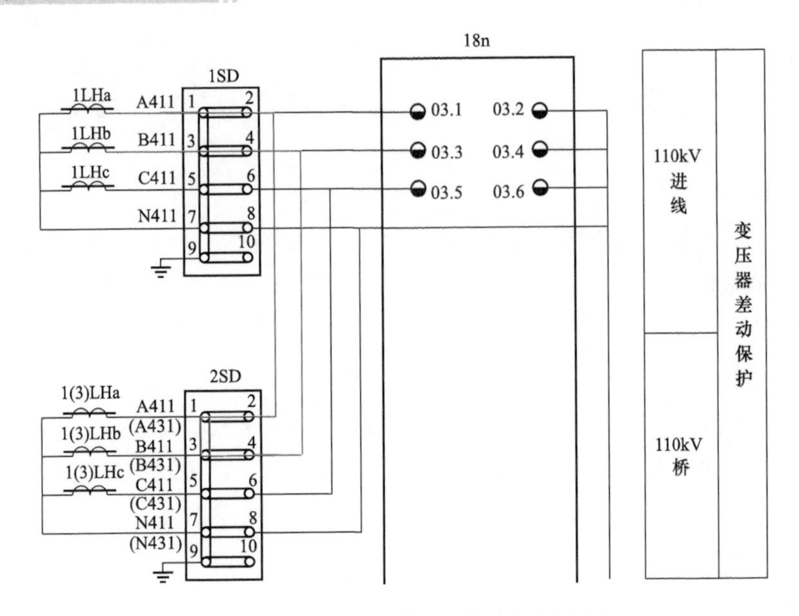

图 6-8　2 号变压器差动保护电流回路图

三、排查及整改方法

（1）规范作业流程，及时整改。典型操作票应与变电站实际电流回路接线相符，操作过程中防止电流分流、电流回路两点接地、运行电流回路开路等。以本案例为例，须采取先断后短，即先断开 2 号变压器差动保护 110kV 桥断路器电流端子 2SD 连接螺栓，后短接 2SD。为防止操作不当引起差流，操作过程中可先将差动保护改信号，再操作大电流端子 2SD。

（2）加强检修摸排，及时更新变电站二次作业风险库，对于存在安全隐患的和电流接线差动回路，应列入技改项目尽快实施改造。

（3）提高人员意识。运行人员应熟悉变电站内特殊配置，知晓操作过程中的危险点。同时应加强规程规范的学习，提高专业素质，防止误操作。

（4）保护装置两路电路宜分别接入装置，和电流设计宜采用装置逻辑计算产生。

案例七　保护投跳时功能压板未对应投入

一、排查项目

运维人员在执行保护由信号改跳闸操作时，仅投入该套保护的相关出口压板，未核对功能压板或软压板在投入状态，导致保护未正确投跳。

二、案例分析

（一）排雷依据

《电网调度规范用语》（DL/T 961—2020）第 5.3.1 条：“继电保护投入装置正常运行，出口及相应功能压板（连接片）正常投入”；第 5.3.3 条：“继电保护信号装置正常运行，出口压板断开，相应功能压板投入。”

（二）爆雷后果

（1）常规站检修工作结束后，若保护功能硬压板因故意外退出，且运维人员未核对确认相关继电保护已恢复至工作许可前状态，运行人员按以往的典型操作票执行保护由信号改跳闸操作时，仅操作出口硬压板，导致该保护功能实际退出，相应保护范围内故障时保护将拒动，从而扩大事故范围。

（2）新保护、新间隔启动前，调度启动方案中对保护状态的要求为“保护按相关规定投入”时，运行人员若对规程规范学习理解不充分，易遗漏、错设继电保护初始状态，例如仅投入出口压板，未投入功能压板，导致该保护功能实际退出，相应保护范围内故障时保护拒动，扩大事故范围。

（三）实例

某变电站（常规站）系统主接线如图 6-9 所示，某日系统发生故障，变电站 2 号变压器第一套、第二套保护中后备动作，故障造成变电站 110kV Ⅱ段母线失电，事故特巡发现 101 线发生接地故障。

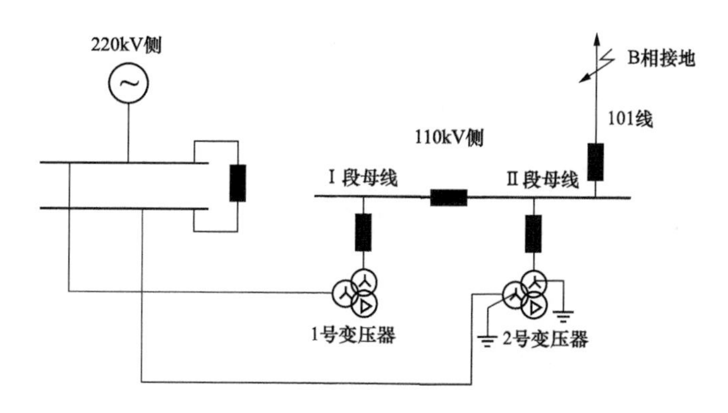

图 6-9　某变电站（常规站）系统主接线

二次人员判断 101 线保护存在拒动问题，现场检查发现，101 线保护装置的距离保护与零序保护功能硬压板实际退出，从而导致 2 号变压器保护越级动作，扩大了事故影响范围。

深入调查发现，101 线保护装置在上一次定校完毕后，保护功能硬压板误退出，运行人员在执行调度下发的“101 线微机保护由信号改跳闸”命令时，未发现该保护功能硬压板退出，仅按图 6-10 典型操作票执行了“测量 101 线保护跳闸出口压板两端确无电压并放上 1LP1”一步操作，导致该保护功能硬压板长期退出。

三、排查及整改方法

（1）对所辖区域内所有变电站的典型操作票进行专项检查。确认在执行保护“信号改跳闸”操作前，有确认保护在信号状态的相应步骤，若无，应对典型操作票进行修订，增加相应步骤，如图 6-11 中的“确证保护在信号状态”。

操作任务	××变101线微机保护由信号改为跳闸
说明	
顺序	操　作　项　目
1	测量101线保护跳闸出口压板两端确无电压并放上1LP1
备注	

图 6-10　保护由信号改跳闸典型操作票

操作任务	××变101线微机保护由信号改为跳闸
说明	
顺序	操　作　项　目
1	检查××变101线微机保护确在信号状态
2	测量101线保护跳闸出口压板两端确无电压并放上1LP1
备注	

图 6-11　更改后保护由信号改跳闸典票

（2）规范启动方案的编制，关键内容不应采用模糊的表述方式。调度部门在编写启动方案以及调度意见时，不应采用类似“保护按相关规定投入”等模糊的描述方式，应明确写出相应保护所需要的状态。例如在新线路间隔投运前，若该保护不含纯过流保护，调度人员应在启动方案或意见中明确，在启动前将增设的临时过流保护投跳闸，将该新线路保护投信号，带负荷试验正确后将线路保护投跳闸，并许可拆除临时过流保护。

（3）加强业务理论学习，规范操作流程。运维人员应依据现场压板投退情况，判断保护实际所处的状态，对启动方案及调度意见中的保护状态存疑或不确定时，及时向调度员询问。

（4）加强检修工作设备状态，对于压板、空开、把手等设备应制作状态核对卡，工作负责人及工作许可人在工作票许可及终结时均应核对并签字确认。

案例八　运维人员差流巡视不全面

一、排查项目

运维人员是否定期巡视记录差动保护（如变压器保护、母差保护）的正常差流值。

二、案例分析

（一）排雷依据

《继电保护状态检修导则》（Q/GDW 1806—2013）表 B.1：“继电保护及二次回路运行巡视要求：运行巡视需进行纵联电流差动保护差流检查、变压器保护差流检查、母差保护差流检查；同时记录差流值和负荷电流值；操作后应进行差流记录。”

（二）爆雷后果

（1）运行人员对差流巡视不到位将疏忽可能存在的差流异常问题，该类问题通常由于电流二次回路接线松动、接线错误等引起。

（2）正常运行时，特别是负荷较轻的变电站，由于差流较小，未达到保护装置告警门槛，保护装置无异常、告警信号，而区外故障时故障电流较大，差动保护将误动，从而扩大事故范围。

（三）实例

某 110kV 变电站（智能站）系统主接线为内桥接线，如图 6-12 所示。某日，调度二次人员在检查故障录波时发现进线 2 第二套合并单元三相电流相位、幅值异常，如图 6-13 所示，存在较大的零序电流，而第一套合并单元三相电流正常，无零序电流。

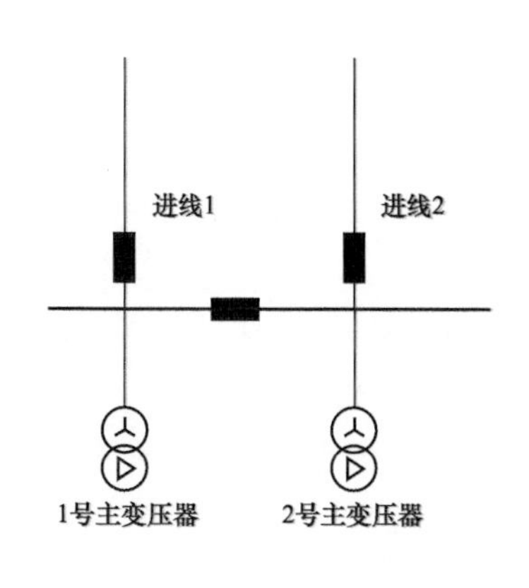

图 6-12　主接线图

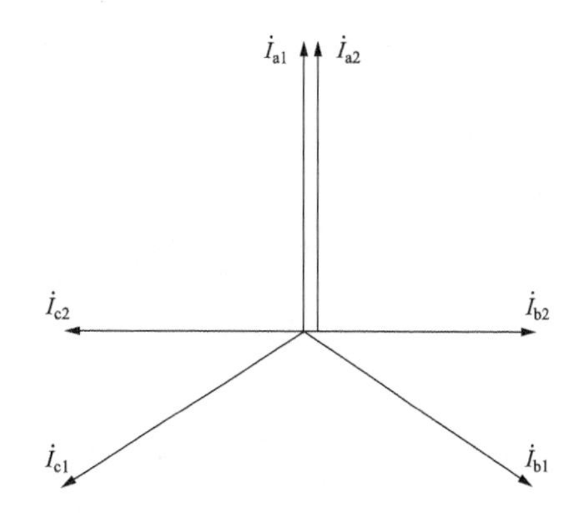

图 6-13　消缺前进线 2 第一套与第二套合并单元电流相量图

运维人员现场检查 2 号变压器第一套、第二套保护装置内差流，发现第二套保护装置高压侧电流采样与录波中数据一致（见图 6-14），判断进线 2 第二套合并单元存在异常。

二次人员结合图纸与现场经验，对该异常现象进一步分析，判断为图 6-15 中 F1 或 F2 点断开引起故障。

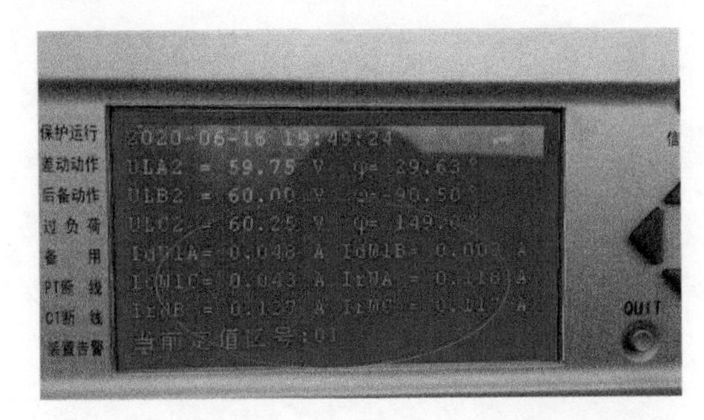

图 6-14　消缺前 2 号变压器第二套保护三相差流

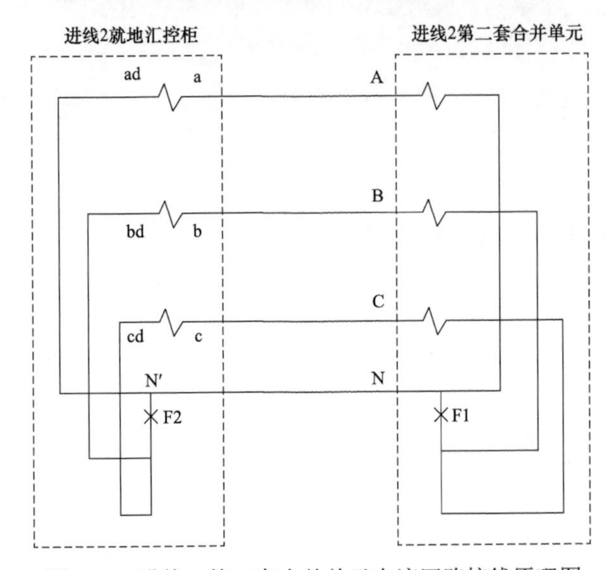

图 6-15　进线 2 第二套合并单元电流回路接线原理图

理论分析过程如下：

F1 点断开后，合并单元的电流回路可等效为图 6-16。

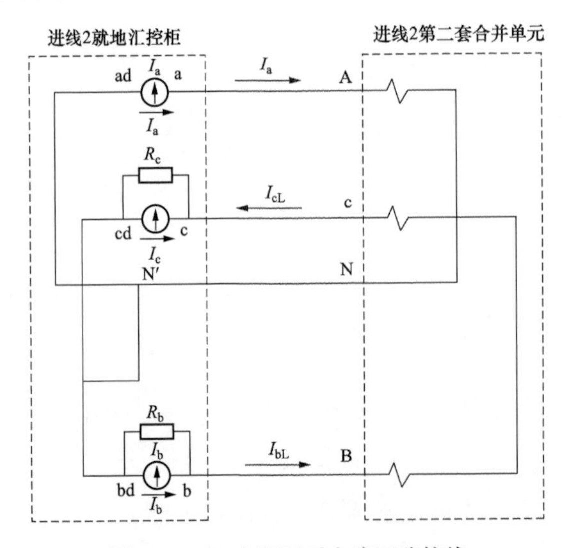

图 6-16　F1 点断开后电流回路接线

其中 TA 二次侧 B 相绕组等效电阻为 R_B，C 相绕组等效电阻为 R_C，TA 二次侧电流幅值 $I_B=I_C$，B 相与 C 相 TA 二次侧负荷电流 $I_{BL}=I_{CL}$。

图 6-16 中，A 相绕组通过 a-A-N-N′-ad 自成回路，不受影响，BC 相 TA 二次绕组串联，此时若将 TA 二次绕组当作理想电流源处理，将不满足 KCL 定律，故将其等效为一个理想电流源与一个内阻并联。

取 B 相 TA 二次侧负荷电流 I_{bL} 为参考正方向，对 bd-b 端口、cd-c 端口应用戴维南定律进行等效，则 BC 相 TA 二次绕组等效电路如图 6-17 所示。

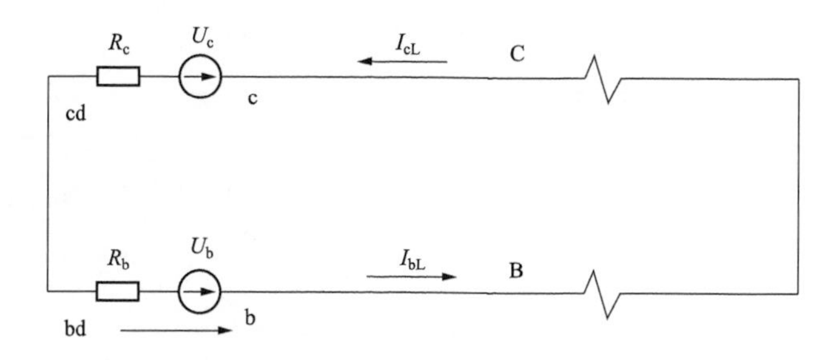

图 6-17　对 BC 相二次绕组戴维南定律等效后 BC 相电路图

其中 $$U_B=R_B\times I_B,\ U_C=-R_C\times I_C$$

再对 b-c 端口应用诺顿定律进行等效，等效后电路如图 6-18 所示。

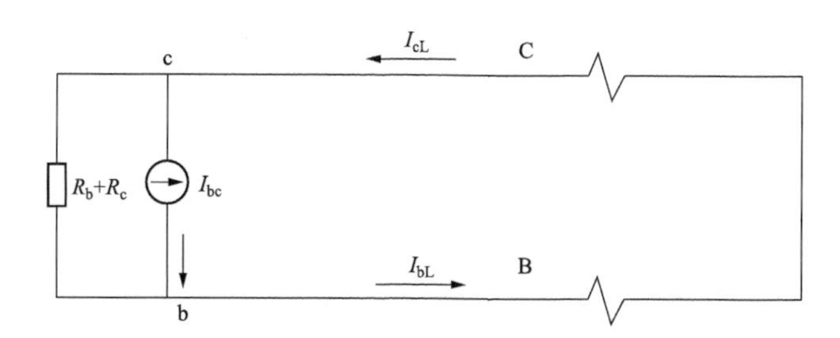

图 6-18　对 BC 端口诺顿定律等效后电路图

其中 $I_{BC}=\dfrac{(R_B\times I_B-R_C\times I_C)}{R_B+R_C}$，考虑 TA 二次绕组参数三相对称，该电流源幅值为 $I_{BC}=\dfrac{(I_B-I_C)}{2}$，认为绕组等效电阻远大于合并单元小 TA 线圈阻抗，则 $I_{bL}=\dfrac{(I_B-I_C)}{2}$，$I_{cL}=\dfrac{(I_C-I_B)}{2}$，做出相量图如图 6-19 所示。

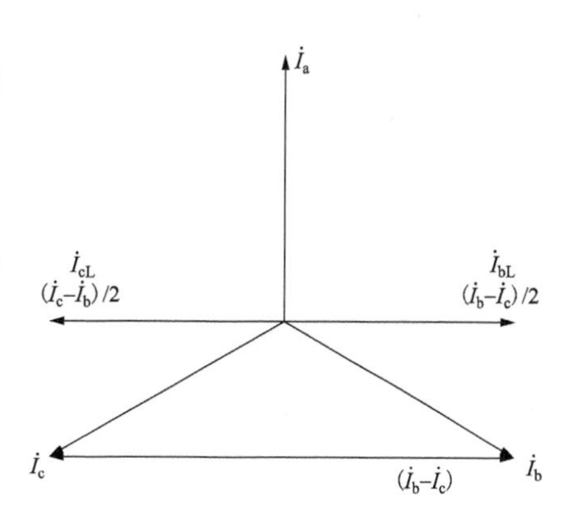

图 6-19　F1 点断开后三相电流相位

图 6-19 中 A 相电流正常，B 相电流滞后 A 相电流 90°，C 相电流超前 A 相电流 90°，且 BC 相电流幅值相同，均为 A 相电流的 0.866 倍，与录波中

波形特征一致，易证 F2 点断开时，三相电流与 F1 点断开特征相同。

二次人员首先对就地智能组件柜中的 F1 点进行检查，发现该处三相电流的尾端通过短接片短接，短接片紧固可靠，松动概率较小；进而检查汇控柜处的 F2 点，汇控柜处 TA 端子排原理图如图 6-20 所示；发现该处三相电流的尾端通过短接线短接（见图 6-21），松动概率较大；用自带的短接线直接短接 TA35 与 TA32，发现保护装置内差流恢复正常，从而确定进线 2 第二套合并单元汇控柜处 TA35 至 TA32 的短接线松动。进线 2 改冷备用后二次人员对短接线进线紧固，恢复送电后保护差流恢复正常。

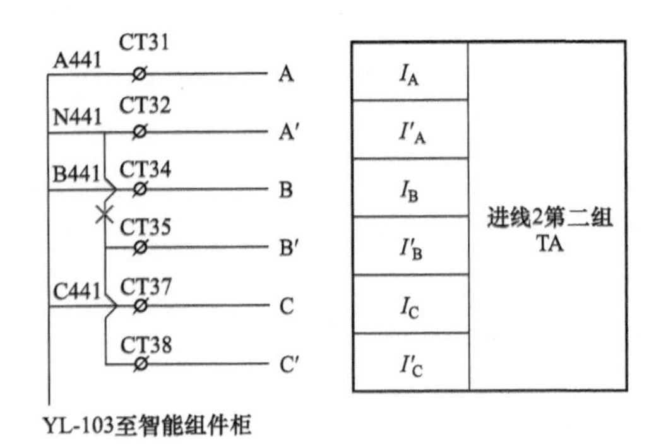

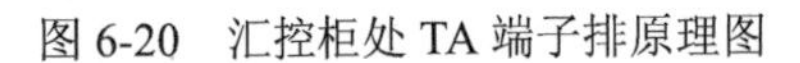
图 6-20　汇控柜处 TA 端子排原理图

图 6-21　汇控柜处 TA 端子排照片

事后进一步调查发现，该型号变压器保护差流仅在主界面滚动显示，经验证，运维人员长期观察、记录的是变压器保护计算量中的二次谐波差流，故在差流记录中变压器差流始终为 0。

三、排查及整改方法

（1）运维人员应结合现场实际情况编制保护装置操作巡视卡，在变电站投运前进站熟悉设备，在日常的保护巡视工作中严格落实差流巡视的各项要求，不能仅仅依靠当日数据就得出差流正常的结论，应将本次差流与上一次差流做比较，发现异常时及时联系检修人员。案例中，因该变电站负荷常年较轻，若不与保护正常运行时的差流做比较，一般运行人员即使找到了正确的差流巡视界面，也容易将图 6-14 所示的异常差流当作装置采样误差而忽视。

（2）设计人员应熟悉本专业的各类规范要求，熟悉厂家提供的各类设计白图，避免盲目的照搬照抄与“套图”；对于 TA 回路、跳合闸回路等重要二次回路，一个端子只允许接一根二次线，需严格避免短接线的出现，例如调整 TA 端子排接线顺序，须将三相电流的 N 相通过短接片可靠短接。

（3）检修人员作为变电站的检修主人，应对本单位运维范围内所有 TA 端子排与跳合闸回路等重要二次回路开展专项检查，并纳入变电站验收内容，尤其是就地汇控柜处的 TA 端子排，对于使用短接线进行 N 相短接的，应落实整改。

案例九 压板操作顺序不正确

一、排查项目

运维人员执行操作时压板操作顺序不正确，智能变电站典型操作票内的压板操作顺序不当。

二、案例分析

（一）排雷依据

《智能变电站继电保护和安全自动装置运行管理导则》（Q/GDW 11024—2013）第7.3.7 条："操作继电保护装置间隔投入压板（或间隔检修压板）、SV 软压板时，应在对应间隔停电的情况下进行。"

（二）爆雷后果

智能变电站继电保护压板操作顺序不正确，可能造成保护在操作过程中满足动作条件，若此时闭锁条件开放，将导致保护误动跳闸。

（三）实例

某公司在完成某 220kV 智能变电站断路器合并单元更换工作后，在运维人员对 220kV 母差保护由信号改跳闸的操作过程中，因操作顺序错误导致 220kV 母差保护误动跳闸。

该站 220kV 系统采用双母线双分段接线，运行出线 8 回，变压器 2 台，如图 6-22 所示。因Ⅱ-Ⅳ母分段断路器合并单元及智能终端更换、调试工作需要，Ⅱ-Ⅳ母分段断路器处于检修状态，220kVⅠ-Ⅱ段母线及Ⅲ-Ⅳ段母线 A 套差动保护处于信号状态，同时母线保护各间隔投入压板处于退出状态。

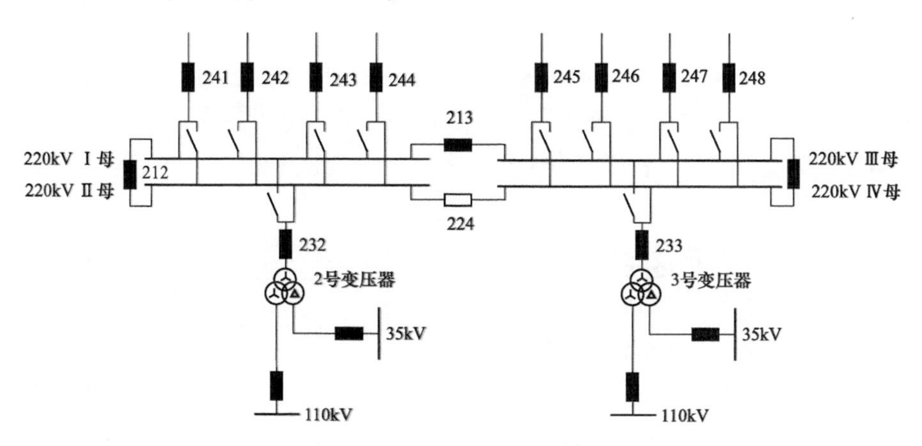

图 6-22 220kV 系统主接线图

现场工作结束后，运维人员开始执行复役操作，先将 220kVⅠ-Ⅱ段母线及Ⅲ-Ⅳ段母线 A 套差动保护由信号改跳闸。现场的操作顺序为先批量投入各间隔的 GOOSE 发送软压板，后批量投入各间隔的间隔投入软压板。在投入了 212、232、241、242 断路器间隔的间隔投入软压板后，Ⅰ-Ⅱ段母线母差保护动作，跳开Ⅰ-Ⅱ母 212、232、241、242 断路器（243、244 断路器因间隔投入软压板还未投入，未跳闸）。

分析智能变电站母差保护动作原理可知，母差保护动作出口需满足以下条件：差动电流达到定值、复压闭锁条件开放、GOOSE 发送软压板投入，如图 6-23 所示。

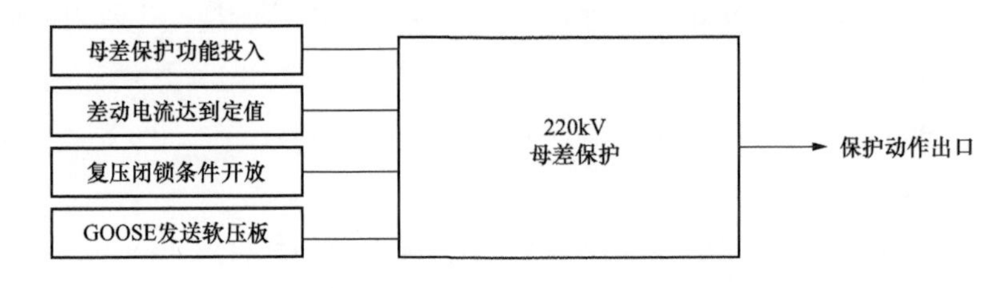

图 6-23　母差保护动作原理

本次事件中，由于母线各间隔一次设备处于运行状态，在逐块投入间隔投入软压板过程中，各间隔电流逐路计入差流计算，母差保护内必然产生差流，当差流超过动作值时，差动元件必然动作。而在投入间隔投入压板的过程中，运维人员未先投入母设间隔投入软压板，导致母差保护无法采集母线的正常电压，进而使得母差保护复压闭锁条件开放。除此之外，运维人员在复役操作压板的过程中操作顺序错误，先批量投入了各间隔的 GOOSE 发送软压板。结合上述两点，最终满足了母差保护动作出口的条件，导致了母差保护误动跳闸。

由《智能变电站继电保护和安全自动装置运行管理导则》第 7.3.7 条可知，一次设备运行，仅母差保护改信号操作时，原则上不退出间隔投入软压板。若间隔投入压板不退出，母差保护复压闭锁功能正常，母差保护差流为 0，母差保护也不会误动作。

三、排查及整改方法

（1）加强对智能变电站母线保护典型操作票的审核。智能变电站典型操作票编写审核时重点关注二次设备的压板操作顺序，要求保护或自动装置退出时应先取下出口压板，后取下 SV 接收压板；投入操作时应先投入 SV 接收压板，确认无差流后，再投入出口压板。

（2）加强对已编写母线保护操作票正确性的排查。组织运维人员集中审核已编写的典型操作票，包括程序化控制、批量控制的操作票，重点关注操作票内二次设备的压板操作顺序，如有错误及时修改并宣贯。

（3）加强对现场操作的监管力度。运维人员在填写完操作票后，需由第二人检查确认操作步骤无误后方可执行。若为批量操作或程序化操作，应加强对操作票的审核，执行前应再次辨识操作过程中的风险，执行过程中严禁缺项、漏项或改变操作顺序，严防习惯性违章行为。

（4）加强对运维人员的技能培训。运维人员应掌握智能变电站保护装置的基本原理及相关二次回路，如 220kV 母差保护的动作条件、闭锁条件，以及智能变电站采样回路、出口回路的实现方式。依据二次知识完善现场运行规程及典型操作票，提升现场操作的正确性。

案例十 断路器停复役过程中未正确投退SV接收软压板

一、排查项目

排查运维倒闸操作票中，断路器停复役过程中，SV接收软压板投退顺序的正确性。要求断路器改检修时，先停一次设备，后退SV接收软压板；断路器改运行时，先投SV接收软压板，后投运一次设备。

二、案例分析

（一）排雷依据

《智能变电站继电保护和安全自动装置运行管理导则》（Q/GDW 11024—2013）第7.3.8条："设备停电时，应先停一次设备，后停继电保护设备；送电时，应在合隔离开关前投入继电保护设备。一次设备停电，继电保护系统无工作或工作不影响继电保护系统时，继电保护装置可不退出，但应在一次设备送电前检查继电保护状态正常。"

《国家电网公司电力安全工作规程（变电部分）》（Q/GDW 1799.1—2013）第5.3.1条："倒闸操作应根据值班调控人员或运维负责人的指令，受令人复诵无误后执行。发布指令应准确、清晰，使用规范的调度术语和设备双重名称。发令人和受令人应先互报单位和姓名，发布指令的全过程（包括对方复诵指令）和听取指令的报告时应录音并做好记录。操作人员（包括监护人）应了解操作目的和操作顺序。对指令有疑问时应向发令人询问清楚无误后执行。发令人、受令人、操作人员（包括监护人）均应具备相应资质。"

（二）爆雷后果

如果运维倒闸操作票存在错误或者拟票时引用错误，一次设备改检修后，SV接收软压板未退出，在检修人员试验时可能造成保护误动；一次设备复役前SV接收软压板未投入，或一次设备停电前就退出了SV接收软压板，保护无法接收到该间隔的电流、电压数据，可能造成保护装置误动或拒动。

（三）实例

某110kV智能变电站，主接线方式为内桥接线，运维人员配合110kV进线1线路改造投产进行倒闸操作。当接到调度正令"110kV母分断路器由热备用改运行（合环）"后，运维人员遥控合上110kV母分断路器后，1号变压器第一套、第二套差动保护动作，造成进线1线断路器、110kV母分断路器跳开，1号变压器失电。合环前，一次设备状态如图6-24所示。

后续检查发现未投入"1号变压器第一套、第二套微机保护进线1的电流SV投入软压板"，造成差动保护动作。1号变压器第一套保护录波如图6-25所示。可见合环瞬间，保护装置高压侧没有接收到电流，而高压桥侧有电流。

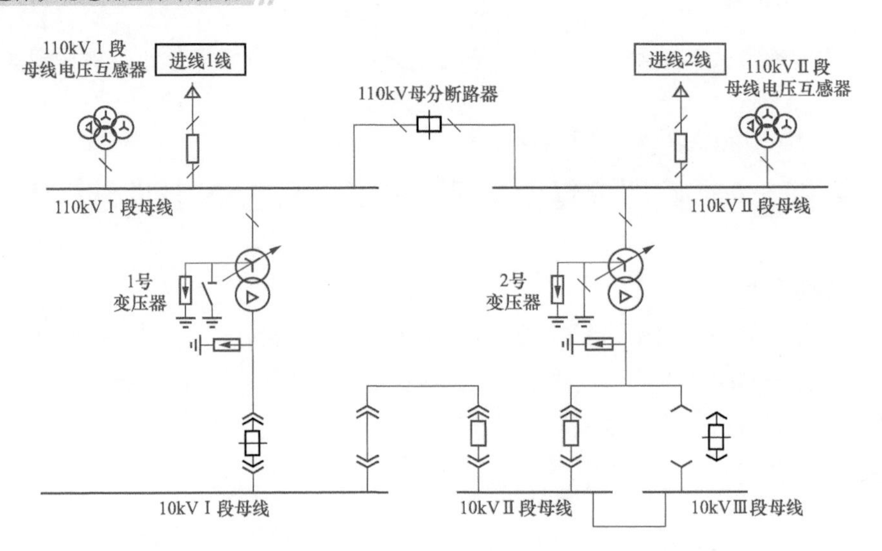

图 6-24 进线 1 线断路器运行、110kV 母分断路器热备用

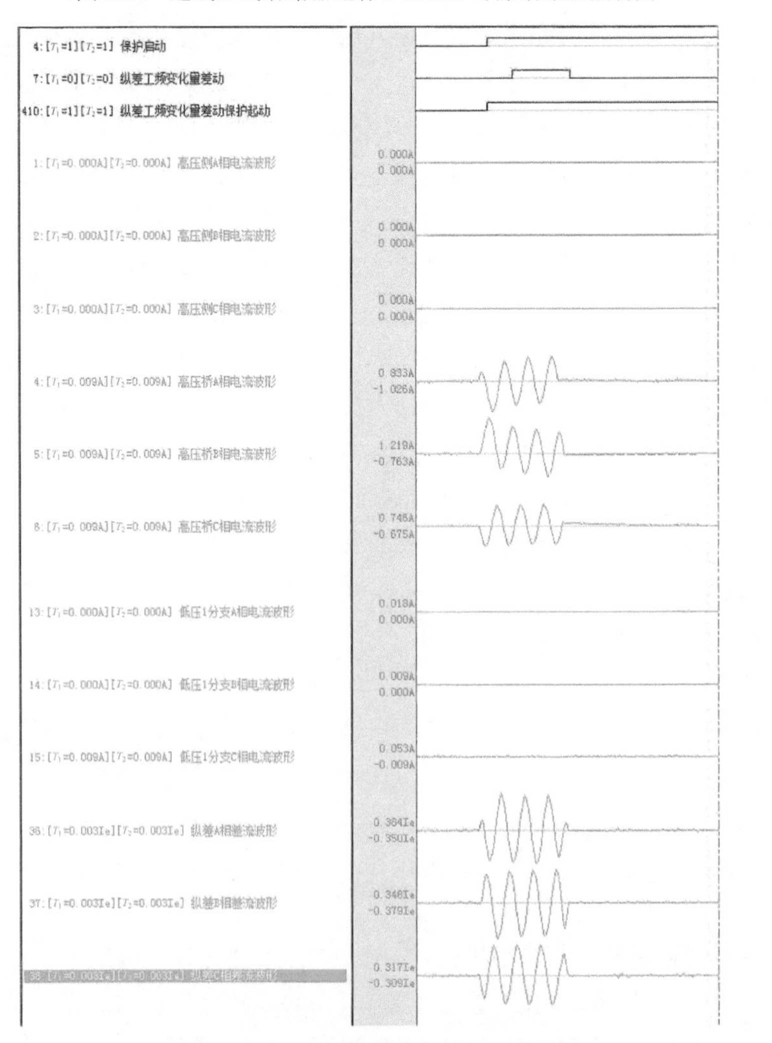

图 6-25 1 号变压器第一套保护录波图

从保护装置波形分析，在进行 110kV 母分合环操作时，1 号变压器保护仅收到 110kV 母分断路器电流，未收到进线 1 线电流，造成存在差流，进而造成纵差工频变化量差动保护动作。

随后检查发现，运维人员在合环之前的操作过程中未认真核对操作任务与操作内容是否一致，调度正令是“进线 1 线断路器及线路由检修改冷备用”，而运维人员未审核出所持操作票实际为“进线 1 线由检修改冷备用”的问题，盲目使用错误的操作票进行操作，导致未投入“1 号变压器第一套、第二套微机保护进线 1 线电流 SV 接收软压板”，给后续操作埋下隐患。

三、排查及整改方法

（1）强化智能变电站典型操作票核查。要求仔细核对变电站典型操作票和工作票安措附页，断路器运行改检修或冷备用（电流回路有工作）后，是否将母差等多间隔保护 SV 接收软压板退出；断路器复役前确保投入相关间隔 SV 接收软压板。

（2）强化运维人员智能站运维培训。加强对运维人员关于智能站二次设备运维的培训，要求理解 SV 接收软压板、GOOSE 发送软压板投退对保护功能的影响，并熟练掌握一次设备不停状态下上述软压板的投退要求。了解智能变电站与传统变电站操作的区别，将不同点作为危险点加强学习。

（3）规范变电运维拟、审票管理。根据《电气倒闸操作作业规范》，拟票时严格参照典型操作票，每张操作票的操作任务应与调度操作指令票逐项核对并签名，拟写复役操作票应与停役操作票对照拟写；审票时应与典型操作票逐句核对，确保操作票正确且符合操作任务要求。

案例十一　工作结束前现场装置状态、异常信号检查不到位

一、排查项目

工作票终结时，未检查确认装置异常信号，保护复役前未及时复归装置出口自保持继电器、万用表使用前未检查完好性导致压板两端电压测量错误。

二、案例分析

（一）排雷依据

《国家电网公司电力安全工作规程（变电部分）》（Q/GDW 1799.2—2013）第 6.6.5 条：“全部工作完毕后，工作班应清扫、整理现场。工作负责人应先周密地检查，待全体作业人员撤离工作地点后，再向运维人员交待所修项目、发现的问题、试验结果和存在问题等，并与运维人员共同检查设备状况、状态，有无遗留物件，是否清洁等，然后在工作票上填明工作结束时间。经双方签名后，表示工作终结。”

（二）爆雷后果

（1）工作终结时，异常信号未及时检查分析：如“重瓦斯保护”动作光字亮可能

造成变压器复役时再次跳开；如控制电源空气开关合上后仍报“压力低闭锁”光字，复役时断路器可能无法正常分合闸等；将造成停电时间增加，或留下其他影响稳定运行的隐患。

（2）变压器重瓦斯保护等继电器动作后未复归，测量保护出口压板两端电压前未测试工器具是否良好，导致未测得出口压板两端电压差，直接投入保护出口压板导致重瓦斯保护动作跳开变压器三侧断路器。

（三）实例

某 220kV 变电站，检修人员在完成变压器有载油位低检查及补油工作后，会同运维人员进行现场验收，核对后台光字时发现“有载重瓦斯动作”光字牌亮（见图 6-26），非电量保护装置上“非电量告警”灯亮，现场人员认为此可能是“有载重瓦斯跳闸投入压板”未投入引起，后终结工作票。运维人员在将保护由信号改跳闸状态时，按照操作票操作至第二步“测量有载重瓦斯跳闸投入压板两端确无电压，并放上”，测量该压板两端电压显示为 0.3V，放上该压板，此时变压器三侧断路器跳闸。后续检查发现，运维人员所用万用表存在故障，无法正确测量电压。

此次事故主要的原因为，该变压器有载重瓦斯信号由三只有载气体继电器的触点并联生成，其中一只继电器由于动作试验按钮卡涩，按下后没有弹回（见图 6-27），继电器保持动作没有复归，现场人员对后台“主变有载重瓦斯继电器动作”光字和保护装置上“非电量告警”指示灯亮等异常情况的存在未引起足够重视，误判为有载重瓦斯压板未投入引起。且运维人员未对万用表进行自检的情况下，使用不合格的万用表进行压板电压测量，导致压板测量结果正常，投入压板后引起变压器跳闸。

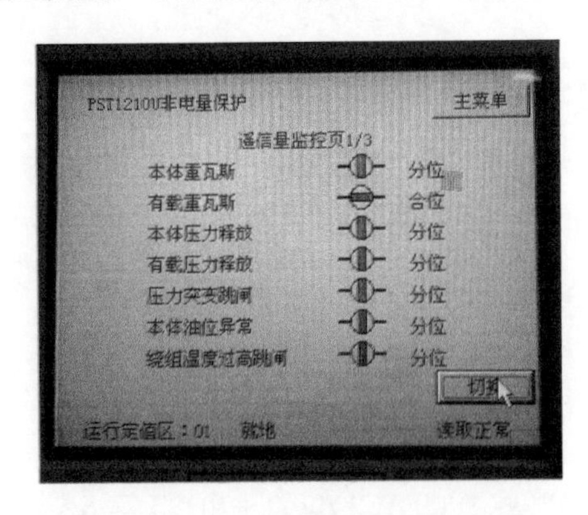

图 6-26　现场非电量保护屏动作情况

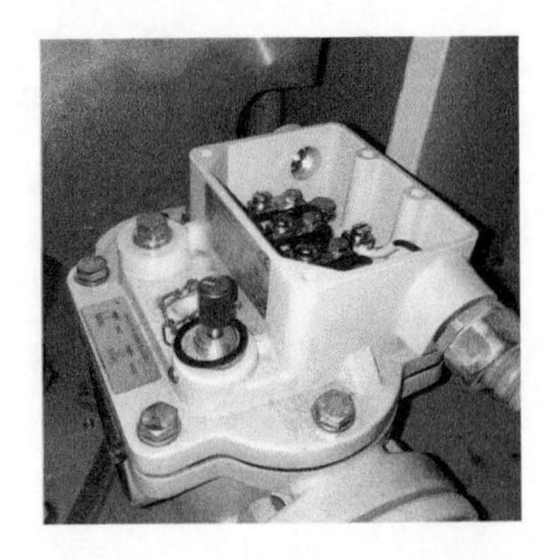

图 6-27　现场有载气体继电器状态

三、排查方法及整改方法

（1）加强继电器状态检查，明确异常信号原因。变压器注油等相关工作完成后，仔细检查非电量继电器动作状态，对现场保护进行复归后检查是否有异常动作灯亮或异常告警，后台是否有异常告警光字亮。检修人员应加强对后台异常告警信息、装置异常灯亮等情况的敏感性，加强异常信息原因分析能力，对停复役过程中的任何异常信号应加以重视，明确异常信号产生的原因。

（2）细化操作票，强化安全工器具使用规范。针对不同变电站不同保护装置细化“改跳闸”操作票，在操作票上注明出口压板投入前上下端间正常电压，将工器具完好性检查纳入操作票步骤。运维人员投入出口压板前，应先在确有电触点校验万用表是否正常工作，然后确认被测压板上下端头间电压是否正常，核对正确后再投上压板。

（3）运维人员应加强调规、运规等规程规范的学习，提高专业素质，了解异常信号产生的原因，并加强安全工器具正确使用的培训。

案例十二 保护检验后未恢复核对定值

一、排查项目

保护校验后是否及时恢复核对定值，确保装置实际定值与定值单一致。

二、案例分析

（一）排雷依据

《智能变电站继电保护和安全自动装置运行管理导则》（Q/GDW 11024—2013）第7.5.1 条：“继电保护定值整定调试完成后，运维人员应与继电保护工作负责人、值班调度员核对定值。”

（二）爆雷后果

继电保护装置定值正确整定是保护正确动作的必要条件，检验后未核对定值单导致定值设置错误，将造成保护不正确动作。

（三）实例

某日，220kV A 变电站试验 2 线发生线路 B 相接地故障，试验 2 线两侧的第一套、第二套保护动作跳闸，保护重合成功。同时 220kV C 变电站试验 1 线第一套线路保护 B 相跳闸，重合成功，故障测距 8.894km，线路长度 7.7km。具体主接线如图 6-28 所示。

二次人员到 C 变电站现场进行检查，发现 220kV 试验 1 线第一套微机保护零序 I 段保护出口，故障相别为 B 相，故障电流 25.82A，动作时间 21.66ms，实际保护动作报告见图 6-29。现场核查定值发现该套微机保护装置内零序 I 段电流定值为 18A，具体见图 6-30。查阅定值单，零序 I 段电流定值应当整定为 50A，如图 6-31 所示。

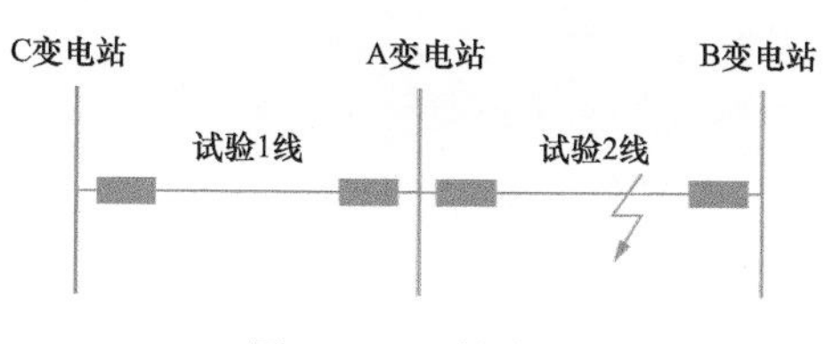

图 6-28 主接线图

图 6-29 现场保护装置内动作记录

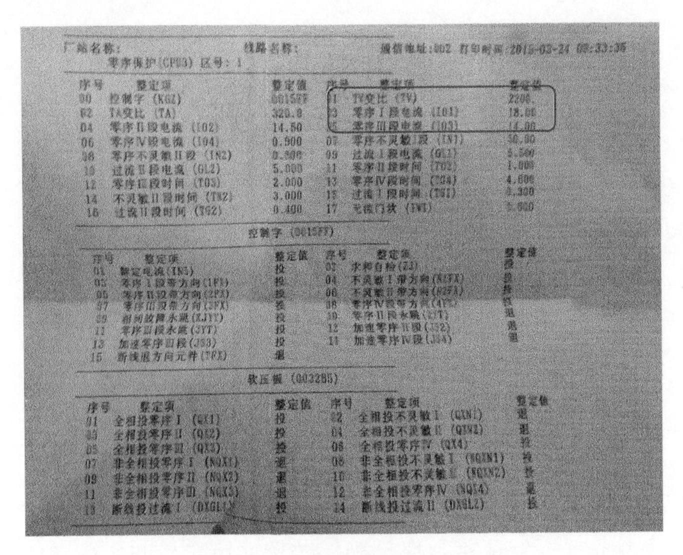

厂站名称:　　　　线路名称:　　　　通信地址:002　打印时间:2015-03-24 09:33:35

零序保护(CPU3)　区号:1

序号	整定项	整定值	序号	整定项	整定值
00	控制字(KGZ)	0015FF	01	TV变比(TV)	2200.
02	TA变比(TA)	320.0	03	零序Ⅰ段电流(I01)	18.00
04	零序Ⅱ段电流(I02)	14.50	05	零序Ⅲ段电流(I03)	14.00
06	零序Ⅳ段电流(I04)	0.900	07	零序不灵敏Ⅰ段(IN1)	50.00
08	零序不灵敏Ⅱ段(IN2)	0.800	09	过流Ⅰ段电流(GL1)	5.500
10	过流Ⅱ段电流(GL2)	5.000	11	零序Ⅱ段时间(T02)	1.000
12	零序Ⅲ段时间(T03)	2.000	13	零序Ⅳ段时间(T04)	4.600
14	不灵敏Ⅱ段时间(TN2)	3.000	15	过流Ⅰ段时间(TG1)	0.300
16	过流Ⅱ段时间(TG2)	0.400	17	无流门坎(IWI)	0.600

控制字(0015FF)

序号	整定项	整定值	序号	整定项	整定值
01	整定电流(IN5)	投	02	求和自检(ZJ)	投
03	零序Ⅰ段带方向(1FX)	投	04	不灵敏Ⅰ带方向(N1FX)	投
05	零序Ⅱ段带方向(2FX)	投	06	不灵敏Ⅱ带方向(N2FX)	投
07	零序Ⅲ段带方向(3FX)	投	08	零序Ⅳ段带方向(4FX)	退
09	相间故障永跳(XJYT)	投	10	零序Ⅱ段永跳(2JT)	退
11	零序Ⅲ段永跳(3YT)	投	12	加速零序Ⅱ段(JS2)	退
13	加速零序Ⅲ段(JS3)	投	14	加速零序Ⅳ段(JS4)	退
15	断线退方向元件(TFX)	退			

软压板(003285)

序号	整定项	整定值	序号	整定项	整定值
01	全相投零序Ⅰ(QX1)	投	02	全相投不灵敏Ⅰ(QXN1)	退
03	全相投零序Ⅱ(QX2)	投	04	全相投不灵敏Ⅱ(QXN2)	退
05	全相投零序Ⅲ(QX3)	投	06	全相投零序Ⅳ(QX4)	投
07	非全相投零序Ⅰ(NQX1)	退	08	非全相投不灵敏Ⅰ(NQXN1)	投
09	非全相投零序Ⅱ(NQX2)	退	10	非全相投不灵敏Ⅱ(NQXN2)	投
11	非全相投零序Ⅲ(NQX3)	退	12	非全相投零序Ⅳ(NQX4)	退
13	断线投过流Ⅰ(DXGL1)	投	14	断线投过流Ⅱ(DXGL2)	投

图 6-30　保护装置内实际定值

编号 155095　　代原编号 095255　　　　共5页 第2页

	序号	代码	定值名称	原定值	现定值
距离保护	4	KX	电抗分量零序补偿系数	0.5	0.5
	5	KR	电阻分量零序补偿系数	1.0	1.0
	6	PS1	正序阻抗角(度)	80	80
	7	DG1	相间距离偏移角(度)	15	15
	8	DBL	每欧姆线路二次正序电抗对应的公里数	21.4	21.4
	9	RD1	接地距离电阻(欧/相)	4	4
	10	XD1	接地距离Ⅰ段电抗分量(欧/相)	0.2	0.2
	11	XD2	接地距离Ⅱ段电抗分量(欧/相)	1.6	1.6
	12	XD3	接地距离Ⅲ段电抗分量(欧/相)	2.1	2.1
	13	ZZ1	相间距离Ⅰ段阻抗(欧/相)	0.25	0.25
	14	ZZ2	相间距离Ⅱ段阻抗(欧/相)	1.6	1.6
	15	ZZ3	相间距离Ⅲ段阻抗(欧/相)	2.1	2.1
	16	TD2	接地距离Ⅱ段延时(秒)	1.5(0.5)	1.5(0.5)
	17	TD3	接地距离Ⅲ段延时(秒)	2.5	2.5
	18	TX2	相间距离Ⅱ段延时(秒)	1.5(0.5)	1.5(0.5)
	19	TX3	相间距离Ⅲ段延时(秒)	2.5	2.5
	20	IJW	静稳检查电流(安)	5	5
	21	IWI	无电流门槛(安)	0.6	0.6
	22	I04	辅助零序启动元件(安)	0.8	0.8
零序电流保护	4	I01	零序Ⅰ段电流(安)	43	50
	5	I02	零序Ⅱ段电流(安)	14.5	14.5
	6	I03	零序Ⅲ段电流(安)	14	14
	7	I04	零序Ⅳ段电流(安)	0.9	0.9
	8	IN1	零序电流保护不灵敏Ⅰ段电流(安)	43	50
	9	IN2	零序电流保护不灵敏Ⅱ段电流(安)	0.8	0.8
	10	GL1	PT断线时过流保护Ⅰ段电流(安)	5.5	5.5
	11	GL2	PT断线时过流保护Ⅱ段电流(安)	5	5
	12	T02	零序电流保护Ⅱ段时间(秒)	1	1
	13	T03	零序电流保护Ⅲ段时间(秒)	2	2
	14	T04	零序电流保护Ⅳ段时间(秒)	4.6	4.6
	15	TN2	零序电流保护不灵敏Ⅱ段时间(秒)	3.0	3.0
	16	TG1	PT断线时过流保护Ⅰ段时间(秒)	0.3	0.3
	17	TG2	PT断线时过流保护Ⅱ段时间(秒)	0.4	0.4
	18	IWI	无电流门槛(安)	0.6	0.6

图 6-31　现场整定单

装置内定值未按照整定单整定执行是引起本次保护误动的直接原因。根据检修人员现场工作习惯，推测埋雷的原因是：此前C检过程中，检修人员考虑到50A电流整定值过大，继电保护测试仪加到如此大电流需要换线，故检修人员对定值进行调小后调试，但是工作结束后忘记把定值调整回去，后续核对过程中也未能发现定值错误。

保护装置定值正确整定是保护装置正确动作的前提，保护之间通过定值整定来实现灵敏性和选择性的配合，环环相扣，一旦某个装置定值整定错误，则会牵一发而动全身，造成保护误动或者拒动。

三、排查及整改方法

（1）定期开展保护定值“三核对”。各单位应每年组织运维人员、检修人员开展在运保护及安全自动装置定值“三核对”工作，应核对整定单上所有定值区、继电保护装置当前整定的定值与定值单的一致性，参与核对定值的各方应签字确认，签字后的定值单及继电保护装置打印的定值，应妥善存档备查。

（2）强化检修过程中的定值管控。各单位应规范检修过程中的定值核对管控，要求检修人员在调试过程中若需要更改定值，可在二次安全措施票或者试验报告上做临时记录，在恢复安措时恢复并核对。

（3）强化设备主人检修监管作用。运维人员应充分发挥设备主人作用，保护装置检修调试后，在工作票终结前，运维人员应履行验收职责，主动要求检修人员打印最终定值清单，并与其核对定值，核对后双方签字确认。

案例十三　智能变电站SCD配置文件错误

一、排查项目

检查智能变电站执行的SCD配置文件正确性，严防配置文件存在缺陷，导致保护装置采样异常和误跳运行设备。

二、案例分析

（一）排雷依据

《国家电网有限公司十八项电网重大反事故措施》（国家电网设备〔2018〕979 号）第15.4.6条：“加强微机保护装置、合并单元、智能终端、直流保护装置、安全自动装置软件版本管理，对智能变电站还需加强ICD、SCD、CID、CCD文件的管控，未经主管部门认可的软件版本和ICD、SCD、CID、CCD文件不得投入运行。保护软件及现场二次回路的变更须经相关保护管理部门同意，并及时修订相关的图纸资料”；第15.7.3.2条：“应加强SCD文件在设计、基建、改造、验收、运行、检修等阶段的全过程管控，验收时要确保SCD文件的正确性及其与设备配置文件的一致性，防止因SCD文件错误导致保护失效或误动。”

（二）爆雷后果

SCD 文件采样虚端子配置错误，影响保护交流采样，将造成保护运行异常；SCD 文件中未将不用的 GOOSE 跳闸回路删除，误跳运行断路器。

（三）实例

1. 保护交流采样异常

在某变电站 1 号变压器停役时，2 号变压器负荷增大，2 号变压器第二套保护告差流越限告警，与正常的 2 号变压器第一套保护对比发现，第二套保护中压侧的电压、电流与之同时相差约 30°。同时，为 12 点接线的高压侧与中压侧电压在 1 号变压器第二套保护显示相角差约 30°，与实际不符。

经对 SCD 文件进行检查，发现该变电站中 1、2 号变压器第二套保护中压侧额定延时使用高压侧第二套合并单元的额定延时，导致中压侧第二套合并单元发过来的额定延时不能处理，而高压侧第二套合并单元的额定延时在第二套保护处也不能使用，最终使得第二套保护将中压侧 SV 数据额定延时自行处理为 0。正常运行时，中压侧第二套合并单元额定延时为 1550μs，折换成相角为 1550/20000×360°=27.9°，反映在 2 号变压器第二套保护上，就表现为中压侧电流、电压的相角显示值与实际值 27.9°，在负荷增大后，触发差流越限告警。经改正后，2 号变压器差流告警消失，电流、电压指示与实际负荷一致。错误设置时电压异常显示情况、SCD 信息流如图 6-32 所示，SV 虚端子图如图 6-33 所示。

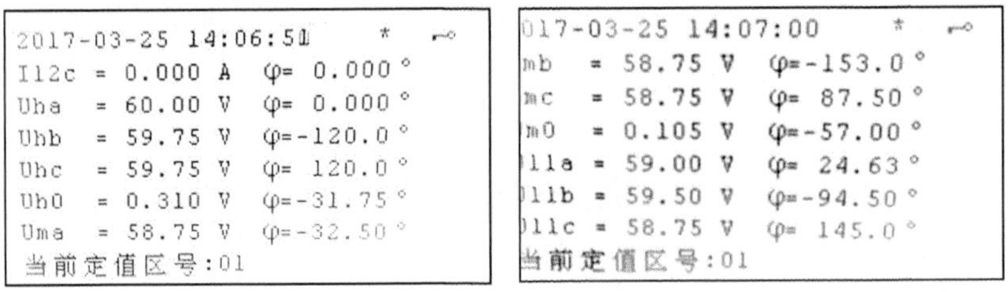

```
2017-03-25 14:06:51
I12c  = 0.000 A   φ= 0.000°
Uha   = 60.00 V   φ= 0.000°
Uhb   = 59.75 V   φ=-120.0°
Uhc   = 59.75 V   φ= 120.0°
Uh0   = 0.310 V   φ=-31.75°
Uma   = 58.75 V   φ=-32.50°
当前定值区号:01
```

```
017-03-25 14:07:00
mb    = 58.75 V   φ=-153.0°
mc    = 58.75 V   φ= 87.50°
m0    = 0.105 V   φ=-57.00°
l1a   = 59.00 V   φ= 24.63°
l1b   = 59.50 V   φ=-94.50°
l1c   = 58.75 V   φ= 145.0°
当前定值区号:01
```

图 6-32　2 号变压器第二套各侧电压异常显示情况

2. 误跳运行断路器

某日 17 点 06 分，在某内桥接线智能化 110kV 变电站内，对分列运行的 110kV 母线进行 110kV 母分断路器合环操作时，110kV 母分解列保护动作，同时将投入跳闸压板的 110kV 2 号进线断路器跳闸、未投入跳闸压板的 110kV 母分断路器错误跳闸。该变电站 110kV 母分解列保护出口设置为允许跳 1 号、2 号进线及 110kV 母分中任一合环断路器，早期设备配置有电气跳闸出口和 GOOSE 跳闸出口，两者为或逻辑，现场使用电气跳闸出口，GOOSE 跳闸出口为备用。

现场检查发现 110kV 母分过流解列保护动作电流 2.8A，整定值为 2.5A，保护正确动作。该 110kV 进线 2 跳闸出口硬压板投入，断路器正确跳闸；110kV 母分断路器跳闸出口硬压板未投入，断路器错误跳闸。现场显示，110kV 进线 2 智能终端跳闸灯不亮、110kV 母分断路器智能终端跳闸灯亮。对于该型智能终端，采用电气开入跳闸时，跳闸

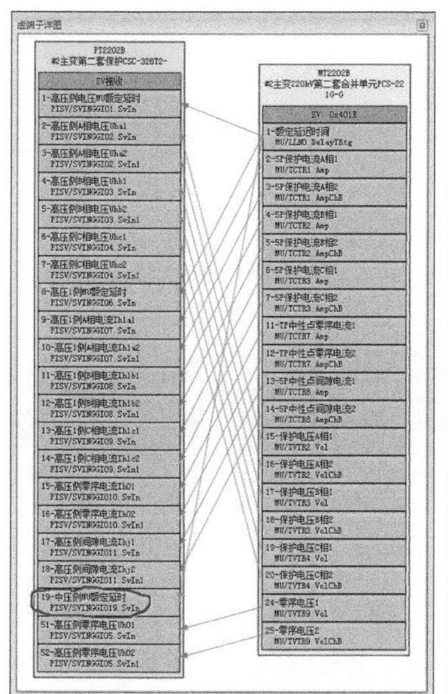
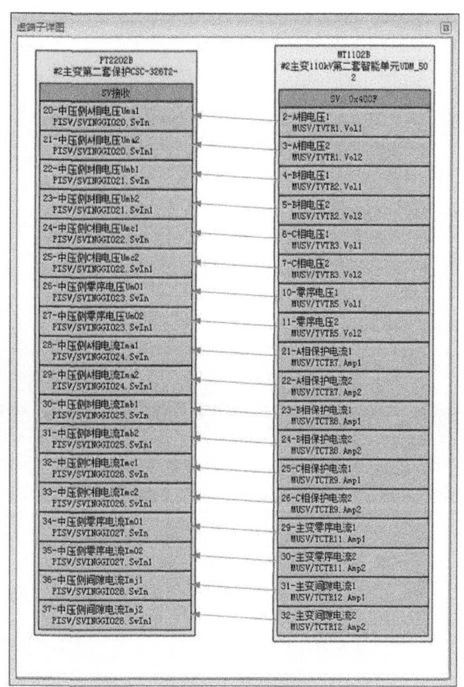

图 6-33　2 号变压器高压侧与中压侧合并单元错误 SV 虚端子图

灯不亮，采用 GOOSE 虚回路启动跳闸时，跳闸灯点亮。因此判断从 110kV 母分过流解列保护到 110kV 母分断路器智能终端存在通过光纤通道跳闸的虚回路。

从当地后台导出 SCD 进行验证，该 SCD 文件（见图 6-34）显示从 110kV 母分过流解列保护及测控装置到 110kV 母分智能终端之间除了遥控数据集 GOOSE 0x1056，还存在保护跳 110kV 母分断路器数据集 GOOSE 0x1057。当保护动作时，110kV 母分过流解列保护及测控装置通过 GOOSE 虚回路向 110kV 母分智能终端发跳闸命令，110kV 智能终端跳闸出口，跳闸灯点亮，与实际情况一致。

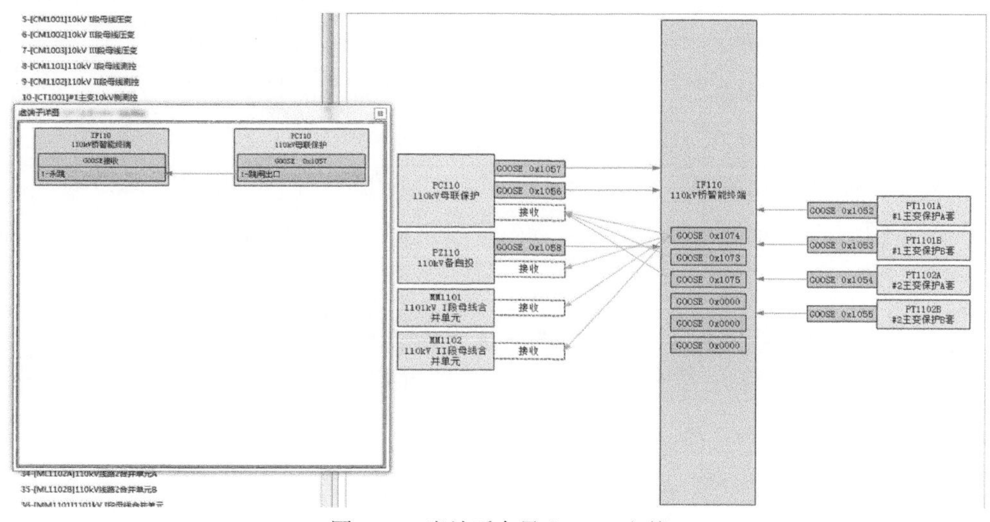

图 6-34　当地后台导出 SCD 文件

设计图纸中，110kV 母分过流解列保护装置跳 110kV 母分断路器不是通过跳闸电缆，而是通过光纤通道虚回路跳母分断路器。现场检查母分过流解列保护跳母分回路电缆接线存在，通过光纤跳母分回路也存在，两者并联存在，任一方回路断开不影响另一回路跳闸。

投产后，全站 SCD 文件发生变动，110kV 母分过流解列保护跳 110kV 母分断路器的 GOOSE 虚回路被删除，而实际下装 110kV 母分智能终端的配置文件并未修改，与运行要求不一致。

根据现场设备检查情况，110kV 母分过流解列保护动作，线路跳闸压板投入，断路器正确跳闸；110kV 母分断路器跳闸压板未投入，因 GOOSE 跳闸虚回路存在导致 110kV 母分断路器误跳闸。事后，再次修改 SCD 文件，将 110kV 母分过流解列 GOOSE 跳闸虚回路删除，按要求全部采用硬压板跳闸方式。

三、排查及整改方法

（1）加强智能变电站 SCD 文件的源头管理。建立对智能化变电站 SCD 文件全过程管控机制，明确智能变电站 SCD 文件发布要求，只有经专业管理部门确认的 SCD 文件方能在变电站现场执行，施工、验收、投运各阶段，对 SCD 文件的修改均需专业部门确认。

（2）规范基建工程试验要求。施工单位对现场执行的全站 SCD 配置文件进行传动试验时，出口联动试验应按保护功能、设备逐一进行，并经正、反逻辑验证，防止一对多设备的出口回路互窜寄生。

（3）细化竣工验收阶段的试验内容要求。竣工验收时，运维检修单位应核实全站 SCD 配置文件与专业部门下发的一致性。传动验收时，验收单位应编制验收细则，对保护装置、配置文件、硬压板、软压板和二次回路进行唯一性和正、反逻辑验证，确保不将寄生问题带入运行。

（4）规范带负荷试验工作。对于新投运变电站，其带负荷工作不仅需要查看变压器保护、母差保护的差电流，还需要仔细核对电压、电流相角情况是否与实际负荷潮流一致。

（5）加强定期校验时的试验质量管控。检修人员在综合检修工作中，通过调试等方法验证装置配置文件的正确性，确保现场配置和 SCD 文件的一致性。

案例十四　智能变电站配置文件修改流程不规范

一、排查项目

智能变电站验收过程中，配置文件的修改流程不规范，使得厂家现场修改的配置文件的正确性缺少监管，延误投产进程。

二、案例分析

（一）排雷依据

《国家电网公司十八项电网重大反事故措施》（国家电网设备〔2018〕979号）第15.4.6条：“加强微机保护装置、合并单元、智能终端、直流保护装置、安全自动装置软件版本管理，对智能变电站还需加强ICD、SCD、CID、CCD文件的管控，未经主管部门认可的软件版本和ICD、SCD、CID、CCD文件不得投入运行。保护软件及现场二次回路的变更须经相关保护管理部门同意，并及时修订相关的图纸资料。”

（二）爆雷后果

（1）厂家现场修改SCD文件不正确，可能影响投产进程，延误送电时间。

（2）若投产验收时未发现该问题，后续检修运行使用错误配置文件，将造成保护和自动装置的不正确动作。

（三）实例

某110kV变电站进行投产试验模拟，10kV备自投动作合10kV母分断路器时，断路器未能合上。

该变电站为智能站，安装单位在投产前检查设备状态时，10kV 1号母分保护上有GOOSE2、GOOSE3等品质因数异常告警信号，经厂家检查发现装置上未使用的“GOOSE保护跳闸”“GOOSE保护合闸”未屏蔽。厂家人员将配置文件修改后，下装到母分保护，装置上GOOSE品质因数异常告警信号消除。由于该站尚未投产，安装单位在缺陷消除后，未就母分保护相关虚回路进行验证。

投产试验模拟时，10kV备自投动作合10kV母分断路器，但断路器未能合上。经检查，原因为上次厂家处理异常时，多屏蔽了“GOOSE保护合闸1”（见图6-35），从而导致10kV母分断路器不能正常合闸。若投产试验时未发现该问题，投产后将可能导致10kV Ⅰ段母线停电事故。

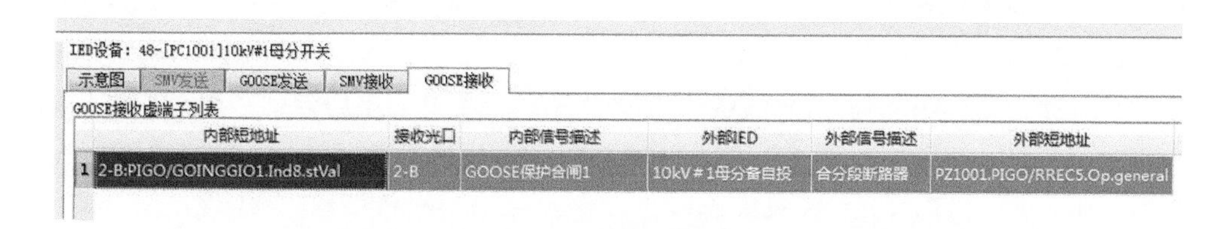

图6-35　10kV备自投到10kV母分断路器保护的虚回路

安装调试人员在竣工复验发现问题后，未按流程上报项目管理部门、验收管理部门及专业管理部门，擅自让厂家人员更改保护配置，且过度依赖厂家人员，导致问题整改过程中失去有效监督，是造成此问题的主要原因。

三、排查及整改方法

（1）加强智能变电站SCD文件管控。变电站验收过程中，配置文件的修改应遵循

“源端修改，过程受控”的原则。由调试单位负责向设计单位提出修改申请，设计单位负责配置文件的修改和确认，调试单位通过现场调试验证其正确性。

（2）加强竣工验收阶段配置文件检查力度，针对现场配置文件与设计配置文件存在差异的情况进行整改落实，确保现场配置文件与设计配置文件一致。

（3）检修人员应对厂家工作进行监督和复查，不应过度依赖厂家人员，对于厂家下装的配置，应做好前后比对，确认变动部分正确性，确保消缺过程中不改动正确配置。消缺工作完成后，应进行必要的试验，保证装置功能的正确性和完整性。

案例十五　交流窜入直流导致告警信号频繁上送

一、排查项目

检查直流回路中的交流分量窜入情况，防止出现交流电源窜入直流系统所导致的误发信号风险。

二、案例分析

（一）排雷依据

《国家能源局防止电力生产事故的二十五项重点要求》第18.6.2条：“继电保护及相关设备的端子排，宜按照功能进行分区、分段布置，正、负电源之间、跳（合）闸引出线之间以及跳（合）闸引出线与正电源之间、交流电源与直流电源回路之间等应至少采用一个空端子隔开。”

（二）爆雷后果

（1）直流不接地系统与交流接地系统导通，造成直流系统接地。

（2）使得开入较为敏感（毫秒级敏感度）、动作功率较小的自动化装置光隔开入或者继电器动作，触发各类信号频繁上送，造成厂站监控端及调度监控端报文刷屏，影响对在运设备的状态监控。

（三）实例

某日，变电检修中心对某220kV变电站进行“10kVⅡ、Ⅲ段母线”大电流柜加装风机工作。在设备复役准备过程中，省公司设备监控大数据分析系统分别推送该220kV变电站“2号变压器保护动作、2号变压器保护重瓦斯动作”等信号。

检修人员接到异常报告后，至现场开展检查。在直流监测装置上发现直流接地告警、交流窜入直流告警信号。查阅D5000历史记录，发现信号频刷自13点32分起持续发生，至人员到达已累积记录1.95万余条。对加装风机回路进行检查，发现为交流回路通过变压器10kV Ⅱ、Ⅲ段断路器柜加热器空气开关的位置监视触点信号窜入直流回路，随即将交流回路断开，该变电站监控信息恢复正常。

经检查，确定为现场工作人员误将风机交流电源零线接入辅助触点位置信号的直流回路所致。具体过程如下：现场用万用表交流档测量“加热器及照明电源小开关

5N90”，核实交流电正常，测量零线时错误将万用表测量线搭至与5N90一体的位置监视触点端子上，认为无交流电便将此处作为零线，从而将风机交流电源零线并接于此。“5N90”位置监视触点的两端接有直流电源，交流系统经此直接窜入直流系统，触发2号变压器相关信号短时内频繁上送。现场接线情况如图6-36所示，交流风机电源串入直流路径如图6-37所示。此次加装的三台风机均存在交流串直流的错误接线。

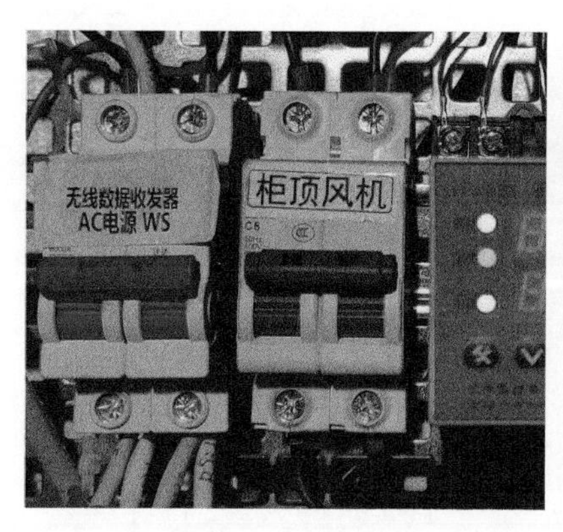

图6-36 现场接线情况

三、排查及整改方法

（1）加强对变电站交、直流回路的源头管理。对于交、直流回路，落实从基建、改造的源头进行重点监管要求，施工阶段重点关注交直流回路公用一根电缆、交流与直流回路未用空端子隔开问题，避免绝缘异常导致互窜，发现此类问题，应立即安排进行整改。设备带电前，应对相关二次回路进行交、直流互窜检查。测试方法如下：使用万用表交流电压档对直流回路进行电压测量，所测交流电压值应显示为0V；使用万用表直流电压档对交流回路进行电压测量，所测直流电压值应显示为0V。

（2）细化竣工验收阶段检查项目。竣工验收时，运维检修单位应将站内保护控制柜、断路器机构（端子）箱、断路器柜保护仓、变压器本体端子箱等所有二次回路的交、直流互窜列入验收检查项目中，通过外观检查确认不存在交直流回路公用一根电缆、交流与直流回路未用空端子隔开等问题，通过万用表的交、直流电压测量确认不存在交、直流互窜问题后（测试方法同上一条），方能安排投运。

（3）明确交直流异常情况应急处置机制。在变电站出现直流系统绝缘异常报警、二次设备有继电器频繁抖动声响、调度控制系统及变电站站内监控后台出现较大范围遥信频繁上报等情况时，变电站所有工作人员应立即停止工作，查明原因并处置结束后方可继续工作。

（4）直流量正确接入故障录波器，通过录波波形查看是否存在交流窜入。对于没有配置录波器的变电站，可以用采样示波器检查直流波形。

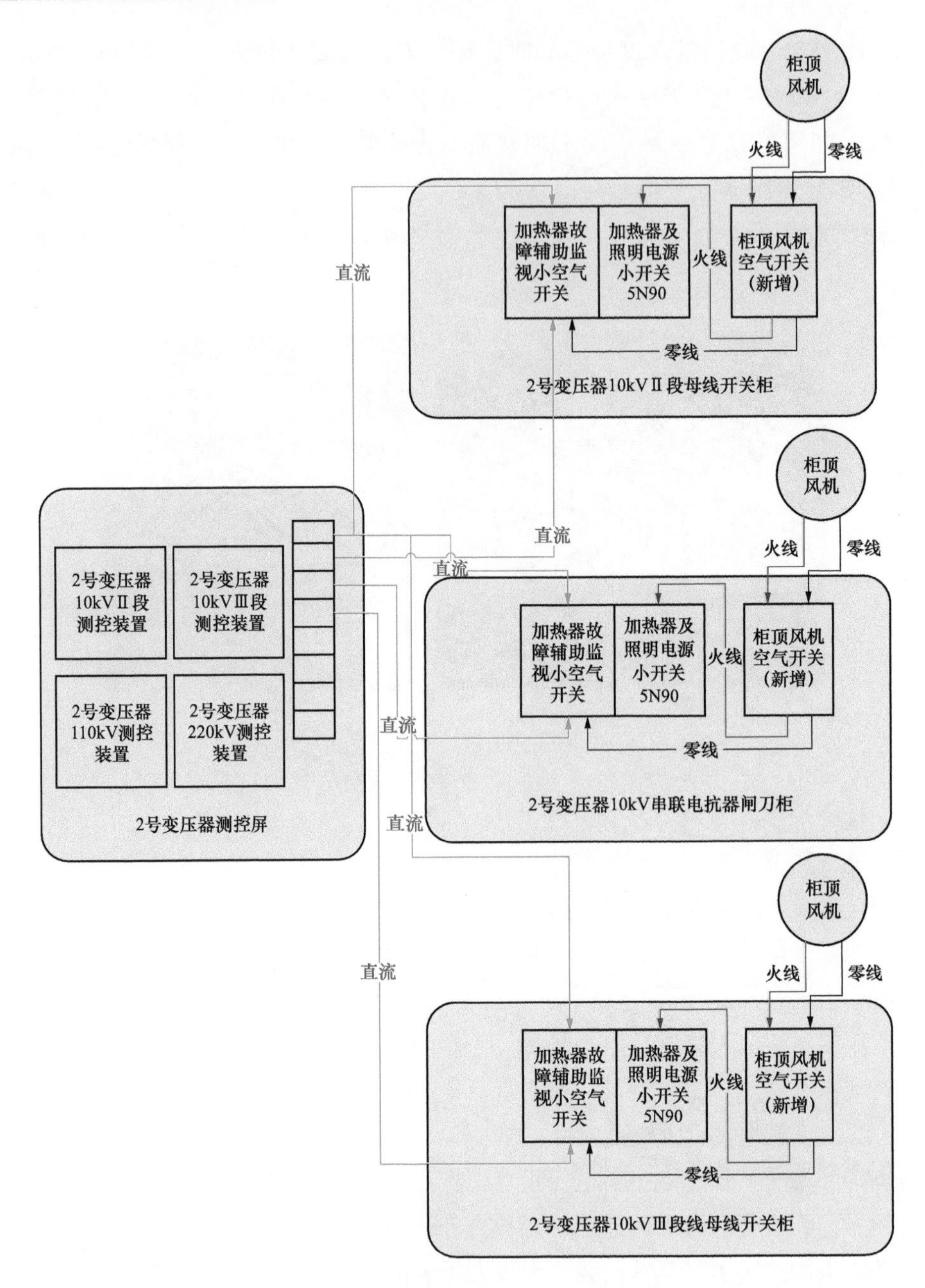

图 6-37　交流风机电源串入直流路径图

案例十六　电流互感器接线盒维护工具使用不当

一、排查项目

电流互感器接线盒内使用金属工具开展维护工作，工具使用不当导致电流二次回路两点接地，从而引起运行保护误动作。

二、案例分析

（一）排雷依据

《国家电网有限公司十八项电网重大反事故措施》（国家电网设备〔2018〕979 号文）第 15.6.4.1 条：“电流互感器或电压互感器的二次回路，均必须且只能有一个接地点。”

（二）爆雷后果

母差保护、变压器保护、3/2 接线线路保护等接入多个间隔电流，当其中一个断路器停役时，若工具使用不当造成该断路器电流互感器二次回路两点接地，回路中可能出现环流，流入运行保护装置后，引起保护误动作。

（三）实例

某 500kV 变电站 4 号变压器 220kV 断路器改检修，作业人员开展 4 号变压器 220kV 副母Ⅱ段闸刀检修、4 号变压器 220kV 间隔维护、精益化问题处理工作。10 时 26 分，4 号变压器跳闸，第一套分侧差动保护 B 相动作，第二套保护及非电量保护未动作。4 号变压器跳闸前后系统电压正常，其余二次设备电流未见异常。

二次人员检查发现，4 号变压器第一套保护 B 相差流为 0.11A（见图 6-38），大于分侧差动电流定值 0.08A，持续时间 280ms，满足动作条件。

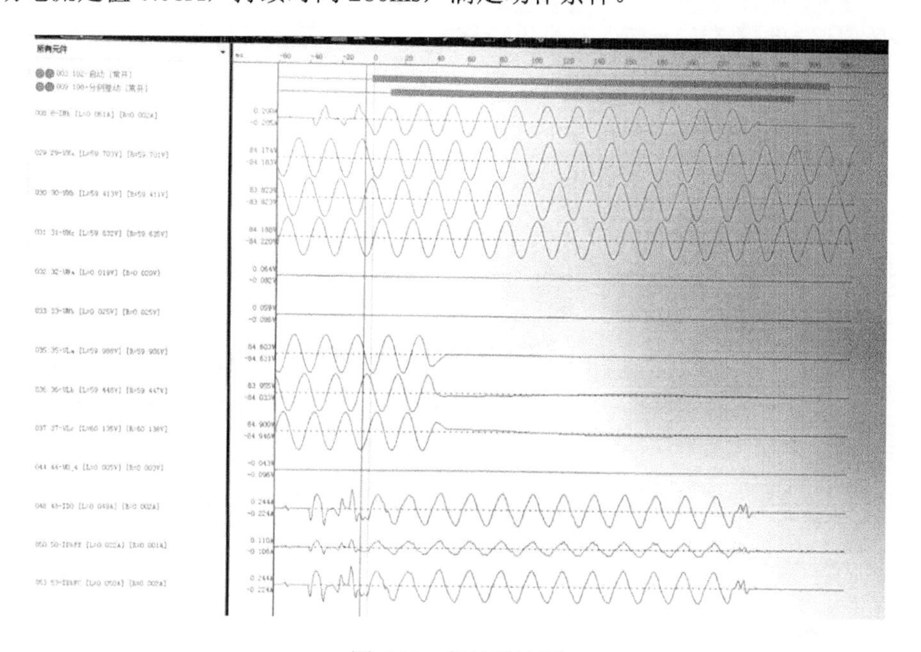

图 6-38　保护录波图

二次人员检查 4 号变压器 220kV 断路器 B 相 TA 接线盒，无受潮情况，各绕组回路接线正常。4 号变压器第一套差动保护电流回路 1S1、1S2 对地绝缘电阻为 12MΩ，满足规程要求，排除了因电流回路绝缘降低导致保护误动的可能。

4 号变压器第一套保护电流回路接地点设置在保护屏内。4 号变压器跳闸时刻，作业人员正开展变压器 220kV 断路器 TA 的 B 相接线盒螺栓紧固工作，其使用工具为无绝

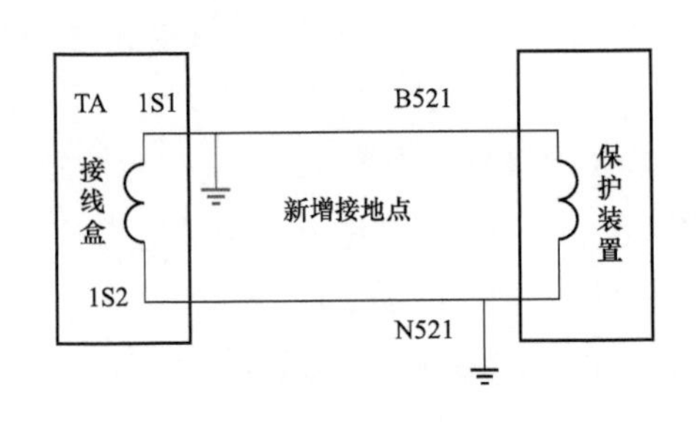

图 6-39　变压器 220kV TA 两点接地二次回路示意

缘防护的金属扳手。推测为金属扳手使用不当，造成 1S1（B521）接线柱与外壳通过金属扳手连通，从而导致电流回路两点接地（见图 6-39），B521 回路中出现环流，造成 4 号变压器第一套保护出现差流，引起保护动作。

为验证上述猜想，二次人员在 4 号变压器 220kV 断路器 B 相 TA 接线盒内模拟 1S1（B521）接线柱直接接地，发现 4 号变压器第一套保护中压侧出现 0.26A 电，该电流值在数量级上与保护跳闸时刻中压侧电流采样基本相同，验证了在 220kV 断路器 B 相 TA 接线盒内工作时，若造成 B 相电流回路两点接地，变压器分侧差动保护将会动作。

三、排查及整改方法

（1）正确使用安全工器具。工器具的金属裸露部分不宜过长，可用绝缘胶布包扎处理。防止使用过程中造成二次回路短路或接地。

（2）做好电流回路安措隔离。若变压器一侧断路器在检修状态、其他侧断路器在运行、变压器保护装置在运行时，在开展检修断路器 TA 接线盒维护前，应由运维人员或二次检修人员做好电流回路安措隔离，可由运维人员在保护屏内退出大电流试验端子或由检修人员在断路器端子箱内滑开端子排中间连接片，并用绝缘胶布包好。

（3）做好特殊运行方式下的风险分析及预控措施。变压器一侧断路器检修、其他侧断路器运行时，应做好风险分析，落实管控措施。

（4）尽量避免安排特殊运行方式。

案例十七　电网运行方式安排不当，存在“第二母联”隐患

一、排查项目

220kV 变电站所接带的 110kV 变电站长期合环运行串接其他变电站，该 110kV 变电站的母分或桥断路器成为上级电网的“第二母联”，该种运行方式下，保护存在误动风险。

二、案例分析

（一）排雷依据

《220kV～750kV 电网继电保护装置运行整定规程》（DL/T 559—2018）第 4.5 条：“继电保护整定应合理，保护方式应简化，调度运行部门与继电保护部门应相互协调，密切配合，共同确定电网的运行方式”；第 5.5.2 条：“上、下级（包括同级合上一级及下一级电力系统）继电保护之间的整定，应遵循逐级配合的原则，满足选择性的要求：即当下一级线路或元件故障时，故障线路或元件的继电保护整定值必须在灵敏度和动作时间上

均与上一级线路或元件的继电保护整定值相互配合，以保障电网发生故障时有选择性地切除故障。”

（二）爆雷后果

对于 110kV 母线上存在“第二母联”的 220kV 变电站（如图 6-40 所示），由于出线的后备保护一般由上一级变压器保护实现，在其他出线间隔发生故障时，若保护或断路器拒动，变压器保护的后备保护 1 时限跳母分后，故障电流将通过第二母联继续由变压器流向故障点，导致无故障段母线上的变压器后备保护 1 时限实际失效，此时需靠变压器后备保护 2 时限、零序过压保护等动作，直至切除所有 110kV 母线后，才可隔离故障，造成事故扩大。

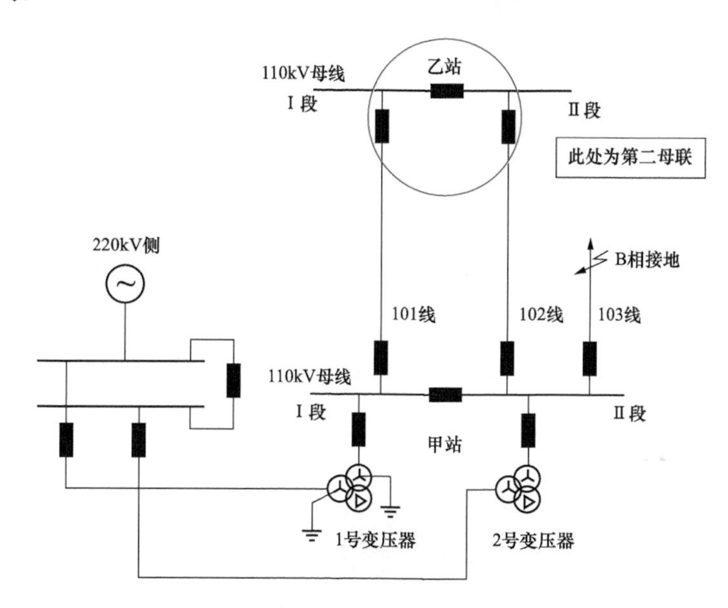

图 6-40 主接线图

（三）实例

系统主接线如图 6-40 所示，相关保护配置情况如下：

甲站：

1、2 号变压器第一套、第二套保护：

中压侧方向零序过流保护Ⅱ段：1 时限 1.7s，2 时限 2.0s。

中压间隙过流过压保护：1.2s。

101 线零序过流保护Ⅲ段：3.1s。

110kV Ⅰ、Ⅱ段母分保护：正常投信号。

乙站：

102 线零序过流保护Ⅲ段：2.0s。

110kV 母分保护：正常投信号。

某日整定人员在对 1 号变压器后备保护进行定值调整时发现，若 103 线发生接地故障，假设故障电流值足够大，零序电流由1号变压器—甲站110kV Ⅰ、Ⅱ段母分断路器流向103线，若103线断路器拒动，1.7s时，甲站1号变压器中零流Ⅱ段1时限动作，跳甲站110kV Ⅰ、Ⅱ段母分断路器。

甲站110kV Ⅰ、Ⅱ段母分断路器跳开后，故障电流流向改变，经1号变压器—101线—乙站110kV母分—102线流向103线，甲站1号变压器中零流Ⅱ段2时限将先于甲站101线零序保护、乙站102线零序保护动作，跳开1号变压器中压侧。

甲站1号变压器中压侧跳开后，甲站110kV Ⅱ段成为不接地系统带单相接地故障运行，将导致2号变压器中压侧零序过压或间隙过流动作，跳开2号变压器三侧，最终导致甲站110kV母线失电，乙站全停。

三、排查及整改方法

（1）加强电网规划设计管理，优化电网结构。电网规划时应统筹考虑一、二次系统设计，若确需采用110kV多回平行线路并列运行时，系统侧相关的继电保护应按近后备原则双重化配置并增设失灵保护。

（2）整定人员应根据当年方式对各变电站的运行方式进行检查，重点核查转供、串供的非终端变电站运行方式，与运行方式部门加强沟通，尽量避免产生“第二母联”运行方式。

（3）对于无法避免的“第二母联”运行方式，可起用“第二母联”所在变电站的母分解列保护，以图6-40所示系统为例，将乙站110kV母分保护投入跳闸，数值定值按与甲站变压器中后备定值配合整定，时间定值设置为短延时0.3s，甲站1、2号变压器中压侧零序过流保护Ⅱ段1时限时间定值设1.7s，2时限设2.3s，从而保证甲站变压器中后备1时限动作后，乙站110kV母分保护必先于甲站变压器中后备2时限动作，从而打开第二母联。

案例十八　LFP/RCS系列保护误投沟通三跳压板

一、排查项目

LFP/RCS系列保护误投沟通三跳压板，导致重合闸无法充电，保护失去重合闸功能。

二、案例分析

（一）排雷依据

LFP/RCS系列早期保护设置沟通三跳压板，当重合闸停用时，投入该压板使重合闸放电实现保护三跳功能，沟通三跳功能由保护内部逻辑判别实现；而PSL-602G、PSL603G系列保护在正常运行时沟通三跳压板长期投入，沟通三跳功能由二次回路触点串联实现，两者实现方式不同。

（二）爆雷后果

对于投单相重合闸的线路保护，将造成线路单相故障时，线路保护因重合闸未充电直接跳开三相断路器，瞬时性故障无法重合，造成负荷损失。

（三）实例

图 6-41、图 6-42 分别为 PSL602G/603G 以及 LFP/RCS931 沟通三跳相关回路图。

PSL602G/603G：1D49 接正电端，BDJ 为保护动作动合触点，1LP10 为沟通三跳压板，GTST1 为沟通三跳动断触点，当重合闸未充电时，GTST1 触点闭合，15D39 短接至永跳出口 R33。所以正常运行时，沟通三跳压板 1LP10 长期投入，当重合闸因故放电时，GTST1 触点闭合，此时任意保护动作 BDJ 触点闭合，即可实现沟通三跳，重合闸充电时，GTST1 打开，沟通三跳回路断开。

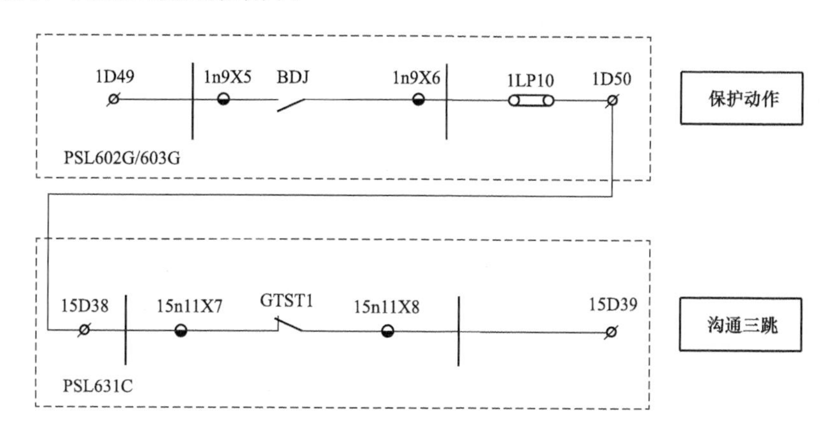

图 6-41　PSL602G/603G 沟通三跳回路图

LFP/RCS931：对于 LFP/RCS931，沟通三跳压板 9LP21 并联在闭锁重合闸回路触点两端，实际功能为闭锁重合闸压板。正常运行时不应投入该压板，若沟通三跳压板 9LP21 误投入，将闭锁保护重合闸功能。当重合闸停用时，投入该压板使重合闸放电实现保护三跳功能。

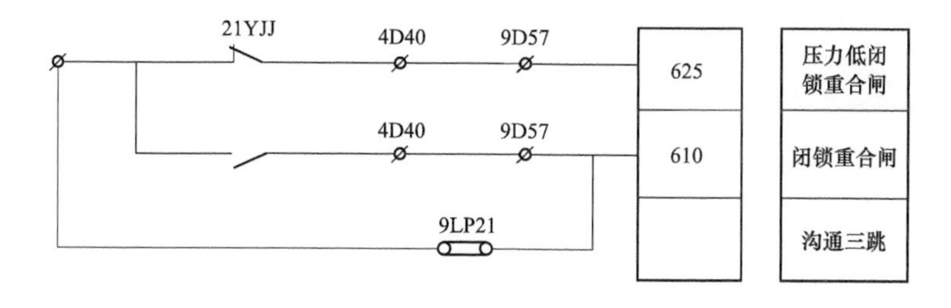

图 6-42　LFP/RCS931 沟通三跳回路图

三、排查方法及整改方法

（1）依据具体装置型号、图纸及说明书确定排雷范围。

（2）检查运规相关内容是否与装置特点相符。要在运规中明确投入方式。LFP/RCS

系列装置沟通三跳压板仅在重合闸停用时投入，PSL602G/603G 系列在运行时沟通三跳压板长期投入。

（3）检查典型操作票中该压板投退操作是否正确。

（4）检查现场压板标识是否正确，强化红线设备警示。在 LFP/RCS 系列装置旁做好警示备注，注明沟通三跳压板逻辑。

参 考 文 献

[1] 国家电力调度通信中心．电力系统继电保护典型故障分析［M］．北京：中国电力出版社，2001．

[2] 国家电网有限公司．国家电网有限公司十八项电网重大反事故措施（修订版）［M］．北京：中国电力出版社，2018．

[3] 周戴明，王志亮，李康毅．小电流接地系统 4TV 接线极性判别方法［J］．浙江电力，2016，35（1）：5．

[4] 能源部西北电力设计院．电力工程电气设计手册-电气二次部分［M］．北京：中国电力出版社，1991．

[5] 国家电力调度通信中心．国家电网公司继电保护培训教材［M］．北京：中国电力出版社，2009．